多媒体技术基础及应用
（第 3 版）

郭建璞　董晓晓　刘立新　编写

电子工业出版社·

Publishing House of Electronics Industry

北京·BEIJING

内容简介

本书是教育部"大学计算机课程改革项目"成果。

本书针对非计算机专业，特别是文科、师范和艺术类学生的知识与应用背景，精心提炼安排了全书内容。为使读者能在较短时间内掌握多媒体技术及应用，在介绍多媒体基础知识的同时，全书列举了丰富的实例，重点介绍计算机处理各种多媒体信息的数字化过程、多媒体素材的制作和多媒体技术的新发展，使读者将理论与实践相结合，达到熟练掌握、学以致用的目的。全书共分 6 章，包括多媒体技术概述、图像与图形处理技术、数字音频技术基础与应用、视频处理技术基础与应用、计算机动画技术基础与应用以及多媒体软件开发技术基础。

本书内容翔实，图文并茂，并配有典型实例，具有很强的实用性和操作性。适合高等院校非计算机专业尤其是文科（文史哲、经管类）和艺术类、师范类专业师生使用，也可作为从事多媒体应用和创作专业人员的参考书或培训教材。

图书在版编目（CIP）数据

多媒体技术基础及应用 / 郭建璞，董晓晓，刘立新编著. —3 版. —北京：电子工业出版社，2014.2
ISBN 978-7-121-22411-9

Ⅰ. ①多… Ⅱ. ①郭… ②董… ③刘… Ⅲ. ①多媒体技术—高等学校—教材 Ⅳ. ①TP37

中国版本图书馆 CIP 数据核字（2014）第 014258 号

策划编辑：童占梅
责任编辑：章海涛　文字编辑：袁　玺
印　　刷：北京盛通商印快线网络科技有限公司
装　　订：北京盛通商印快线网络科技有限公司
出版发行：电子工业出版社
　　　　　北京市海淀区万寿路 173 信箱　邮编　100036
开　　本：787×1 092　1/16　印张：20　字数：512 千字
版　　次：2014 年 2 月第 1 版
印　　次：2019 年 12 月第 9 次印刷
定　　价：42.00 元

第 3 版前言

2012 年，教育部立项了以计算思维为切入点的"大学计算机课程改革"项目。2013 年 5 月，教育部高等学校大学计算机课程教学指导委员会新老两届主任和副主任共聚深圳，就高校中加强计算思维的研究和教育进行了深入的讨论，发表了关于大力推进以计算思维为切入点的计算机教学改革宣言，提出要抓住教育部提升高等教育质量工程之机遇，开展以"计算思维培养"为导向的大学计算机课程改革，这将是大学计算机课程的第三次重大改革。本书是教育部"大学计算机课程改革项目"成果之一，是作者多年教学实践经验和教材编写经验的结晶。

多媒体技术是一门前景广阔的计算机应用技术，它使计算机具备了综合处理图像、音频、视频、动画和文字的能力，帮助人们创造了许多丰富多彩、赏心悦目的作品，给人们的生活、工作和学习增添了色彩和乐趣。目前，多媒体应用技术已广泛深入社会各个领域，也是当今世界许多大众文化产业发展的新领域。

随着科技的发展和社会的进步，社会对高素质、高科技人才的需求日益增加。与以往相比，新闻出版、影视广告、艺术设计等许多文科和艺术行业对多媒体和网络应用能力要求尤为显著。学习多媒体技术知识、了解多媒体信息的处理过程、掌握多媒体应用软件工具进行专业的设计创作，能够利用多媒体知识解决自身专业领域的实际问题是学生需要完成的基础能力培养。"多媒体技术基础及应用"课程正是为高校非计算机专业，尤其是为文科和艺术类学生设置的计算机基础教育的核心教材，旨在全面提高学生的多媒体技术综合应用能力。

本书针对非计算机专业，特别是文科、师范和艺术类学生的知识和应用背景，精心提炼安排了全书内容。为使读者能在较短时间内掌握多媒体技术及应用，在介绍多媒体基础知识的同时，全书列举了丰富的实例，重点介绍计算机处理各种多媒体信息的数字化过程、多媒体素材的制作和多媒体技术的新发展，使读者将理论与实践相结合，达到熟练掌握、学以致用的目的。

本书共分 6 章：

第 1 章介绍多媒体技术的基本概念、关键技术及应用发展。

第 2 章介绍图像与图形处理技术、图像数字化过程以及 Adobe Photoshop CS6 的主要功能、使用方法及综合应用实例。

第 3 章介绍数字音频技术、音频数字化过程以及 Adobe Audition CS6 的主要功能及混音实例。

第 4 章介绍视频处理技术、视频数字化过程以及 Premiere Pro CS6 的主要功能、多媒体作品的综合处理过程及应用实例。

第 5 章介绍计算机二维动画技术以及使用 Adobe Flash CS6 制作动画的方法。

第 6 章介绍多媒体软件开发技术和设计原则。

本书内容翔实，图文并茂，针对相关专业学生的知识结构和专业需求，在理论上结合实例讲述多媒体技术的基本知识、计算机处理多媒体信息的基本过程，在应用上详细介绍目前流行的图像、音频、视频、动画等多媒体创作软件的功能及用法，并配有典型实例，具有很强的实用性和操作性。

本教材还提供电子课件、素材文件、实验指导和扩展实例，任课老师可访问华信教育资源网 www.hxedu.com.cn 免费注册下载。

本书适合高等院校非计算机专业尤其是文科（文史哲、经管类）和艺术类、师范类专业师生使用，也可作为从事多媒体应用和创作专业人员的参考书或培训教材。

建议课时安排表

章节名称	总学时数为 64 学时			
	上课学时数		上机学时数	
	文科、师范	艺术类	文科、师范	艺术类
第 1 章　多媒体技术概述	4		0	
第 2 章　图像与图形处理技术	16		16	
第 3 章　数字音频技术基础与应用	4		4	
第 4 章　多媒体视频处理技术基础与应用	4	8	4	8
第 5 章　计算机动画技术基础与应用	4	0	4	0
第 6 章　多媒体软件开发技术基础	2		2	

上表为建议学时安排，在实际教学中可以根据教学的实际情况灵活安排各个章节的上课和上机学时。

本书第 1 章由刘立新编写，第 2 章由董晓晓编写，第 3～6 章由郭建璞编写。全书由刘立新统稿。在编写过程中，作者参考了许多多媒体技术和应用方面的相关书籍、文献与电子资料，在此向这些书籍、文献和电子资料的作者表示感谢。

由于编著者水平有限，错误和不足在所难免，敬请读者批评指正。

作者

目　　录

第 1 章 多媒体技术概述

学习要点

⌘ 掌握媒体、多媒体的定义以及媒体类型的分类
⌘ 掌握常见媒体元素的特点
⌘ 掌握媒体类型的分类
⌘ 了解多媒体技术的基本特征
⌘ 了解多媒体技术的发展与应用

建议学时：课堂教学 4 学时，上机实验 2 学时。

1.1 基本概念

1.1.1 媒体、多媒体和多媒体技术

（1）媒体

媒体（Media）是指承载或传递信息的载体。日常生活中，大家熟悉的报纸、书本、杂志、广播、电影、电视均是媒体，都以各自的媒体形式进行着信息传播。它们中有的以文字作为媒体，有的以声音作为媒体，有的以图像作为媒体，还有的（如电视）以文、图、声、像作为媒体。同样的信息内容，在不同领域中采用的媒体形式是不同的，书刊领域采用的媒体形式为文字、表格和图片；绘画领域采用的媒体形式是图形、文字或色彩；摄影领域采用的媒体形式是静止图像、色彩；电影、电视领域采用的是图像或运动图像、声音和色彩。

上面所讲述的这些传统媒体与本书中所讨论的计算机中的媒体是有差别的，计算机领域中采用的是数据、文本、图形和动画的媒体形式，这些媒体形式相当于"媒体语言"的功能，每一种媒体语言都由各自的基本元素组成，遵循各自特有的规律，进行知识和信息的交流。

（2）多媒体

多媒体一词译自英文 Multimedia，顾名思义，多媒体是多种媒体信息的载体，信息借助这些载体得以交流和传播。在信息领域中，多媒体是指文本、图形、图像、声音、影像等这些"单"媒体通过计算机程序融合在一起形成的信息媒体，其含义是指运用存储与获取技术得到的计算机中的数字信息。

（3）多媒体技术

通常人们谈论的多媒体技术往往与计算机联系起来，这是由于计算机的数字化和交互式处理能力，极大地推动了多媒体技术的发展。目前可以把多媒体技术看成将先进的计算机技术与视听技术、通信技术融为一体而形成的一种新技术。

多媒体技术就是将文本、音频、图形、图像、动画和视频等多种媒体信息通过计算机进行数

字化采集、编码、存储、传输、处理、解码和再现等，使多种媒体信息进行有机融合并建立逻辑连接，并集成一个具有交互性的系统。简而言之，多媒体技术就是利用计算机综合处理图、文、声、像等信息的综合技术。

1.1.2 常见媒体元素

多媒体中的媒体元素是指多媒体应用中可显示给用户的媒体形式。目前常见的媒体元素主要有文本、图形、图像、声音、动画和视频等。

（1）文本（Text）

文本如字母、数字、文章等，是计算机文字处理的基础。通过对文本显示方式的组织，多媒体应用系统可以使显示的信息更易于理解。文本可以在文本编辑软件里制作，如 Word 等编辑工具中所编辑的文本文件大都可被输入到多媒体应用设计之中，也可以直接在制作图形的软件或多媒体编辑软件中一起制作。

文本文件中，如果只有文本信息，没有其他任何有关格式的信息，则称为非格式化文本文件或纯文本文件；而带有各种文本排版信息等格式信息的文本文件称为格式化文本文件，该文件中带有字符、段落、页面等格式信息。文本的多样化是指文字的变化形态，即字的格式（Style）、字的定位（Align）、字体（Font）、字的大小（Size）以及由这四种变化形态的各种组合。

（2）图形（Graphic）

图形一般指由计算机生成的各种有规则的图，如直线、圆、圆弧、矩形、任意曲线等几何图和统计图等。图形的格式是一组描述点、线、面等几何图形的大小、形状及其位置、维数的指令集合。例如，Line(x1, y1, x2, y2, color)、Circle (x, y, r, color)分别是画线、画圆的指令。在图形文件中只记录生成图的算法和图上的某些特征点，因此也称矢量图。通过读取指令并将其转换为屏幕上所显示的形状和颜色而生成图形的软件通常称为绘图软件。在计算机还原输出时，相邻的特征点之间用特定的诸多线段连接就形成曲线，若曲线是一条封闭的图形，也可靠着色算法来填充颜色。图形的最大优点在于可以分别控制处理图中的各个部分，如在屏幕上移动、旋转、放大、缩小、扭曲而不失真，不同的物体还可在屏幕上重叠并保持各自的特性，必要时仍可分开，因此，图形主要用于表示线框型的图画、工程制图、美术字等。绝大多数 CAD 和三维造型软件都使用矢量图形作为其基本的图形存储格式。

对图形来说，数据的记录格式非常关键，记录格式的好坏，直接影响到图形数据的操作方便与否。计算机上常用的矢量图形文件格式有".3ds"（用于三维造型）、".dxf"（用于 CAD）、".wmf"（用于桌面出版）等。图形技术的关键是图形的制作和再现，图形只保存算法和特征点，所以相对于图像的大数据量来说，它占用的存储空间也就较小，但在屏幕每次显示时，它都需要经过重新计算。另外在放大缩小、旋转处理时，图形的质量较高。

（3）图像（Image）

图像是指由输入设备捕捉的实际场景画面或以数字化形式存储的任意画面。计算机可以处理的各种不规则的静态图片，如扫描仪、数字照相机或摄像机输入的彩色、黑白图片或照片等都是图像。

图形与图像在用户看来是一样的，而从技术上来说则完全不同。同样一幅图，例如一个圆，若采用图形媒体元素，其数据记录的信息是圆心坐标点(x, y)、半径 r 及颜色编码；若采用图像媒体元素，其数据文件则记录在那些坐标位置上有什么颜色的像素点。所以图形的数据信息处理起来更灵活，而图像数据则与实际更加接近。

随着计算机技术的飞速发展，图形和图像之间的界限已越来越小，它们互相融合和贯通，例如，文字或线条表示的图形在扫描到计算机时，从图像的角度来看，均是一种最简单的三维数组表示的点阵图，在经过计算机自动识别出文字或自动跟踪出线条时，点阵图就可形成矢量图。目前汉字手写的自动识别、图文混排的印刷自动识别、印鉴以及面部照片的自动识别等，也都是图像处理技术借用了图形生成技术的内容，而地理信息和自然现象的真实感图形表示、计算机动画和三维数据可视化等领域，在三维图形构造时又都采用了图像信息的描述方法。因此，了解并采用恰当的图形、图像形式，注重两者之间的联系，是人们目前在图形、图像使用时应考虑的重点。

（4）音频（Audio）

将音频信号集成到多媒体中，可提供其他任何媒体不能取代的效果，不仅烘托气氛，而且增加活力。音频信息增强了对其他类型媒体所表达的信息的理解。音频常常作为音频信号或声音的同义词，声音具有音调、音强、音色三要素。音调与频率有关，音强与幅度有关，音色由混入基音的泛音所决定，所有能发声的物体发出的声音，除了一个基音外，还有许多不同频率的泛音伴随，正是这些泛音决定了其不同的音色，使人能辨别出是不同的乐器甚至不同的人发出的声音。声音主要分为波形声音、语音和音乐。

① 波形声音。波形声音实际上包含了所有的声音形式。声音用一种模拟的连续波形表示。在计算机中，任何声音信号都要先对其进行数字化（可以把麦克风、磁带录音、无线电和电视广播、光盘等各种声源所产生的声音进行采样、量化及编码），才能恰当地恢复出来。文件格式为 WAV 或 VOC 文件。

② 语音。人的说话声音常称为是一种特殊的媒体，但也是一种波形，它还有内在的语言、语音学的内涵，可以利用特殊的方法进行抽取，所以和波形声音的文件格式相同。

③ 音乐。音乐是符号化了的声音，这种符号就是乐曲，乐谱是转化为符号媒体的声音。MIDI 是十分规范的一种形式，其常见的文件格式是 MID 或 CMF 文件。

对声音的处理，主要是编辑声音和声音在不同存储格式之间的转换。计算机音频技术主要包括声音的采集、量化、压缩/解压缩、不同存储格式之间的转换以及声音的播放。

（5）动画（Animation）

动画是运动的图画，实质是一幅幅静态图像的连续播放。动画的连续播放既指时间上的连续，也指图像内容上的连续，即播放的相邻两幅图像之间内容相差不大。动画压缩和快速播放也是动画技术要解决的重要问题，其处理方法有多种。计算机动画设计方法有两种：一种是造型动画，一种是帧动画。前者是对每一个运动的物体分别进行设计，赋予每个对象一些特征，如大小、形状、颜色等，然后用这些对象构成完整的帧画面。造型动画的每帧由图形、声音、文字、调色板等造型元素组成，控制动画中每一帧中图元表演和行为的是由制作表组成的脚本。帧动画则是由一幅幅位图组成的连续的画面，就像电影胶片或视频画面一样，要分别设计每个屏幕显示的画面。

用计算机制作补间动画时，只要做好主动作画面，其余的中间画面都可以由计算机内插来完成。当这些画面仅是二维的透视效果时，就是二维动画；如果创造出空间立体的画面，就是三维动画；如果使其具有真实的光照效果和质感，就成为三维真实感动画。存储动画的文件格式有 FLC、MOV 等。

创作动画的软件工具较复杂和庞大。高级的动画软件除具有一般绘画软件的基本功能外，还提供了丰富的画笔处理功能和多种实用的绘画方式，如平滑、虚边、打高光、涂抹、扩散、模板屏蔽及背景固定等，调色板则支持丰富的色彩。

（6）视频（Video）

若干有联系的图像帧数据连续播放便形成了视频。视频图像可来自录像带、摄像机等视频信号源的影像，如录像带、影碟上的电影／电视节目、电视、摄像等。这些视频图像使多媒体应用系统功能更强、更精彩。但由于上述视频信号的输出大多是标准的彩色全电视信号，要将其输入到计算机中，不仅要有视频信号的捕捉，实现由模拟信号向数字信号的转换，还要有压缩和快速解压缩及播放的相应软、硬件处理设备配合，同时在处理过程中免不了受到电视技术的各种影响。

1.1.3　媒体类型

现代科技的发展大大方便了人们之间的交流和沟通，也给媒体赋予了许多新的内涵。根据国际电信联盟电信标准局 ITU-T（原国际电报电话咨询委员会 CCITT）建议的定义，媒体可分为下列五大类。

① 感觉媒体（Perception Medium）：指直接作用于人的感官，使人能直接产生感觉的一类媒体，如视觉、听觉、触觉、嗅觉和味觉等。

② 表示媒体（Representation Medium）：为了加工、处理和传输感觉媒体而人为构造出来的一种媒体，如文字、音频、图形、图像、动画和视频等信息的数字化编码表示。借助于表示媒体，可以很方便地将感觉媒体从一个地方传输到另一个地方。

③ 显示媒体（Presentation Medium）：指媒体传输中的电信号与媒体之间转换所用的一类媒体。它又分为两种：一种是输入显示媒体，如键盘、鼠标器、话筒和扫描仪等；另一种是输出显示媒体，如显示器、打印机、音箱和投影仪等。

④ 存储媒体（Storage Medium）：又称存储介质，用来存放表示媒体，以便计算机随时调用和处理信息编码，如磁盘、光盘和内存等。

⑤ 传输媒体（Transmission Medium）：又称传输介质，它是用来将媒体从一处传送到另一处的物理载体，如双绞线、同轴电缆、光纤和无线传输介质等。

1.1.4　多媒体技术的基本特性

① 多样性。多样性是指综合处理多种媒体信息，包括文本、音频、图形、图像、动画和视频等。

② 集成性。集成性是指多种媒体信息的集成以及与这些媒体相关的设备集成。前者是指将多种不同的媒体信息有机地进行同步组合，使之成为一个完整的多媒体信息系统；后者是指多媒体设备应该成为一体，包括多媒体硬件设备、多媒体操作系统和创作工具等。

③ 交互性。交互性是指能够为用户提供更加有效的控制和使用信息的手段。它可以增加用户对信息的注意和理解，延长信息的保留时间。从数据库中检索出用户需要的文字、照片和声音资料，是多媒体交互性的初级应用；通过交互特征使用户介入到信息过程中，则是交互应用的中级阶段；当用户完全进入到一个与信息环境一体化的虚拟信息空间遨游时，才达到了交互应用的高级阶段。

④ 实时性。实时性是指当多种媒体集成时，其中的声音和运动图像是与时间密切相关的，是实时的。因此，多媒体技术必然要支持实时处理，如视频会议系统和可视电话等。

总之，多媒体技术是一种基于计算机技术的综合技术，它包括信号处理技术、音频和视频技术、计算机硬件和软件技术、通信技术、图像压缩技术、人工智能和模式识别技术。

1.1.5　多媒体数据的数字化

多媒体技术的核心是计算机实时地对声音、文字、图形、图像等信息进行综合处理。为了使计算机能够处理这些信息，就必须对它们进行数字化，即把那些在时间和幅度上连续变化的声音、图形和图像信号，转换成计算机能够处理的、在时间和幅度上均为离散量的数字信号。

计算机只能处理二进制信号。对于数字、西文字符、汉字等数字信息，可以通过数制转换、ASCII、汉字编码等方法将其转换为计算机可识别的信息。而对于声音、图像、视频等模拟信号就必须先将其变换成计算机能够处理的数字信号，然后利用计算机进行存储、编辑、传输等自动化处理。模拟信号的数字化过程为：

媒体的模拟信号→ 采样 → 量化 → 编码 →媒体的数字信号

① 采样（sampling）。采样指把时间域或空间域的连续量转化成离散量的过程。

② 量化（quantization）。量化是把经过采样得到的离散值用一组最接近的电平值来表示。因为采样值的取值范围是无穷的，所以把对采样值的表示限定在一定范围之内，就要量化，按照量化级的划分方式分，有均匀量化和非均匀量化。

③ 编码（encoding）。编码是指用二进制数来表示媒体信息的方法。多媒体信号经编码器编码后成为具有一定字长的二进制数字序列，并以这样的形式在计算机内存储和传输，然后由解码器将二进制编码进行信号还原进行多媒体信息的播放。

1.2 多媒体系统的关键技术

多媒体应用涉及许多相关技术，因此多媒体技术是一门多学科的综合技术，其主要内容有以下几方面。

1.2.1 多媒体数据压缩技术

数字化的声音、图像和视频的数据量是非常巨大的。数据压缩技术（包括算法及实现视频及音频压缩的国际标准化、专用芯片等）的发展，使得实时存储、传输大容量的图像数据成为可能。

例如一幅640×480分辨率的彩色图像，约为0.9216MB/帧（（640×480）像素×3基色/像素×8bit/基色=0.9216MB），如果是视频（运动图像），要以30帧每秒的速度播放，则视频信号的传输速度为221.2Mb/s。如果存放于650MB光盘中，只能播出约23s（秒）。如图1.2.1所示，以某一时刻家庭实际网络环境为例，下载一部5GB的电影所需时间为：5×1024×1024/340=15420（s）≈4.3（h）。

图 1.2.1　网速测试结果

视频和音频信号不仅数据量大，需要较大的存储空间，还要求传输速度快。但目前硬件技术所能提供的计算机存储资源和传输速度与实际要求相差甚远，给多媒体信息的存储、传输带来很大困难，成为计算机实时、有效获取和使用多媒体信息的瓶颈。因此，视频、音频信号的数据压缩与解压缩是多媒体的关键技术。也是多媒体技术走向实用化的关键。

（1）数据压缩的基本原理

数据压缩的对象是数据，并不是信息，数据和信息有着不同的概念。对于人类利用计算机推理与计算来说，数据用来记录和传送信息，是信息的载体。真正有用的不是数据本身，而是数据所携带的信息。数据压缩的目的是在传送和处理信息时，尽量减少数据量。

① 多媒体的数据量、信息量和冗余量。多媒体数据，尤其是图像、音频和视频，其数据量是相当大的，但这么大的数据量并不完全等于它们所携带的信息量。在信息论中，这就称为冗余。冗余是指信息存在的各种性质的多余度。信息量与数据量的关系可以表示为：信息量 =数据量－数据冗余量。

② 数据冗余。多媒体数据中存在的数据冗余主要有以下几种类型。

⊙ 空间冗余。这是图像数据中经常存在的一种冗余。在同一幅图像中，规则物体和规则背景（所谓规则是指表面是有序的而不是杂乱无章的排列）的表面物理特性具有相关性，这些相关性的光成像结果在数字化图像中就表现为数据冗余。

⊙ 时间冗余。这是序列图像（电视图像、运动图像）和语音数据中所经常包含的冗余。图像序列中的两幅相邻的图像，后一幅图像与前一幅图像之间有较大的相关，这反映为时间冗余。同理，在语音中，由于人在说话时其发音的音频是一连续和渐变的过程，而不是一个完全时间上独立的过程，因而存在着时间冗余。空间冗余和时间冗余是指当我们将媒体信号看作概率信号时所反映出的统计特性，因此有时这两种冗余也被称为统计冗余。

⊙ 信息熵冗余（编码冗余）。信息熵冗余是指数据所携带的信息量少于数据本身而反映出来的数据冗余。

⊙ 结构冗余。数字化图像（例如草席图像）中表面纹理存在着非常强的纹理结构，称之为在结构上存在冗余。

⊙ 知识冗余。有许多图像的理解与某些基础知识有相当大的相关性。例如人脸的图像有固定的结构等。这类规律性的结构可由先验知识和背景知识得到，此类冗余为知识冗余。

⊙ 视觉冗余。人类的视觉系统由于受生理特性的限制，对于图像场的变化并不是都能感知的。这些变化如果不被视觉所察觉的话，我们仍认为图像是完好的或足够好的。这样的冗余，称为视觉冗余。事实上，人类视觉系统的一般分辨能力估计为 2^6 灰度等级，而一般图像的量化采用的是 2^8 灰度等级。

综上所述，多媒体数据是可以被压缩的，因为多媒体数据中存在着如上所述的各种各样的冗余。针对不同类型的冗余，人们已经提出了许多方法用于实施对多媒体数据的压缩。

（2）数据压缩方法的分类

数据压缩技术经过多年的发展，已经研究出多种压缩方法。这些方法从不同角度可以有不同的分类方法。从数据失真度来分，常用的压缩编码可以分为两大类：一类是无损压缩法，也称冗余压缩法或熵编码；另一类是有损压缩法，也称熵压缩法。

① 无损压缩法。无损压缩法去掉或减少了数据中的冗余，但这些冗余值是可以重新插入到数据中的，因此，无损压缩是可逆的过程。例如，需压缩的数据长时间不发生变化，此时连续的多个数据值将会重复。这时若只存储不变样值的重复数目，显然会减少存储数据量，且原来的数据可以从压缩后的数据中重新构造出来（或者叫做还原、解压缩），信息没有损失。因此，无损

压缩法也称无失真压缩。无损压缩法由于不会产生失真，因此在多媒体技术中一般用于文本数据的压缩，它能保证完全地恢复原始数据，一个很常见的例子就是磁盘文件的压缩。但这种方法压缩比较低，一般在 2:1～5:1 之间。

② 有损压缩法。压缩了熵，会减少信息量。因为熵定义为平均信息量，而损失的信息是不能再恢复的，因此这种压缩法是不可逆的。

有损压缩法由于允许一定程度的失真，适用于重构信号可以和原始信号不完全相同的场合，一般用于对图像、声音、动态视频等数据的压缩。如采用混合编码的 JPEG 标准，它对自然景物的灰度图像，一般可压缩几倍到十几倍，而对于自然景物的彩色图像，压缩比将达到几十倍甚至上百倍。采用 ADPCM 编码的声音数据，压缩比通常也能做到 4:1～8:1。压缩比最为可观的是动态视频数据，采用混合编码的 DVI 多媒体系统，压缩比通常可达 100:1～200:1。

（3）数据压缩算法的综合评价指标

数据压缩方法的优劣主要由所能达到的压缩倍数，从压缩后的数据所能恢复（或称重建）的图像（或声音）的质量，以及压缩和解压缩的速度等几方面来评价。此外，算法的复杂性和延时等因素也是应当考虑的。

衡量一种数据压缩技术好坏的指标综合起来就是：一是压缩比要大；二是实现压缩的算法要简单，压缩、解压速度快；三是恢复效果要好。

① 压缩的倍数。压缩的倍数也称压缩率，通常有两种衡量的方法：

⊙ 由压缩前与压缩后的总的数据量之比来表示。例如，一幅由 1024×768 像素点组成的灰度图像，每个像素具有 8 位，通过使其分辨率降低为 512×384，又经数据压缩使每个像素平均仅用 0.5 位，则压缩倍数为 64 倍，或称其压缩率为 1:64。

⊙ 用压缩后的比特流中每个显示像素的平均比特数来表示。将任何非压缩算法产生的效果（如降低分辨率、帧率等）排除在外，用压缩后的比特流中每个显示像素的平均比特数 bpdp（bit per displayed pixel）来表示。例如，以 15000 字节存储一幅 256×240 的图像，则压缩率为：（15000×8）/（256×240）=2 比特/像素。

② 压缩后图像质量。有损压缩可以获得较大的压缩倍数，但在压缩倍数较大时，要保证图像的质量是相当困难的。重建图像的质量通常是使用信噪比 SNR（Signal Noise Ratio）或者简化计算的峰值信噪比 PSNA 来评价。由于信噪比并不能够完全反映人对图像质量的主观感觉，国际电信联盟无线电组织在 CCIR500 标准中，规定了在严格的观测条件（图像尺寸、对比度、亮度、观测距离、照明等）下对一组标准图像压缩前后的质量进行对比的主观评定标准。具体做法是，由若干人（分专业组和非专业组）对所观测的重建图像的质量按很好、好、尚可、不好、坏 5 个等级评分，然后计算平均分数。

对于音频数据压缩算法的质量评价也与此类似，可以用信噪比、加权信噪比以及主观评定方法来评价。

③ 压缩和解压缩的速度。压缩和解压缩的速度是压缩算法的两项重要的性能指标。

⊙ 对称压缩。在有些应用中，压缩和解压缩都需要实时进行，这称为对称压缩，如电视会议的图像传输。

⊙ 非对称压缩。在有些应用中，只要求解压缩是实时的，而压缩可以非实时的，这称为非对称压缩，如多媒体 CD-ROM 节目的制作就是非对称压缩。

⊙ 压缩的计算量。数据的压缩和解压缩都需大量的计算。就目前开发的压缩技术而言，通常压缩的计算量比解压缩的计算量大，是一种不对称的压缩算法。如 MPEG 的压缩编码计算量约为解码的 4 倍。

1.2.2 多媒体通信网络技术

多媒体通信要求网络能够综合地传输、交换各种信息类型，而不同的信息类型又呈现出不同的需求特征。如语音和视频有较强的实时性要求，它允许出现某些字节的错误，但不能容忍时间上的延迟；对于数据来说则可以允许时间上的延迟，却不允许出现任何内容的变化。因为即便是一个字节出现错误都会改变数据的意义。传统的通信方式各有一定的局限性，不能满足多媒体通信的要求。因此，多媒体通信网络技术是多媒体应用的关键技术之一。

多媒体通信要求网络具有高效的能力，这些能力包括下面 4 点。

① 吞吐要求。网络的吞吐量就是它的有效比特率或有效带宽，即传输网络物理链路的比特率减去各种额外开销。对于吞吐要求也表现在对传输带宽的要求、对存储带宽的要求以及对流量的要求上。

② 实时性和可靠性要求。多媒体通信的实时性和可靠性要求，与网络速率和通信协议都有关系。在多媒体通信中，为了获得真实的临场感，要求传输的延迟越短越好，对实时性的要求很高。

③ 时空约束。在多媒体通信系统中，同一对象的各种媒体间在空间和时间上都是互相约束、互相关联的，多媒体通信系统必须正确地反映它们之间的这种约束关系。

④ 分布处理要求。用户要求通信网络是高速率、高带宽、多媒体化、智能化、可靠和安全的。从技术角度来看，未来的通信是多网合一、业务综合和多媒体化的。针对目前多网共存的现状，研究各种媒体信息在分布环境下的运行，有助于通过分布环境解决多点多人合作、远程多媒体信息服务等问题。

1.2.3 多媒体存储技术

多媒体存储技术包括多媒体数据库技术和海量数据存储技术。多媒体数据库的特点是数据类型复杂、信息量大，而近年来光盘存储技术的发展，大大带动了多媒体数据库技术及大容量数据存储技术的进步。此外，多媒体数据中的声音和视频图像都是与时间有关的信息，在很多场合要求实时处理（压缩、传输、解压缩），同时多媒体数据的查询、编辑、显示和演播都对多媒体数据库技术提出了更高的要求。下面介绍几种常用存储设备。

1. 激光存储器

（1）CD-ROM 激光存储器

自从个人多媒体计算机标准 MPC-1（Multimedia Personal Computer Level 1）于 1990 年诞生以来，CD-ROM 已逐步取代磁盘而成为新一代的软件载体。随着产品的不断升级，CD-ROM 驱动器的性能价格比更高，已成为多媒体计算机不可缺少的标准配置。

① CD-ROM 驱动器的工作原理。CD-ROM 其实是从 CD 演变出来的，CD 是将模拟数据通过光刻机（进行批量生产的小型 CD 压制机），采用激光束照射光盘上的微小区域，从而将其烧成一个个肉眼看不到小坑，然后在另一面涂上反光材料，就制成了 CD，例如数据 CD 或音乐 CD；而音乐 CD 和数据 CD 的区别就是，音乐 CD 要把数字信号转变成模拟信号输出，而计算机用的数据 CD 仍是输出数字信号。从 CD-ROM 光头射出来的激光照到盘片平的地方

和小坑的地方反射率会不同，这时在激光头旁边的光敏元件，感应到有强有弱的反射光，就产生高低电平，输出到光驱的数字电路，而高电平和低电平在计算机中分别代表 0 和 1，这就是 CD-ROM 把数据光盘转换成数据输出的原理和过程。如果光盘在刻录工艺、盘片材料和反射膜工艺上不过关，会经常造成读不出盘上刻录的数据的问题。

② 主要性能指标。数据传输率：光驱在 1s 时间内所能读取的数据量，用千字节/秒（KB/s）表示。该数值越大，则光驱的数据传输率就越高。双倍速、四倍速、八倍速光驱的数据传输率分别为 300 KB/s、600KB/s 和 1.2MB/s。目前可达 52 倍速甚至更高。平均访问时间：又称平均寻道时间，是指 CD-ROM 光驱的激光头从原来位置移动到一个新指定的目标（光盘的数据扇区）位置并开始读取该扇区上的数据过程中所花费的时间。一般来说，四速及更高速度光驱的平均访问时间至少应低于 250ms。CPU 占用时间：CD-ROM 光驱在维持一定的转速和数据传输速率时所占用 CPU 的时间。

以上指标是衡量 CD-ROM 光驱内在性能的 3 个重要因素，其他指标（如光驱的盘片格式、转速、品牌、容错性及产地等因素）可以放在次要的地位考虑。

③ 光盘数据存放格式。不同类型的光盘，其数据存放格式的标准各不相同。CD-ROM 驱动器可支持多种的光盘，目前常见的格式有 CDA（Audio）、VCD、CD-I、CD-ROM/XA 以及 PhotoCD 等。

CD-DA（CD-Digital Audio）为激光唱盘制定的规格，是 CD 标准的第一种格式，一张盘最多可以存放 74min 的音乐节目。CD-DA 唱盘的开发成功，证明了光盘可作为数字信号的载体。后来对光盘的物理格式和盘地址做了规定：容量为 74min 数字音乐/单片光盘（44.1 kHz）；存储格式为基本单位扇区，CD 光盘最大扇区数 333 000，其传输速度为 75 扇区/秒（176400B/s）。此标准于 1988 年正式成为国际标准 ISO 9660，称为黄皮书（Yellow Book）标准。

CD-ROM 光盘数据格式中每条光道由导入区（Lead-in Area）、节目区（Program Area）导出区（Lead-out Area）组成。其中，导入区由若干空扇区组成，容易识别；节目区中有信息区、盘标记和数据；导出区中或者是空扇区，或者是无声的帧（CD-A）。

CD-I（CD-Interactive）在 CD-ROM 基础上，补充了音频、视频、计算机程序方面的规定，该规定于 1988 年推出，称为绿皮书（Green Book）。其最大特点是采用 MPEG 压缩编码算法，将每帧的动态图像以及伴音信息压缩后存放，可连续播放 74min 的节目。

（2）视频光盘 VCD

VCD 简称视频光盘或影视光盘，用 MPEG-1 压缩技术将 74min 的视频信号和音频信号存于一张 CD 盘中。其视频效果和画质略高于普通 VHS（优质画面的）录像带，音质则与 CD 唱片相当。

（3）DVD 驱动器

1995 年，索尼、东芝两家公司共同制定了 DVD 格式标准。DVD 的全称是 Digtal Video Disc，它的用途是存放数字影像。这是全新一代光盘产品。它的读取方式采用单面读取，数据存放在光盘的两面。其主要特点是：采用 MPEG-2 压缩标准，能够提供高清晰度的数字影像以及高品质的音响效果，播放时间长达 135min，其各项指标均明显高于 VCD。

由于采用了数据存储的新标准，DVD 存储的信息量为 4.7 GB、8.5 GB、9.4 GB 甚至是 17 GB。DVD 提高存储容量所采用的技术主要有以下几方面。

① 物理特性改进。现在的 CD 光盘（包括 CD、VCD、CD-ROM 等）和 DVD 光盘从外观和尺寸上看没有区别。但不同的是，DVD 光盘光道间距由原来的 1.6 μm 缩小到 0.74μm，

而记录信息的最小凹凸坑由原来的 0.83μm 减少到 0.4μm。这样使得单层 DVD 盘片的存储容量提高到 4.7GB。从而存储量比 CD-ROM 提高了 6 倍。而蓝光 DVD 盘片可做到双面双层，存储量便提高达 17 GB。

② 激光信号拾取方案的改进。读 DVD 盘片的激光波长要短一些，所以现在的 CD-ROM 驱动器不能读 DVD 盘片，为了让 DVD 和现在的 CD-ROM 盘片兼容，DVD 的激光头要特别设计。另外，DVD 采用的纠错方式也比较特殊，比以往的 CD 方式要强数十倍，即使 DVD 盘片质量很差也可以毫不费力地读出数据。

③ 采用了数据存储的新标准。如采用变比特率的 MPEG-2 压缩技术。在画面上，采用 MPEG-2 解压缩标准，比以往的 VHS（视频信号）或 MPEG-1 标准要清晰得多。

因此 DVD 一出现便显现出它在电影存储方面不可替代的优势，无论画面、音效均非同类产品 VCD、VHS 可比。同时与 LD 相比，DVD 的画面已经彻底地消除了马赛克、锯齿等现象，由此达到的清晰度比 LD 高。在音效上，所有的 DVD 电影都提供了杜比（一种全数字化音频编码技术）数码环绕立体声效果，这是全新的一种声音技术，用户能明显地感觉到电影身临其境的效果。

DVD 盘片推出后，专门供其在计算机上使用的 DVD-ROM 就问世了。在计算机上播放 DVD 影碟的方法有两种：一种是利用解码芯片硬解压，进行 MPEG-2 的解压缩；另一种是用软件模拟，例如 SoftDVD、XingDVD、PowerDVD 等软件。硬解压的效果当然要好一些，但随着多媒体技术的发展，利用软件解压 DVD 也不是什么难事了。另外，目前新推出的显卡也都内建了软解压的线路，效果几乎可以和硬解压相媲美。

（4）光盘刻录机 CD-R 和 CD-RW

CD-R 是指有限次写只读光盘的刻录机，而 CD-RW 是可擦写式光盘刻录机。批量制作时，先用 CD 刻录机制作首张测试光盘，然后对其进行测试和检验，若符合要求，则将数据用激光刻入玻璃盘，该玻璃盘是制作其他光盘的模子，称为母盘，或叫主光盘。批量生产的 CD 盘就由母盘复制得到。

① 光盘刻录机分类。按外形分为：内置式、外置式。内置式的较便宜，且节省空间；外置式的插装方便，密封性和散热性较好。按装入盘片的方法又可分为：TRAY 式和 CADDY 式，TRAY 式与普通的 CD-ROM 相同，在托盘上放盘片缩进弹出；CADDY 式则是将盘片先放入一种专用的卡片中再插入刻录机中，这种方式不常使用。但它的好处是显而易见的：密闭性更好，灰尘不易进入，而且由卡片保护盘片，可靠性更佳，且刻录机的使用寿命也得到延长。

光盘刻录机（CD-R）的接口一般有三种：SCSI 接口、ATAPI 接口和并口接口。一般来说，用 SCSI 接口的光盘刻录机刻出来的盘片质量是最好的，但其缺点是价格较高，且需要购买 SCSI 卡。ATAPI 接口（IDE 接口）的刻录机价格适中，但刻录的质量不高。并口刻录机现在较为少见，它有 SPP、EPP、ECP 三种模式：EPP 和 ECP 是高速模式，而 SPP 模式只能达到 2 倍速读取、1 倍速写入。

② 选购光盘刻录机时要注意的问题。

◆ 光盘刻录机的速度。CD-R 有两项速度指标，刻录速度和读取速度，例如读取速度为 32X，刻录速度是 16X。CD-RW 有三项速度指标，刻录速度、复写速度和读取速度。复写是指对盘片上原有数据抹除，再写入数据，故复写速度小。刻录速度是刻录机的重要技术指标，在实际的读取和刻录时，由于光盘的质量或刻录的稳定度等因素，读取和刻录的速度会降低。

◆ 资料缓冲区的大小。缓冲区的大小也是衡量刻录机的重要指标之一，因为在刻录时，数据要先写入缓冲区再进行刻录，缓冲区越大，刻录的失败率就越小，但也不完全是线性关系。

◆ 兼容性问题。兼容性分为硬件兼容性和软件兼容性，前者是指支持的 CD—R 的种类，如金盘、绿盘和蓝盘；后者是指刻录软件，光盘刻录机要有相应的驱动程序才能工作，要尽量选择型号较普遍的、产量大的机器，这样支持的刻录软件较多。

◆ 使用寿命和刻录方式。刻录机的寿命用平均无故障运行时间来衡量，一般的刻录机的使用寿命都在 12 万～15 万小时，如果不间断地刻录，寿命大概在 3 万小时左右。

◆ 刻录机的支持格式。一般的刻录机都支持 Audio CD、Photo CD、CD-L/MPEG、CDROM/XA、CD-EXTRA、I-TRAXCD 与 CD-RW CD 等格式。而最新的 CD-RW 刻录机将支持 CD-UDF 格式，在支持 CD-UDF 格式的软件环境下，CD-RW 刻录机具有和软驱一样的独立盘符，用户无须使用专门的刻录软件，就可像使用软驱、硬盘一样直接对 CD-RW 刻录机进行读写操做了，从而大大简化了光盘刻录机的操作。

◆ 刻录方式

除整盘刻写、轨道刻写和多段刻写三种刻录方式外，刻录机还支持增量包刻录（Incremental Packet Writing）方式。增量包刻录方式是为了减少追加刻录过程中盘片空间的浪费而由 Philips 公司开发出的。其最大优点是允许用户在一条轨道中多次追加刻写数据，增量包刻录方式与硬盘的数据记录方式类似，适用于经常仅需刻录少量数据的应用。

2. 活动存储器

随着多媒体应用系统的开发，对大容量活动存储设备的需求已越来越大。大容量活动存储设备按性能分为 3 类：活动式硬盘、可写光盘及闪盘类，如图 1.2.2 所示。

① 外挂活动式硬盘。活动硬盘也是多媒体应用制作时可选择的活动存储器。早期的活动式硬盘不仅体积大，而且

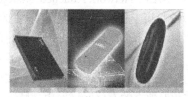

图 1.2.2　几种活动存储器

价格贵，并不普及。随着技术的发展，目前活动式硬盘体积小，携带方便，而且价格低廉，受到越来越多的 IT 业人士的青睐。

超薄时尚型移动硬盘的重量只有普通移动硬盘的 2/3，厚度也只有 10mm，有的还内置了杀毒软件，容量从几十 GB 到几百 GB，支持多种操作系统，并可实现即插即用。

② 闪盘。所谓闪盘是一种小体积的移动存储装置，其原理在于将数据储存于内建的闪存中，并利用 USB 接口读/写数据，以方便不同计算机间的数据交换。容量可达到 16GB 或更高的储存空间。在 Windows 7/XP 操作系统下可以实现即插即用，使用者只需将它插入计算机 USB 接口就可以使用，就像一般抽取式磁盘装置，读/写数据、复制及删除方法与一般操作方式完全相同。

③ 可读/写光盘。可读/写光盘可作为大容量的活动存储设备，进行备份保存和携带都很方便。只读光盘与可读/写光盘一样也可作为大容量活动存储设备，但只读光盘须配置刻录机，初期投资较大。

3. 新型存储设备——固态硬盘 SSD（Solid State Disk 或 Solid State Drive）

固态硬盘也称作电子硬盘或者固态电子盘，是由控制单元和固态存储单元（DRAM 或 FLASH 芯片）组成的硬盘。固态硬盘的接口规范和定义、功能及使用方法上与普通硬盘的相同，在产品外形和尺寸上也与普通硬盘一致。由于固态硬盘没有普通硬盘的旋转介质，因而抗震性极佳。其芯片的工作温度范围很宽（-40℃～85℃）。目前广泛应用于军事、车载、工控、视频监控、网络监控、网络终端、电力、医疗、航空等、导航设备等领域。目前正在逐渐普及到 PC 市场。

固态硬盘的存储介质分为两种：一种是采用闪存（FLASH 芯片）作为存储介质，另外一种是

采用 DRAM 作为存储介质。

基于闪存的固态硬盘（IDE FLASH DISK、Serial ATA Flash Disk）采用 FLASH 芯片作为存储介质，这也是我们通常所说的 SSD。它的外观可以被制作成多种模样，例如：笔记本硬盘、微硬盘、存储卡、优盘等样式。这种 SSD 固态硬盘速度快、可移动，而且数据保护不受电源控制，能适应于各种环境，但是使用年限不高，适合个人用户使用。

基于 DRAM 的固态硬盘采用 DRAM 作为存储介质，目前应用范围较窄。它仿效传统硬盘的设计，可被绝大部分操作系统的文件系统工具进行卷设置和管理，并提供工业标准的 PCI 和 FC 接口用于连接主机或者服务器。应用方式可分为 SSD 硬盘和 SSD 硬盘阵列两种。它是一种高性能的存储器，而且使用寿命很长，缺点是需要独立电源来保护数据安全。

4．新型存储模式

随着网络多媒体的不断发展，数据资料呈几何级数增长，但存储设备的发展速度却落后于网络带宽的发展，传统的以服务器为中心的存储架构面对源源不断的数据流无法适应。因此，以服务器为中心的存储模式开始向以数据为中心的存储模式转化，这种新的数据存储模式是独立的存储设备，且具有良好的扩展性和可靠性。NAS 和 SAN 是新型存储模式中的两个代表。

NAS（Network Attached Storage）称为网络附加存储，被定义为特殊的专用数据存储服务器。NAS 可用于任何网络环境中，主要特点是：独立于操作平台，各种类型文件共享，主服务器和客户端可非常方便地从 NAS 上读取任意格式的数据。

SAN（Storage Area Network）存储局域网，是以数据存储为中心，采用可伸缩的网络拓扑结构，通过高速率的光通道直接连接，提供 SAN 内结点间的多路数据交换。数据存储管理集中且在相对独立的存储区域网内。最终，SAN 网络将实现在多种操作系统下最大限度的数据共享和数据优化管理，以及系统的无缝扩充。

5．云存储技术

早在 2006 年由谷歌推出"Google 101 计划"时，"云"的概念及理论就被正式提出。云存储是一种提供大规模的数据存储和分布式计算的业务应用架构体系，它指通过基于云的数据存储部署模式，应用分式的计算方法，将网络中大量各种不同类型的数据存储设备通过应用软件集合起来，有效合理地进行资源和数据的统一计算和数据处理，终端用户通过远程或类似虚拟接入桌面的软件应用和程序接口方式集中访问云存储的数据资源和业务系统，从而实现大规模数据存储和接入环境下高效快速的资源分析和数据处理。

云存储技术的核心在于云计算技术的应用，利用分布式的网络系统，使得庞大的数据存储设备和软硬件服务资源可以通过网络的方式协同工作和计算，围绕云存储和管理的核心应用，提供数据资源和业务系统的应用服务。云存储的关键业务是如何面对海量数据的存储和管理。虚拟化和存储池技术简化了存储以及改变了容量的应用方式，存储设备都能够通过标准的、虚拟化的接入方式完成容量扩展，从而实现低成本的容量接入，对用户而言，使用虚拟化桌面等方式接入就能完成数据的访问和管理，各种形态存储设备组成的巨大存储容量在用户端看来仅仅是单一的一个存储池[1]。

目前的云存储模式主要有两种：一种是文件的大容量分享，有些存储服务提供商（SSP）甚至号称无限容量，用户可以把数据文件保存在云存储空间里；另一种模式是云同步存储模式，例

---

[1] http://www.ciotimes.com/cloud/ccc/84834.html

如 dropbox、skydrive、谷歌的 GDrive，还有苹果的 iCloud 等 SSP 提供的云同步存储业务。

1.2.4　多媒体计算机专用芯片技术

专用芯片不仅集成度高，能大大提高处理速度，而且有利于产品的标准化。对于需要大量快速实时进行音/视频数据的压缩/解压缩、图像处理、音频处理的多媒体计算机来说，音频/视频专用处理芯片更显得至关重要

多媒体计算机专用芯片一般分为两种类型：一种是具有固定功能的芯片，另一种是可编程的处理器。具有固定功能的芯片，主要用于图像数据的压缩处理，主要的厂商有 C-cube 公司、ESS 公司、SGS-Thomson 公司、LSI LoSie 公司等。可编程的处理器比较复杂，它不仅需要快速、实时地完成视频和音频信息的压缩和解压缩，还要完成图像的特技效果（如淡入淡出、马赛克、改变比例等）、图像处理（图像的生成和绘制）、音频信息处理（滤波和抑制噪声）等各项功能。目前，这方面的产品已经成功地应用于 MPC 中，主要生产厂商有：Intel 公司、德州仪器公司、集成信息技术公司等。传统采用通用的微处理器来完成大量数字信号处理运算，速度较慢，难以满足实际需要。而采用专用芯片的 DSP 主要通过提高操作并行性等技术，快速地实现对信号的采集、变换、滤波、估值、增强、压缩、识别等处理，以得到符合人们需要的信号形式，从而有力推动了多媒体技术的发展和应用。

为较好地解决多媒体计算机综合处理声音、文字、图形图像及视频信息采集等问题，MPC 通常采用三种解决方案：选用专用接口卡分别解决各种媒体元素的处理问题；设计专用芯片和软件构造多媒体计算机系统；把多媒体技术融入 CPU 芯片中。早期的 MPC 采用第一种方案，即通过音频适配卡（声卡）解决声音输入/输出、实时编码/解码等问题，用视频适配卡（视频卡）解决视频信号的压缩和解压缩问题，使用图形适配卡解决图形加速问题，使用网卡解决网络通信有关问题等。因此，这些接口卡的品质决定了多媒体信息处理的优劣。各类专用接口卡均有自己的性能指标，需要用户整体优化，在性能价格比和应用需求之间进行恰当选择。专用接口卡相应的驱动程序功能也在不断增强。随着计算机硬件制造技术的发展，后两种方案正逐步取代第一种方案。

1.2.5　多媒体输入/输出技术

多媒体输入/输出技术涉及各种媒体外设以及相关的接口技术，它包括媒体转换技术、媒体识别技术、媒体理解技术和媒体综合技术。

① 媒体转换技术：是指改变媒体的表现形式，如当前广泛使用的视频卡、音频卡都属于媒体转换设备。

② 媒体识别技术：是对信息进行一对一的映像过程。例如语音识别是将语音映像为一串字、词或句子；触摸屏是根据触摸屏上的位置识别其操作要求。

③ 媒体理解技术：是对信息进行更进一步的分析处理和理解信息内容，如自然语言理解、图像理解、模式识别等。

④ 媒体综合技术：是把低维信息映像成高维的模式空间的过程，例如语音合成器就可以把文本转换为声音输出。

1.2.6　多媒体系统软件技术

多媒体系统软件技术主要包括多媒体操作系统、多媒体数据库管理技术等。当前的操作系统

都包括了对多媒体的支持，可以方便地利用媒体控制接口（MCI）和底层应用程序接口（API）进行应用开发，而不必关心物理设备的驱动程序。

（1）多媒体操作系统

操作系统是 PC 的核心系统软件，是计算机软、硬件资源的控制管理中心，它以尽量合理的方式组织用户共享计算机的各种资源。随着多媒体技术的发展，操作系统支持的应用越来越多，传统的单任务处理的操作系统已无法适应，自 Windows 95 出现后，操作系统的多任务和多线程性能在 MPC 上实现，使得实时性强的多媒体信息处理和传输逐步得到改善。多媒体操作系统应在体系结构、资源管理（资源控制、实时调度、主存管理、输入/输出管理）及程序设计等方面都能提供有力的支持，特别是对多媒体网络通信的支持。重点要解决好实时性、媒体同步和质量控制服务等问题。目前使用较多的多媒体操作系统有微软公司开发的 Windows 7、Windows 8 等系统。Windows 8 由微软公司于 2012 年 10 月 26 日正式推出，系统独特的开始界面和触控式交互系统，支持来自 Intel、AMD 和 ARM 的芯片架构，系统具有更好的续航能力，且启动速度更快、占用内存更少，并兼容 Windows 7 所支持的软件和硬件。

（2）多媒体数据库及其管理系统

随着计算机辅助设计、计算机辅助制造等计算机应用技术的不断发展，许多复杂的应用对象中涉及大量的图形、图像、声音、动画等多媒体数据类型。这些多媒体数据数据量大，种类繁多，关系复杂。传统的数据库技术，如数据类型、数据模型、操作语言、存储结构、存取路径、检索机制以及网络和数据传递等，都不能满足复杂应用对象的应用需求。这种需求促进了新技术的产生——多媒体数据库技术。多媒体数据库是数据库和多媒体技术相结合的产物。如何高效地组织和管理好多媒体数据是多媒体数据库要解决的核心问题。多媒体数据库要解决三个难题：一是信息媒体的多样化，以及多媒体数据的存储、组织、使用和管理；二是解决多媒体数据集成或表现集成，实现多媒体数据之间的交叉调用和融合，集成粒度越细，多媒体一体化表现才越强，应用的价值也才越大；三是多媒体数据与人之间的交互性。

（3）各种多媒体制作的软件工具、应用开发环境

随着多媒体应用领域的不断扩大和应用技术的迅速发展，界面友好，简单易学、易用的软件工具和开发平台如雨后春笋般涌现，可视化应用开发环境不断推出。多媒体应用开发环境的集成化、智能化将是其发展方向，如一些多媒体互动学习软件等。

1.2.7　虚拟现实技术

这是利用多媒体计算机创造现实世界的技术。虚拟现实的英文是"Virtual Reality"，也有人译为临境或幻境。虚拟现实的本质是人与计算机之间进行交流的方法，专业划分实际上是"人机接口"的技术，虚拟现实对很多计算机应用提供了相当有效的逼真的三维交互接口。虚拟现实的定义可归纳为：利用计算机生成的一种模拟环境，通过多种传感设备使用户"投入"到该环境中，实现用户与该环境直接进行自然交互的技术。可以说，"投入"是虚拟现实的本质。这里所谓的"模拟环境"一般是指用计算机生成的有立体感的图形，它可以是某一特定环境的表现，也可以是纯粹的构想的世界。虚拟现实中常用的传感设备包括穿戴在用户身上的装置，如立体头盔、数据手套、数据衣等，也包括放置在现实环境中而不是在用户身上的传感装置。三维游戏也是虚拟现实技术重要的应用方向之一，还有使用具有交互功能的 3D 课件，学生可以在实际的动手操作中得到更深的学习体会。虚拟现实技术具有 4 个重要特征。

① 多感知性。除了一般计算机具有的视觉感知外，还有听觉感知、触觉感知、运动感知，甚至可包括味觉和嗅觉等，只是由于传感技术的限制，目前尚不能提供味觉和嗅觉感知。

② 临场感。用户感到存在于模拟环境中的真实程度，理想的环境使用户很难分辨真假。

③ 交互性。用户对模拟环境中物体的可操作程度和从环境中得到反馈的自然程度，其中也包括实时性。

④ 自主性。虚拟环境中物体依据物理规律动作的程度。

根据上述 4 个特征，便能将虚拟现实与相关技术区分开来，如仿真技术、计算机图形技术及多媒体技术，它们在多感知性和临场性方面有较大差别。例如，模拟技术很少提供触觉感知，它将用户当做旁观者，用户不能投入，可视场景不会随用户视点变化，也不强调实时交互。而图形技术的感知手段不能使用户感到自己和生成的图形世界融合在一起；至于多媒体技术，它不包括触觉等感知，而且处理对象主要是二维的。虚拟现实技术发展了通用计算机的多媒体功能，在输入/输出方法上也由普通键盘和二维鼠标发展为三维球、三维鼠标、数据手套及数据衣等。

虚拟现实技术是在众多相关技术上发展起来的，但又不是简单的技术组合，其设计思想已有质的飞跃。例如，虚拟现实与多媒体、可视化技术虽然都涉及声、文、图等媒体形式，但都各有特点：多媒体技术是对声、文、图各种媒体信息的综合处理和交互控制，但并不要求有身临其境的立体感，不考虑使用者的空间位置对声音和图像的影响；虚拟现实技术由人工建立多维空间，并具有能造成使用者置身于现实的多种特性，即具有立体感的视觉显示、置身于环境中的显示、多种形式媒体的交互手段等；可视化技术则是把科学计算或管理信息数据转换成形象化的信息形式，以利于各种信息的融合。

虚拟现实是一门综合技术，但又是一种艺术，在很多应用场合其艺术成分往往超过技术成分。也正是由于其技术与艺术的结合，使得它具有艺术上的魅力，如交互的虚拟音乐会、宇宙作战游戏等，对用户也是有更大吸引力，其艺术创造将有助于人们进行三维和二维空间的交叉思维。

为实现真正的多媒体，虽然还必须突破许多技术难点，但人们普遍认为在 21 世纪多媒体将发展成处理各种形式信息的基础，它将为企业创造巨大的商业机会，还将使信息通信发生巨大变革，人们必须从不同角度理解、紧跟多媒体技术的巨大潮流并加以应用。

1.3 多媒体技术的应用与发展

1.3.1 多媒体技术的应用

就目前而言，多媒体技术已在商业、教育培训、电视会议、声像演示等方面得到了充分应用。

（1）在教育与培训方面的应用

多媒体技术使教材不仅有文字、静态图像，还具有动态图像和语音等。使教育的表现形式多样化，可以进行交互式远程教学。利用多媒体计算机的文本、图形、视频、音频和其交互式的特点，可以编制出计算机辅助教学 CAI（Computer Assisted Instruction）软件，即课件。对计算机远程教育系统而言，引入 Web 3D 内容必将达到很好的在线教育效果。

（2）在通信方面的应用

多媒体技术在通信方面的应用主要有：可视电话、视频会议、信息点播（Information Demand）、计算机协同工作 CSCW（Computer Supported Cooperative Work）。

信息点播要有桌面多媒体通信系统和交互电视 ITV。计算机协同工作 CSCW 是指在计算机支持的环境中，一个群体协同工作以完成一项共同的任务。

计算机的交互性，通信的分布性和多媒体的现实性相结合，将构成继电报电话、传真之后的第四代通信手段。

（3）在其他方面的应用

多媒体技术给出版业带来了巨大的影响，其中近年来出现的电子图书和电子报刊就是应用多媒体技术的产物。利用多媒体技术可为各类咨询提供服务，如旅游、邮电、交通、商业、金融、服务行业等。多媒体技术还将改变未来的家庭生活，现在网上购物、在家办公等新兴生活方式已成为现实。

1.3.2　多媒体技术的发展

科学技术的快速发展，社会需求的急剧膨胀为计算机多媒体技术的进一步发展提供了广阔空间。正确了解多媒体技术发展趋势对应用多媒体技术和推动市场开发有极大的好处。

（1）进一步完善计算机支持的协同工作环境（CSCW）

在多媒体计算机的发展中，还有一些问题有待解决，例如：还需进一步研究满足计算机支持的协同工作环境的要求；对于多媒体信息空间的组合方法，要解决多媒体信息交换、信息格式的转换以及组合策略；由于网络延迟、存储器的存储等待、传输中的不同步以及多媒体时效性的要求等，还需要解决多媒体信息的时空组合问题、系统对时间同步的描述方法以及在动态环境下实现同步的策略和方案。这些问题解决后，多媒体计算机将形成更完善的计算机支持的协同工作环境，消除空间距离的障碍，同时也消除时间距离的障碍，为人类提供更完善的信息服务。

（2）智能多媒体技术

1993 年 12 月，英国计算机学会在英国 Leeds 大学举行了多媒体系统和应用（Multimedia System and Application）国际会议，Michael D. Vislon 在会上做了关于建立智能多媒体系统的报告，明确提出了研究智能多媒体技术问题。多媒体计算机充分利用了计算机的快速运算能力，综合处理声、文、图信息，用交互式弥补计算机智能的不足，进一步的发展就应该是增加计算机的智能。

目前，国内有的单位已经初步研制成功了智能多媒体数据库，它的核心技术是将具有推理功能的知识库与多媒体数据库结合起来形成智能多媒体数据库。另一个重要的研究课题是多媒体数据库基于内容检索技术，它需要把人工智能领域中高维空间的搜索技术、音频/视频信息的特征抽取和识别技术、音频/视频信息的语义抽取问题以及知识工程中的学习、挖掘及推理等问题应用到基于内容检索技术中。

总之，把人工智能领域某些研究成果和多媒体计算机技术很好地结合，是多媒体计算机长远的发展方向。

（3）CPU 芯片集成多媒体处理技术

为了使计算机能够实时处理多媒体信息，对多媒体数据进行压缩编码和解码，最早的解决办法是采用专用芯片，设计制造专用的接口卡。最佳的方案应该是把上述功能集成到 CPU 芯片中。从目前的发展趋势看，可以把这种芯片分成两类：一类是以多媒体和通信功能为主，融合 CPU 芯片原有的计算功能，其设计目标是用于多媒体专用设备、家电及宽带通信设备，可以取代这些设备中的 CPU 及大量 ASIC 和其他芯片；另一类是以通用 CPU 计算功能为主，融合多媒体和通信功能，其设计目标是与现有的计算机系列兼容，同时具有多媒体和通信功能，主要用在多媒体计算机中。

习题 1

简答题

1. 简述多媒体技术的基本特征和关键技术
2. 媒体主要有哪几类？主要特点是什么？用图示法说明媒体之间的关系。
3. 媒体元素是如何分类的？
4. 多媒体个人计算机的特点和功能是什么？
5. 结合实际说明多媒体技术的主要发展方向和应用在哪几个方面。

第 2 章 图像与图形处理技术

学习要点

⌘ 了解图像数字化
⌘ 了解图像压缩标准、保存格式
⌘ 了解图像采集过程
⌘ 掌握 Photoshop 基本应用
建议学时： 课堂教学 10 学时，上机实验 6 学时。

2.1 图像与图形处理基础

2.1.1 图形与图像处理概述

图形、图像是人类最容易接受的信息。人类有 70%～80%的信息获取是通过视觉系统所形成的图像。一幅图画可以形象、生动、直观地表现大量的信息，具有其他媒体元素不可比拟的优点，多少年来图像和计算机一直没有太多的联系，直到 20 世纪 70 年代，随着计算机技术的发展，才可能通过计算机存储、处理和显示图像。在对图像的设计与处理中，认识色彩是创建完美图像的基础。从许多方面来说，在计算机上使用颜色并没有什么不同，只不过它有一套特定的记录和处理色彩的技术。因此，要理解图像处理软件中所出现的各种有关色彩的术语，首先要具备基本的色彩理论知识。

1. 色彩空间表示

物体由于内部物质的不同，受光线照射后，将产生光的分解现象。一部分光线被吸收，其余的被反射或折射出来，呈现出我们所见的物体的色彩。所以，色彩和光有密切关系，同时还与被光照射的物体以及观察者有关。

色彩是通过光被我们所感知的，而光实际上是一种按波长辐射的电磁能。不同波长的光会引起人们不同的色彩感觉。

（1）色彩的基本概念

从人的视觉系统看，色彩可用色调、饱和度和亮度来描述。人眼看到的任一彩色光都是这三个特性的综合效果，这三个特性可以说是色彩的三要素，其中色调与光波的波长有直接关系，亮度和饱和度与光波的幅度有关。

① 色调。当人眼看到一种或多种波长的光时所产生的色彩感觉，称为色调或色相。与绘画中的色相系列不同，计算机在图像处理上采用数字化，可以非常精确地表现色彩的变化，色调是连续变化的。用一个圆环来表现色谱的变化，就构成了一个色彩连续变化的色环。

② 饱和度。饱和度指色彩纯粹的程度。淡色的饱和度比浓色要低一些；饱和度还和亮度有关，同一色调越亮或越暗，饱和度越低。

③ 亮度。亮度或明度是光作用于人眼时所引起的明亮程度的感觉，是指色彩明暗深浅的程度，也称为色阶。亮度有两种特性：一是同一物体因受光不同会产生明度上的变化，如图 2.1.1 所示；二是强度相同的不同色光，亮度感会不同。

图 2.1.1　亮度的变化示例

（2）三基色原理

色光的基色或原色为红（R）、绿（G）、蓝（B）三色，也称光的三基色。三基色以不同的比例混合，可形成各种色光，但原色却不能由其他色光混合而成。色光的混合是光量的增加，足量三基色相混合形成白光，若两种色光相混合而形成白光，这两种色光互为补色，如图 2.1.2 所示。

色光采用相加原理混合。在图 2.1.2 中，R、G、B 为三基色；R 与 C（Cyan 表示青色），G 与 M（Magenta 表示洋/品红色），B 与 Y（Yellow 表示黄色）互为补色。互补色是彼此之间最不一样的颜色，这就是人眼能看到除了基色之外其他色的原因。

在一个典型的多媒体计算机图像处理系统中，常常可以用几种不同的色彩空间表示图形和图像的颜色，以对应于不同的场合和应用。因此，数字图像的生成、存储、处理及显示中对应不同的色彩空间需要进行不同的处理和转换。

（3）色彩空间模型

色彩空间是一种以数学模型来科学地描述色彩的方法，常用的色彩空间有：RGB 色彩空间、HSI 色彩空间、CMYK 色彩空间、Lab 色彩空间、YUV 色彩空间等。

① RGB 色彩空间。与彩色电视机一样，计算机显示器也采用 R、G、B 相加混色的原理。任何色光都是由不同比例的三基色混合相加而形成的，这种色彩的表示方法称为 RGB 色彩空间表示。如图 2.1.3 所示，RGB 色彩空间采用物理三基色表示，三个坐标轴分别表示三基色，沿正方向强度不断加深。把三种基色交互重叠，就产生了次混合色：青、品红和黄。在数字视频中，对三基色各进行 8 位编码，就构成了大约一千多万种颜色，这就是我们常说的真彩色。

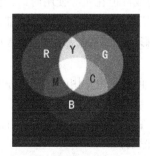

图 2.1.2　色光的混合与互补

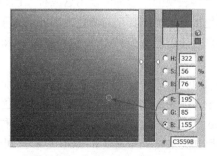

图 2.1.3　RGB 色彩空间表示

根据三基色原理，任何一种色光都可由 R、G、B 三基色按不同的比例相加混合而成。可以用基色光单位来表示光的量，在 RGB 色彩空间，任意色光 F 都可以用 R、G、B 三色不同分量的相加混合而成：$F=r[R]+g[G]+b[B]$。

RGB 色彩空间还可以用一个三维的立方体来描述，当三基色分量都为 0（最弱）时混合为黑色光；当三基色分量都为最强时混合为白色光。任一色彩 F 是这个立方体坐标中的一点，调整三基色系数 r、g、b 中的任一个都会改变 F 的坐标值，即改变 F 的色值。

② HSI 色彩空间。HSI 色彩空间是从人的视觉系统出发，用色调（Hue）、饱和度（Saturation 或 Chroma）和亮度（Intensity 或 Brightness）来描述色彩。

通常把色调和饱和度统称为色度，用来表示颜色的类别与深浅程度。由于人的视觉对亮度的敏感程度远强于对颜色浓淡的敏感程度，为了便于色彩处理和识别，人的视觉系统经常采用 HSI 色彩空间，它比 RGB 色彩空间更符合人的视觉特性。

③ YUV 色彩空间。在现代彩色电视系统中，通常采用三管彩色摄像机或彩色 CCD（电耦合器件）摄像机，它把拍摄的彩色图像信号，经分色和放大校正得到 RGB 图像，再经过矩阵变换电路得到亮度信号 Y 和两个色差信号 R-Y、B-Y，最后发送端将亮度和色差三个信号分别进行编码，用同一信道发送出去，这就是我们常用的 YUV 色彩空间。

采用 YUV 色彩空间的重要性体现在，它的亮度信号 Y 和色度信号 U、V 是分离的。如果只有 Y 信号分量而没有 U、V 分量，表示的就是黑白灰度图。彩色电视采用 YUV 色彩空间正是为了用亮度信号 Y 解决彩色电视机与黑白电视机的兼容问题，使黑白电视机也能接收彩色信号。

YUV 表示法的另一个优点是，可以利用人眼的特性来降低数字彩色图像所需的存储容量。人眼对彩色细节的分辨能力远比对亮度细节的分辨能力低。因此在某些应用场合下，降低彩色分量分辨率不会明显影响图像的质量，所以可以把几个相邻像素的不同色彩值作为相同色彩值来处理，从而减小所需的存储容量。

例如，要存储一幅 1024×768 大小的 RGB 彩色图像，三基色分别用 8 位二进制数表示，所需的存储空间为 1024×768×3×8/8=2 359 296 字节，约 2.4MB。如果用 YUV 模式来表示同一幅彩色图像，Y 分量仍然是 1024×768，仍然用 8 位二进制数表示；对每 4 个相邻像素（2×2）的 U 和 V 值分别用一个相同的值来表示，那么所需的空间为 1024×768+（1024×768/4）×2=1 179 646 字节，约 1.2MB。

④ CMYK 色彩空间。彩色印刷或彩色打印的纸张是不能发射光线的，因而印刷机或彩色打印机只能使用那些能够吸收特定光波而反射其他光波的油墨或颜料。油墨或颜料的三原色是青（Cyan）、品红（Magenta）和黄（Yellow）。青色对应蓝绿色；品红对应紫红色。理论上说，任何一种由颜料表现的色彩都可以用这三种原色按不同的比例混合而成，但在实际使用时，青色、品红和黄色很难叠加出真正的黑色，因此引入了 KC 代表黑色 2，用于强化暗调，加深暗部色彩。这种色彩表示方法称为 CMYK 色彩空间表示法。彩色打印机和彩色印刷系统都采用 CMYK 色彩空间。

⑤ Lab 色彩空间。与 YUV 色彩空间类似的还有 Lab 色彩空间，它也是用亮度和色差来描述色彩分量，其中 L 为亮度，a 和 b 分别为各色差分量。

Lab 色彩空间弥补了 RGB 和 CMYK 两种色彩空间的不足，它所定义的色彩最多，并且与人的视觉感知无关，处理速度和 RGB 色彩空间一样快，可以在图像编辑时使用。

（4）色彩空间的变换

RGB、HIS、YUV、Lab、CMYK 等不同的色彩空间只是同一物理量的不同表示法，因而它们之间存在着相互转换的关系，这种转换可以通过数学公式计算得到。例如，CMYK 为相减混色，它与相加混色的 RGB 空间正好互补。

实际应用中，一幅图像在计算机中用 RGB 空间显示；用 RGB 或 HSI 空间编辑处理；打印输出时要转换成 CMYK 空间；如果要印刷，则要转换成 CMYK 4 幅印刷分色图，用于套印彩色印刷品。

2. 图像与图形

人眼能识别的自然景象或图像原本也是一种模拟信号，为了使计算机能够记录和处理图像、图形，必须首先使其数字化，形成数字图像、图形。数字图片文件分为位图图像和矢量图形两大类。

（1）位图

图像又称点阵图像或位图图像，简称位图（Bit-mapped Image）。一幅图像由多个点（或像素）组成，像素是能独立地赋予色度和亮度的最小单位。不同色度与亮度的值表示该点的灰度或色度的等级。位图中每个像素都具有一个特定的位置和色度值。像素的色度等级越多，则图像越逼真。

位图中的每个像素点的色度值可以用二进制数来记录，根据量化的色度值不同，位图又分为黑白图像、灰度图像和彩色图像。

① 黑白图像。图像中只有黑白两种颜色，计算机中常用 1 位二进制数表示，1 和 0 两种状态分别表示白和黑。一幅 640×480 的黑白图像需要占用 37.5KB 的存储空间。

② 灰度图像。图像中把灰度分成若干等级，每个像素用若干二进制位表示。常用 8 位二进制数来表示 256 种灰度等级。如图 2.1.4 所示的一幅 640×480 的灰度图像需占用 300KB 的存储空间。

③ 彩色图像。彩色图像有多种描述方法。例如，在计算机中使用较多的 RGB 色彩空间，每个像素点的颜色值由 R（红）、G（绿）、B（蓝）三种颜色合成，如图 2.1.4 所示。若 R、G、B 分别由 8 位二进制数表示，则最多可以表示 16 777 216 种颜色（真彩色）。一幅 640×480 的真彩色图像需占用 921KB 的存储空间。

位图与分辨率有关，当在屏幕上以较大的倍数放大显示时，位图会出现锯齿边缘问题，且会遗漏细节，如图 2.1.5 所示。

（a）原图　　　　　　　（b）放大效果

图 2.1.4　RGB 色彩空间示例　　　　　　　　　图 2.1.5　位图放大效果

由于位图的绘制过程是逐点映射过程，与图像的复杂程度无关，因此它所表达的图像逼真，适合表现大量的图像细节和层次，可以很好地反映明暗的变化、复杂的场景和颜色。

一般而言，位图可由图像处理软件生成，或通过扫描仪和数码相机等图像采集设备得到。由于点阵图是由一连串排列的像素组合而成，它并不是独立的图形对象，所以不能单独编辑图像中的对象。如果要编辑其中部分区域的图像，必须精确地选取需要编辑的像素，然后再进行编辑。能够处理位图的软件有 Photoshop、Photoimpact、Painter 等。

（2）矢量图

矢量图形（Vector-based Graphic）简称矢量图，由数学中的矢量数据所定义的点、线、面、体组成，根据图形的几何特性以数学公式的方式来描述对象，其中所存储的是作用点、大小和方向等数学信息，与分辨率无关。显示一幅矢量图形，需要用专门的软件读取矢量图形文件中的描述信息，通过 Draw（绘画）程序，将其转换成屏幕上所能显示的颜色与形状。矢量图形可以在屏幕上任意缩小、放大、改变比例，甚至扭曲变形，在维持原有清晰度和弯曲度的同时，可以多次移动和改变它的属性，而不会影响图形的质量。一个矢量图形可以由若干部分组成，也可以根据需要拆分为若干部分。可以将它缩放到任意大小，也可按任意分辨率在输出设备上打印出来，都不会遗漏细节或改变清晰度。

计算机上常用的矢量图形文件类型有 MAX（用 3DS MAX 生成三维造型）、DXF（用于CAD）、WMF（用于桌面出版）、C3D（用于三维文字）、CDR（CorelDRAW 矢量文件）等。图形技术的关键是图形的描述、制作和再现，图形只保存算法和特征点，相对于图像的大数据量来说，它占用的存储空间较小，但每次在屏幕上显示时，都需要重新计算。另外，在打印输出和放大时，图形的质量较高。

（3）矢量图形与位图图像的比较

矢量图是用一系列计算机指令来描述和记录一幅图，这幅图可分解为一系列子图，如点、线、面等的组合。位图是用像素点来描述或映射的图，即位映射图。位图在内存中是一组计算机内存地址，这些地址指向的单元定义了图像中每个像素点的颜色和亮度。由于矢量图和位图的表达方式和产生方式不同，因而具有不同的特点。

① 矢量图效果不如位图好。如果绘制的图形比较简单，矢量图的数据量远远小于位图，但不如位图表现得自然、逼真。

② 矢量图数据量小。在矢量图中，颜色作为绘制图元的参数在命令中给出，所以整个图形拥有的颜色数目与文件的大小无关；而在位图中，每个像素所占用的二进制位数与整个图像所能表达的颜色数目有关。颜色数目越多，占用的二进制位数越多，一幅位图图像的数据量也会随之迅速增大。比如，一幅 256 种颜色的位图，每个像素占 1 字节；而一幅真彩色位图，每个像素占3 字节，它所占用的存储空间远远大于 256 色位图图像。

③ 矢量图变换不失真。矢量图在放大、缩小、旋转等变换后不会产生失真。而位图会出现失真现象，特别是放大若干倍后，图像会出现严重的颗粒状，缩小后会丢掉部分像素点的内容。

总之，矢量图和位图是表现客观事物的两种不同形式。在制作一些标志性的内容简单或真实感要求不强的图形时，可以选择矢量图形的表现手法。矢量图形通常用于线条图、美术字、工程设计图、复杂的几何图形和动画中，这些图形（如徽标）在缩放到不同大小时必须保持清晰的线条，它是文字（尤其是小字）和粗图形的最佳选择。另外，制作动画也是以矢量图形为基础的。需要反映自然世界的真实场景时，应该选用位图图像。

2.1.2　图像的数字化

图像只有经过数字化后才能成为计算机处理的位图。表征图像数字化质量的主要特征有分辨率和颜色深度等，在采集和处理数字化图像时应特别注意。

（1）分辨率

分辨率主要分为图像分辨率、显示分辨率、扫描与打印分辨率。

① 图像分辨率。图像分辨率是指每英寸图像内的像素数目，单位为 PPI（Pixels Per Inch）。对同样大小的一幅原图，如果数字化时图像分辨率高，则组成该图的像素点数目越多，看起来就越逼真。图像分辨率在图像输入/输出时起作用，它决定图像的点阵数。而且，不同的分辨率会呈现不同的图像清晰度，如图 2.1.6 所示。

图 2.1.6　图像分辨率

② 显示分辨率。显示分辨率是显示器在显示图像时的分辨率，分辨率是用点来衡量的，显示器上这个"点"就是指像素。显示分辨率的数值由水平方向的像素总数和垂直方向的像素总数构成，一般采用 1024×768、800×600、1440×900 等系列标准模式。在同样大小的显示器屏幕上，显示分辨率越高，像素的密度越大，显示的图像就越精细。显示分辨率与显示器的硬件条件和显示卡的缓冲存储器的容量有关，容量越大，显示分辨率越高。显示分辨率有最大显示分辨率和当前显示分辨率之分。最大显示分辨率是由物理参数，即显示器和显示卡（显示缓存）决定的。当前显示分辨率是由当前设置的参数决定的。

如果图像的点数大于显示分辨率的点数，则该图像在显示器上只能显示出图像的一部分。只有当图像大小与显示分辨率相同时，一幅图像才能充满整屏。

③ 扫描分辨率和打印分辨率。打印分辨率指图像打印时每英寸可识别的点数，扫描分辨率指扫描仪扫描图像时每英寸所包含的点数，两者均以 dpi（dots per inch）为衡量单位。打印分辨率反映了打印的图像与原始图像之间的差异程度，越接近原图像的分辨率，打印质量就越高。扫描分辨率反映了扫描后的图像与原始图像之间的差异程度，分辨率越高，差异越小。两种分辨率的最高值主要受其硬件限制。

（2）颜色深度

颜色或图像深度是指位图中记录每个像素点所占的位数，它决定了彩色图像中可出现的最多颜色数，或者灰度图像中的最大灰度等级数。图像的色彩需用三维空间来表示，如 RGB 色彩空间，而色彩空间表示法又不是唯一的，所以每个像素点的颜色深度的分配还与图像所用的色彩空间有关。以最常用的 RGB 色彩空间为例，颜色深度与色彩的映射关系主要有真彩色、伪彩色和调配色。

真彩色是指图像中的每个像素值都分成 R、G、B 三个基色分量，每个基色分量用 8 位二进制数来记录其色彩强度，三个基色分量共可记录 2^{24}=16M 种色彩。这样得到的色彩可以反映原图的真实色彩，故称真彩色。

伪彩色图像的每个像素值实际上是一个索引值或代码，该代码值作为色彩查找表中某一项的入口地址，根据该地址可查找出包含实际 R、G、B 的强度值。这种用查找映射的方法产生的色彩称为伪彩色。

调配色是通过每个像素点的 R、G、B 分量分别作为单独的索引值进行变换，经相应的色彩变换表找出各自的基色强度，用变换后的 R、G、B 强度值产生色彩。调配色的效果一般比伪彩色好，但显然达不到真彩色的效果。

（3）图像的数据量

在扫描生成一幅图像时，实际上是按一定的图像分辨率和一定的图像深度对模拟图片或照片进行采样和量化，从而生成一幅数字化的图像。图像的分辨率越高、图像深度越深，则数字化后的图像效果越逼真，图像数据量也越大。如果按照像素点及其深度进行映射，图像数据量可用下面的公式来估算：

图像数据量=图像的总像素×颜色深度/8（B）

一幅 640×480 真彩色图像，其文件大小约为 640×480×24/8=1MB。

通过以上分析可知，如果要确定一幅图像的参数，要考虑两个因素：一是图像的容量，二是图像输出的效果。在多媒体应用中，更应考虑图像容量与效果的关系。由于图像数据量很大，因此数据压缩就成为图像处理的重要内容之一。

2.1.3 图像的压缩编码标准

数字图像的数据量很大，为了节省存储空间，适应网络带宽，一般对数字图像要进行压缩，然后再存储和传输。JPEG（Joint Photographic Experts Group）是指国际标准化组织（ISO）和国际电报电话咨询委员会（CCITT）联合成立的"联合图像专家组"所制定的适用于连续色调、多级灰度、彩色或单色静止图像数据压缩的国际标准。这个方案的问世，对多媒体技术的发展起到了非常重要的作用。

（1）静态图像压缩标准 JPEG

1991 年 3 月提出的 JPEG 标准——多灰度静止图像的数字压缩编码，包含两部分：第一部分是无损压缩，即基于空间线性预测技术的无失真压缩算法，它的压缩比很低；第二部分是有损压缩，一种采用离散余弦变换（Discrete Cosine Transform，DCT）和霍夫曼编码的有损压缩算法，它是目前主要应用的一种算法。后一算法进行图像压缩时，虽有损失，但压缩比可以很大。例如压缩比在 25:1 时，压缩后还原得到的图像与原图像相比，基本上看不出失真，因此得到广泛应用。JPEG 图像压缩标准的目标是：

⦿ 编码器应该由用户设置参数，以便用户在压缩比和图像质量之间权衡折中。

⦿ 标准适用于任意连续色调的数字静止图像，不限制图像的影像内容。

⦿ 计算复杂度适中，对 CPU 的性能没有太高要求，易于实现。

⦿ 定义了两种基本压缩编码算法和 4 种编码模式。

JPEG 算法主要存储颜色变化，尤其是亮度变化，因为人眼对亮度变化要比对颜色变化更为敏感。只要压缩后重建的图像与原图像在亮度和颜色上相似，在人眼看来就是相同的图像。因此，JPEG 压缩原理是不重建原始画面，丢掉那些未被注意的颜色，生成与原始画面类似的图像。

随着多媒体应用领域的扩大，传统的 JPEG 压缩技术越来越显现出许多不足，无法满足人们对多媒体图像质量的更高要求。离散余弦变换算法靠丢弃频率信息实现压缩，因此，图像的压缩率越高，高频信息被丢弃的越多。在极端情况下，JPEG 图像只保留了反映图像外貌的基本信息，精细的图像细节都消失了。

（2）静态图像压缩标准 JPEG 2000

为了在保证图像质量的前提下进一步提高压缩比，1997 年 3 月，JPEG 又开始着手制定新的方案，该方案采用以小波变换（Wavelet Transform）算法为主的多解析率编码技术，该技术的时频和频域局部化技术在信号分析中优势明显，并且它对高频信号采用由粗到细的渐进采样间隔，从而可以放大图像的任意细节。该方案于 1999 年 11 月公布为国际标准，并被命名为 JPEG 2000。与传统的 JPEG 相比，JPEG 2000 的特点如下。

① 高压缩率。JPEG 2000 的图像压缩比与传统的 JPEG 相比提高了 10%～30%，而且压缩后的图像更加细腻平滑。

② 无损压缩。JPEG 2000 同时支持有损和无损压缩。预测法作为对图像进行无损压缩的成熟算法被集成到 JPEG 2000 中，因此 JPEG 2000 能实现无损压缩。传统 JPEG 标准虽然也包含了无失真压缩，但实际中较少提供这方面的支持。

③ 渐进传输。现在网络上按传统的 JPEG 标准下载图像时是按块传输的，只能一行一行地显示，而 JPEG 2000 格式的图像支持渐进传输。所谓渐进传输，就是先传输图像的轮廓数据，然后再传输其他数据，可不断提高图像质量（不断地向图像中填充像素，使图像的分辨率越来越高），这样有助于快速浏览和选择大量图片。

④ 可以指定感兴趣区域 ROI（Region Of Interest）。在这些区域，可以在压缩时指定特定的压缩质量，或在恢复时指定特定的解压缩要求，这给用户带来了极大的方便。在有些情况下，图像中只有一小块区域对用户是有用的，对这些区域，采用低压缩比，而感兴趣区域之外采用高压缩比，在保证不丢失重要信息的同时，又能有效地压缩数据量，这就是基于感兴趣区域的编码方案所采取的压缩策略。该方法的优点在于，它结合了接收方对压缩的主观需求，实现了交互式压缩。而接收方随着观察的深入，常常会有新的要求，可能对新的区域感兴趣，也可能希望某一区域更清晰些。

当然，JPEG 2000 的改进还不只这些，它考虑了人的视觉特性，增加了视觉权重和掩模，在不损害视觉效果的情况下大大提高了压缩效率；人们可以为一个 JPEG 文件加上加密的版权信息，这种经过加密的版权信息在图像编辑过程（放大、复制）中将没有损失，比目前的"水印"技术更为先进；JPEG 2000 对 CMYK、RGB 等多种色彩空间都有很好的兼容性，这为用户按照自己的需求在不同显示器、打印机等外设进行色彩管理带来了便利。

2.1.4 图像文件的保存格式

图像格式是指图像信息在计算机中表示和存储的格式。在计算机中图像文件有多种存储格式，常用的有 BMP、JPEG、TIFF、PSD、GIF、PNG 等。

（1）BMP 格式

BMP 是 Windows 操作系统的标准图像文件格式，能够得到多种 Windows 应用程序的支持。其特点是，包含的图像信息丰富，不进行压缩，但文件占用较大的存储空间。BMP 格式支持 RGB、索引颜色、灰度和位图颜色模式，但不支持 Alpha 通道。基本上绝大多数图像处理软件都支持此格式，如 Windows 的画图工具、Photoshop、ACDSee 等。

（2）JPEG 格式

JPEG 既是一种文件格式，又是一种压缩技术。它作为一种灵活的格式，具有调节图像质量的功能，允许用不同的压缩比对文件进行压缩。作为较先进的压缩技术，它用有损压缩方式去除图像的冗余数据，在获取极高的压缩率的同时能展现丰富生动的图像。JPEG 应用广泛，大多数图像处理软件均支持此格式。目前各类浏览器也都支持 JPEG 格式，其文件尺寸较小，下载速度快，使 Web 网页可以在较短的时间下载大量精美的图像。

（3）JPEG 2000 格式

JPEG 2000 与 JPEG 相比，能达到更高的压缩比和图像质量，并支持渐进传输和感兴趣区域。JPEG 2000 存在版权和专利的风险。这也许是目前 JPEG 2000 技术没有得到广泛应用的原因之一。采用 JPEG 2000 的图像文件格式扩展名一般为.jpf、.jpx、.jp2 等。

（4）TIFF 格式

TIFF（Tag Image File Format）是由 Aldus 公司为 Macintosh 机开发的一种图像文件格式。最早流行于 Macintosh 机，现在 Windows 上主流的图像应用程序都支持该格式。它是使用最广泛的位图格式，其特点是图像格式复杂，存储细微层次的信息较多，有利于原稿的复制，但占用的存储空间也非常大。TIFF 格式文件可用来存储一些色彩绚丽、构思奇妙的贴图文件，它将 3DSMax、Macintosh、Photoshop 有机地结合在一起。

（5）PSD 格式

它是图像处理软件 Photoshop 的专用格式。PSD（Photoshop Document）格式文件其实是 Photoshop 进行平面设计的一张"源图"，里面包含有各种图层、通道等多种设计的样稿，以便于下次打开文件时可以修改上一次的设计。但目前除 Photoshop 以外，只有很少的几种图像处理软件能够读取此格式。

（6）PSB 格式

大型文档格式（PSB）支持宽度或高度最大为 300000 像素的超大图像文档。PSB 格式支持所有 Photoshop 功能（如图层、效果和滤镜）。目前以 PSB 格式存储的文档，只能在 Photoshop 中打开。

（7）GIF 格式

GIF（Graphics Interchange Format）是 CompuServe 公司开发的图像文件格式，它采用了压缩存储技术。GIF 格式同时支持线图、灰度和索引图像，但最多支持 256 种色彩的图像。其特点是，压缩比高，磁盘空间占用较小，下载速度快，可以存储简单的动画。由于 GIF 图像格式采用了渐显方式，即在图像传输过程中，用户先看到图像的大致轮廓，然后随着传输过程的继续而逐步看清图像中的细节，所以 Internet 上的大量彩色动画多采用此格式。

（8）PNG 格式

PNG（Portable Network Graphics）是 Macromedia 公司的 Fireworks 软件的默认格式。它是目前保证最不失真的格式，它汲取了 GIF 和 JPEG 二者的优点，存储形式丰富，兼有 GIF 和 JPEG 的色彩模式，其图像质量远胜过 GIF。PNG 用来存储彩色图像时，其颜色深度可达 48 位，存储灰度图像时可达 16 位。并且具有很高的显示速度，所以也是一种新兴的网络图像格式。与 GIF 不同的是，PNG 图像格式不支持动画。

图像文件格式之间可以互相转化，转换的方法主要有两种：一是利用图像编辑软件的"另存为"功能；二是利用专用的图像格式转换软件。

2.1.5　图像素材的采集

把自然的影像转换成数字化图像的过程叫做"图像数字化"，该过程的实质是进行模数（A/D）转换，即通过相应的设备和软件，把模拟量的自然影像转换成数字量。

图像获取的一个重要途径是：依赖专用计算机扩展设备，如扫描仪、数码照相机等获取图像。除硬件设备外，设备驱动程序、图像处理工具等软件也是必不可少的。数字化图像的获取途径主要有以下几种：

① 利用设备进行模数转换。在进行模数转换之前，首先收集图像素材，如印刷品、照片以及实物等，然后使用彩色扫描仪对照片和印刷品进行扫描，经过少许的加工后，即可得到数字图像。也可使用数码照相机、手机等直接拍摄景物，再传送到计算机中处理。

② 从数字图像库或网络上获取图像。数字图像库通常采用光盘作为数据载体，多采用 PCD

和 JPG 文件格式。其中，PCD 文件格式是 Kodak 公司开发的 Photo-CD 光盘格式；JPG 文件格式是压缩数据文件格式。某些网站也提供合法的图片素材，有些需要支付少量的费用。

③ 通过图像处理软件绘制图像。可以 Photoshop 等图像处理软件绘制自己想要的图像。

④ 捕捉屏幕图像。可以将计算机屏幕显示的内容以图像文件的形式保存起来。在 Windows 中利用 Print Screen 键捕获全屏幕图像，使用 ALT+Print Screen 键捕获当前活动窗口图像。也可以使用抓图软件来捕捉屏幕的图像，常用的有 SuperCapture、UltarSnap、SnagIt、HyperSnap-DX 等，这些抓图软件不仅可以捕捉屏幕和窗口，还可以捕捉鼠标指针、菜单等。

2.1.6 图像采集的常用设备

1. 扫描仪

（1）扫描仪概述

扫描仪是一种可将静态图像输入到计算机里的图像输入设备。如果配上文字识别（OCR）软件，用扫描仪可以快速方便地把各种文稿录入到计算机内，大大加快了计算机文字录入的过程。目前，在多媒体计算机中使用最多的是平板扫描仪。

扫描仪内部具有一套光电转换系统，可以把各种图片信息转换成计算机图像数据，并传送给计算机，再由计算机进行图像处理、编辑、存储、打印输出或传送给其他设备。其工作过程如下：

① 扫描仪的光源发出均匀光线照射到图像表面。

② 经过模数转换，把当前"扫描线"的图像转换成电平信号。

③ 步进电动机驱动扫描头移动，读取下一次图像数据。

④ 经过扫描仪 CPU 处理后，图像数据暂存在缓冲器中，为输入计算机做好准备。

⑤ 按照先后顺序把图像数据传输至计算机并存储起来。

（2）扫描仪分类

按扫描原理分类可将扫描仪分为以 CCD（电荷耦合器件）为核心的平板式扫描仪、手持式扫描仪和以光电倍增管为核心的滚筒式扫描仪。按操作方式分为手持式、台式和滚筒式。按色彩方式分为灰度扫描仪和彩色扫描仪。按扫描图稿的介质分为反射式（纸质材料）扫描仪，透射式（胶片）扫描仪以及既可反射又可透射的多用途扫描仪。

手持式扫描仪体积小、重量轻、携带方便，但扫描精度较低，扫描质量较差。平板式扫描仪是市场上的主力军，主要应用于 A3 和 A4 幅面图纸的扫描仪，其中又以 A4 幅面扫描仪用途最广，功能最强，种类最多，其分辨率通常为 600～1200dpi，最高可达 2400dpi，色彩数一般为 30 位，高的可达 36 位。滚筒式扫描仪一般应用在大幅面扫描领域，如大幅面工程图纸的输入。

（3）扫描仪的主要性能指标

① 分辨率。它是衡量扫描仪的关键指标之一，表明系统能够达到的最大输入分辨率，以每英寸扫描像素点数（dpi）表示。制造商常用"水平分辨率×垂直分辨率"的表达式作为扫描仪的标称。其中水平分辨率又称"光学分辨率"；垂直分辨率又称"机械分辨率"。光学分辨率是由扫描仪的传感器及传感器中的单元数量决定的。机械分辨率是步进电机在平板上移动时所走的步数。光学分辨率越高，扫描仪解析图像细节的能力越强，扫描的图像越清晰。

② 色彩位数。它是影响扫描仪性能的另一个重要因素。色彩位数越大，所能得到的色彩动态范围越大，也就是说，对颜色的区分更加细腻。例如，一般扫描仪至少有 30 位色，也就是能表达 2^{30} 种颜色（大约 10 亿种颜色），好一点的扫描仪拥有 36 位颜色，大约能表达 687 亿种颜色。

③ 灰度。指图像亮度的层次范围。灰度级数越多，图像层次越丰富。目前扫描仪可达 256 级灰度。

④ 扫描速度。在指定分辨率和图像尺寸下的扫描时间。

⑤ 幅面。扫描仪支持的幅面大小，如 A4、A3、A1 和 A0。

2. 数码相机

数码相机是一种光、电、机一体化的产品，随着科学技术的快速发展，数码相机已得到广泛应用。无论是专业摄影人士还是普通百姓，都可以用它拍出精美的图片。同时，它也作为与计算机配套使用的输入设备，其强大功能得到了充分的发挥。数码相机在外观和使用方法上与普通的全自动照相机很相似，两者之间最大的区别在于，前者在存储器中存储图像数据，后者通过胶片曝光来保存图像。

（1）数码相机的工作原理

数码相机的"心脏"是电荷耦合器件（CCD）。使用数码照相机时，只要对着被摄物体按动按钮，图像便会被分成红、绿、蓝三种光线，然后投影在电耦合器件上，CCD 把光线转换成电荷，其强度随被捕捉影像上反射的光线强度而改变，然后 CCD 把这些电荷送到模/数转换器，对电荷数据编码，再存储到存储装置中。在软件支持下，可在屏幕上显示照片，还可进行放大、修饰处理。照片可用彩色喷墨打印机或彩色激光打印机输出，其效果与保存性是光学相机所无法比拟的。

（2）数码相机的性能指标

数码相机的性能指标可分两部分：一部分指标是数码相机特有的；而另一部分指标与传统相机的指标类似，如镜头形式、快门速度、光圈大小以及闪光灯工作模式等。下面简单介绍数码相机特有的性能指标。

① 分辨率。它是数码相机最重要的性能指标。虽然数码相机的工作原理与扫描仪类似，但其分辨率的衡量标准却与扫描仪不同。扫描仪与打印机类似，使用 dip 作为衡量标准，而数码相机的分辨率标准却与显示器类似，使用图像的绝对像素数来衡量。由于数码照片大多是在显示器上观察，它拍摄的照片的绝对像素数取决于相机内 CCD 芯片上光敏元件的数量，数量越多则分辨率越高，所拍图像的质量也就越高，当然相机的价格也会大致成正比地增加。例如，VGA 显示分辨率 640×480，这意味着"电子胶卷"的横向有 640 个 CCD 光敏元件，共有 480 行。相机的分辨率还直接反映出打印的照片的大小。分辨率越高，在同样的输出质量下可打印的照片尺寸越大。

② 存储能力及存储介质。在数码相机中感光与保存图像信息是由两个部件完成的。虽然它们都可反复使用，但在一个拍摄周期内，相机可保存的数据却是有限的，它决定了在未下载信息之前相机可拍摄照片的数目。故数码相机内存的存储能力及是否具有扩充功能，是重要的指标。

③ 数据输出方式。指数码相机提供哪种数据输出接口。目前几乎所有的数码相机都提供 USB 数据输出接口，高档相机还提供更先进的 IEEE-1394 高速接口。通过这些接口和电缆，可将数码相机中的影像数据传送到计算机中保存或处理。对于使用扩充卡的相机来说，如果向台式机下载数据，则需要有特殊的读卡器，而具有 PCMCIA 卡插槽的笔记本电脑，可将这种扩充卡直接插入。除以上向计算机输出的形式外，许多相机提供 TV 接口（NTSC 制式的较多，PAL 制式的也有），可在电机上观看照片。

④ 连续拍摄。对于数码相机来说，连续拍摄不是它的强项。由于"电子胶卷"从感光到将数据记录到内存整个过程进行得并不是太快，故拍完一张照片之后，不能立即拍摄下一张照片。

两张照片之间需要等待的时间间隔就成了数码相机的另一个重要指标。越是高级的相机，间隔越短，也就是说，连续拍摄的能力越强。

其他需考虑的因素还有，如数码相机感光器件面积的大小、光学结构等，这些不在本书讨论范围之内，读者如有需要可参考数码摄影方面的专业书籍。

2.2　图像处理软件 Adobe Photoshop 基础

2.2.1　Photoshop 简介

Adobe 公司的 Photoshop 是目前广泛流行，集图像扫描、编辑修改、图像制作、广告创意，图像输入与输出于一体的图形图像处理软件。该软件具有领先的数字艺术理念，可扩展的开放性及强大的兼容能力。由于它功能强大且简单易用，因此受到平面设计、艺术处理、数字摄影、装帧设计、网页制作、广告影视、建筑等各行各业设计者的普遍欢迎，在很大程度上已成为目前图像处理软件的行业标准。

美国 Adobe 公司于 1990 年推出了 Photoshop 1.0，虽然当时的 Photoshop 只能在苹果机上运行，功能也比较简单，但却给计算机图像处理行业带来了巨大的冲击。此后 Adobe 公司不断推出 Photoshop 升级版本，继 Photoshop 7.0 之后又推出 Photoshop CS 系列，2012 年 4 月推出的 Photoshop CS6（13.0）是目前流行的版本。

Adobe Photoshop CS6 号称是 Adobe 公司历史上最大规模的一次产品升级，大幅提升了软件的运作性能，更加人性化，功能更加强大。在 CS6 中整合了其 Adobe 专有的 Mercury 图像引擎，通过显卡核心 GPU 提供了强悍的图片编辑能力，可即时呈现创作效果。在裁剪工具、3D 功能、修补工具、参数设置面板均有更新。

Photoshop 具有十分强大的图像处理功能，具体表现在：

① 支持多种格式的图像文件，如 PSD、JPEG、BMP、PCX、GIF、TIFF 等多种流行的图像格式，并可进行图像格式之间的转换。

② 具有多种图像绘制工具，可以创作各种规则和不规则图形和图像，并可实现许多特殊的图像表现。

③ 强大的图像编辑功能。可以对图像整体或局部编辑，可以对图像做各种变换如放大、缩小、旋转、倾斜、镜像、透视等。也可进行复制、去除斑点、修补、修饰图像的残损等。

④ 图像合成功能。Photoshop 具有强大的多图层功能，可以用各种形式合成图像，产生内容丰富、色彩绚丽、具有艺术感染力的图像作品。将它应用于广告制作、美术创作、影视产品制作中，都有不俗的效果。

⑤ 出色的图像校色调色功能。可方便快捷地对图像的颜色进行明暗、色偏的调整和校正，也可在不同颜色之间进行切换以满足图像在不同领域如网页设计、印刷、多媒体等方面应用。

⑥ 图像特效制作。Photoshop 具有完善的通道和蒙版功能，并提供了近 100 种内置滤镜，还可使用多种外接滤镜，大大增强了图像处理能力。如油画、浮雕、石膏画、素描等常用的传统美术技巧都可借助 Photoshop 特效完成。

⑦ 图像处理的自动化功能。对需要相同处理的图像可由 Photoshop 自动完成，比如统一的图像格式转换。

⑧ 3D 和视频处理。在 Photoshop 中可以创建和编辑 3D 文件，也可以对视频帧进行处理。

Photoshop 功能强大，限于篇幅，本章只介绍有关图像处理的基本内容，动画、视频、3D 等内容将在其他章节和课程中讲述。

2.2.2 Photoshop 的界面环境

Photoshop 界面与大多数 Windows 应用程序界面相似，而且 Photoshop 不同版本的界面也大致相同。下面以 Photoshop CS6 为例介绍其操作界面，Photoshop CS6 的界面环境承袭了 CS 系列的一贯风格，界面划分更加合理，常用面板的访问、工作区的切换也更加方便。

Photoshop CS6 操作界面如图 2.2.1 所示。它主要包括菜单栏、工具选项栏、工具箱、文档窗口、调节面板和状态栏等。

菜单栏
工具选项栏
选项卡
工作区切换器
工具箱
调节面板
文档窗口
状态栏

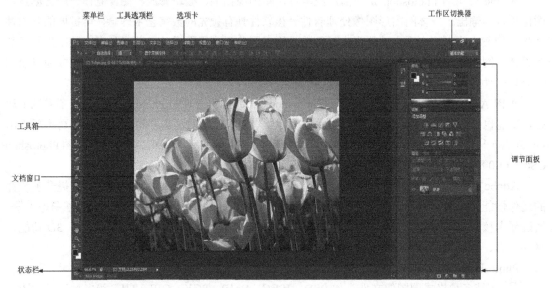

图 2.2.1 Photoshop CS6 操作界面

（1）菜单栏

如图 2.2.2 所示，菜单栏包含 Photoshop 几乎所有的操作命令。Photoshop 根据图像处理的各种要求，将所要求的功能分类后，分别放在 11 个主菜单项中。“文字”菜单是 Photoshop CS6 新增的菜单，里面集中了与文字操作相关的命令。

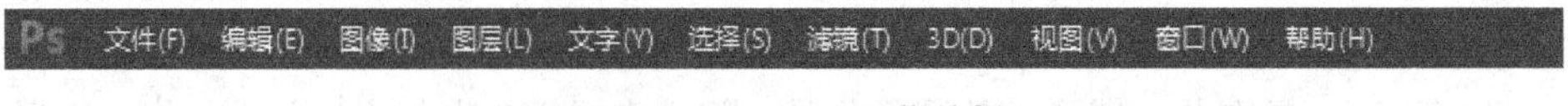

Ps 文件(F) 编辑(E) 图像(I) 图层(L) 文字(Y) 选择(S) 滤镜(T) 3D(D) 视图(V) 窗口(W) 帮助(H)

图 2.2.2 Photoshop CS6 菜单栏

（2）工具箱

工具箱默认放置在工作界面的左侧，里面包含了 Photoshop 中用于创建和编辑图像、图稿、页面元素的工具和按钮。用户只要用鼠标单击这些工具按钮，就可以轻松地使用它们来编辑或绘制图像。如果工具按钮右下方若有一黑色小三角，就表示该工具为复合工具组，在这些工具按钮上，按住鼠标左键或在按钮处右击会弹出整个工具组，方便进行选择和切换。图 2.2.3 为全部展开后的工具箱示意图。

在工具箱中，常用的工具都有相应的快捷键，将鼠标停留在工具按钮上会显示该工具的名称，括号中的英文字母为该工具的快捷键，记住某些常用快捷键有助于我们快速有效地使用它们。按下 Shift+工具快捷键，可以在一组工具中循环选择各个工具。

工具箱的顶部有一个双三角符号，单击它后工具箱形状转换成单条或双条。工具箱通常固定在工作界面的左侧，单击双三角符号下的双虚线框，可将其拖动到工作界面中呈浮动状态。同样，也可以在该处拖动工具箱到工作界面右侧，当出现蓝色的停泊标志时松开鼠标，则工具箱变为固定位置。

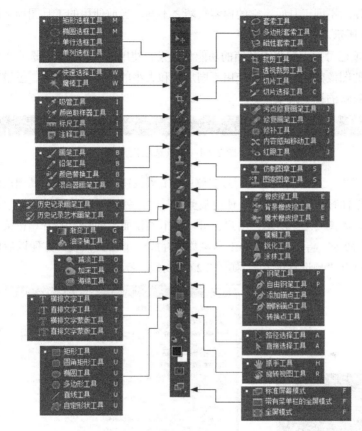

图 2.2.3　Photoshop CS6 工具箱

除了编辑图像的工具组外，工具箱下方还包括前景色/背景色控制、快速蒙版、屏幕模式切换等常用工具。

"前景色/背景色控制"工具用来设定前景色和背景色。单击前景色或背景色控制块将出现"拾色器"对话框，用户可从中选择前景色和背景色；并可单击切换按钮将前景色和背景色互换；单击"初始化"可将前景色和背景色恢复到初始的黑白状态。

"快速蒙版模式"工具可使用户的图像编辑在"标准模式"和"蒙版模式"两种模式中快速切换。用户可以方便地创建、观察和编辑所选择的区域。单击该按钮或按 Q 键可在两种模式间快速切换。

屏幕模式切换按钮可使用户在"标准屏幕模式"、"带有菜单栏的全屏模式"、"全屏模式"三种屏幕模式之间切换。

① 标准屏幕模式。为默认的屏幕显示模式，它显示菜单栏、工具箱、调节面板组、文档窗口等。

② 带有菜单栏全屏模式。显示有主菜单的全屏模式。

③ 全屏模式。将可用的屏幕全部扩展为使用区域，并不包括主菜单。

（3）工具选项栏

工具选项栏位于菜单栏的下方，用来描述或设置当前所使用工具的属性和参数，如画笔的形状、大小、模式和透明度等，以及该工具可进行的操作。通过"窗口|选项"命令可以隐藏或显示工具选项栏。当使用不同工具时，它的内容也随之不同，当前使用的工具图标会显示在工具栏的左端，如图 2.2.4 所示。

应用工具选项栏可大大增强工具箱的功能和效果。使用同样的工具，选择不同的参数，可以创造出许多不同的图像效果。比如，使用不同形状和大小的画笔，像枫叶、星星等就可以制造出许多绚丽、令人雀跃的视觉效果。

图 2.2.4　工具选项栏

在工具选项栏中，单击工具选项栏最左侧的按钮■按钮，可以打开工具预设面板，里面包含 Photoshop 中已有的工具预设，例如，使用裁剪工具时，就可以从其预设面板中方便地选择常用的图像裁剪尺寸，如图 2.2.5 所示。用户也可以单击预设面板的■，打开调板菜单，通过里面的"新建工具预设"命令，将当前设置的工具参数保存成一个工具预设，方便以后使用，也可以载入其他预设或者打开"预设管理器"，如图 2.2.6 所示。

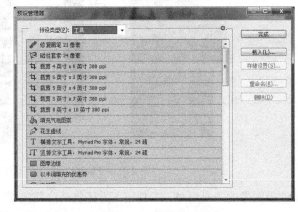

图 2.2.5　裁剪工具预设面板　　　　　　图 2.2.6　预设管理器

（4）调节面板

为了在图像的编辑处理中更加方便直观地控制和调节各种参数，并使图像、图层的处理过程和信息能随时呈现出来，在 Photoshop CS6 中根据功能的不同，共设置了 25 个控制面板，如颜色面板、图层面板、通道面板、历史记录面板等，它们都是 Photoshop 中常用的工具和操作。按照 Photoshop 的默认设置，调节面板（除"动画"面板外）以选项卡的形式成组出现，停靠在窗口右侧。这些调节面板可以根据需要在"窗口"菜单中可以选择打开或关闭，也可以自由组合面板，因此有时也称浮动面板。

单击调节面板组上方的双三角图标■■和■■可以展开和折叠各个调节面板组，操作方便快捷，又节约屏幕空间。图 2.2.7 是折叠的调节面板和展开的"颜色｜色板"调节面板组。

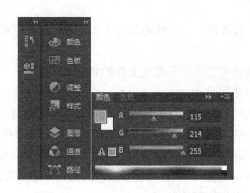

图 2.2.7　调节面板

（5）文档窗口

文档窗口是显示、编辑、处理图像的区域。当在 Photoshop 中打开一副图像时，就会创建一个文档窗口，所有的图像处理工作都在文档窗口中完成。

每个文档窗口都和 Windows 下的窗口类似，都由标题栏、关闭按钮、滚动条及图像显示区组成。当同时打开多个图像文件时，各个文档窗口的标题栏顺序排列在文档窗口的顶部选项卡。

同时打开图像文件时，其窗口默认的排列规则是，后打开的图像文件窗口覆盖先打开的图像文件窗口，单击图像窗口的标题栏，可以调出所需的图像窗口，使用快捷键 Ctrl+Tab 可以顺序切换窗口。

在文档窗口的标题栏上单击并拖动出选项卡，该窗口就成为一个独立的浮动窗口，可像 Windows 下的其他窗口一样移动位置，调整大小。将浮动窗口的标题栏拖动到选项卡中，当出线蓝色横线时放开鼠标，可以将窗口重新放置在选项卡中。

如果打开的图像数量较多，选项卡无法显示所有文档的标题栏，可在选项卡右侧的"扩展文档"按钮 >> 的下拉菜单中可以选择所需的图像文件。

（6）状态栏

状态栏位于 Photoshop CS6 文档窗口底部。它显示当前处理图像的各种信息，如图像的缩放比例、文档大小以及当前使用的工具等。单击状态栏的文件信息区域可以显示文档的宽度、高度、通道和分辨率。按住 Ctrl 键单击可以显示宽度和高度。

单击状态栏中的▶按钮，可在打开的菜单中选择状态栏的显示内容，如图 2.2.8 所示。

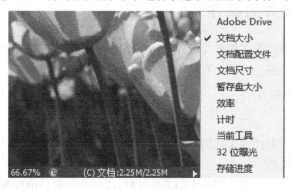

图 2.2.8　状态栏

⊙ 文档大小：有关图像中的数据量的信息。左边的数字表示图像的打印大小，它近似于以

Adobe Photoshop 格式拼合并存储的文件大小。右边的数字指明文件的近似大小，其中包括图层和通道。

- 文档配置文件：图像所使用颜色配置文件的名称。
- 文档尺寸：显示图像的尺寸。
- 暂存盘大小：有关用于处理图像的 RAM 量和暂存盘的信息。左边的数字表示当前正由程序用来显示所有打开的图像的内存量。右边的数字表示可用于处理图像的总 RAM 量。
- 效率：执行操作实际所花时间的百分比，而非读写暂存盘所花时间的百分比。如果此值低于 100%，则 Photoshop 正在使用暂存盘，因此操作速度会较慢。
- 计时：完成上一次操作所花的时间。
- 当前工具：现用工具的名称。
- 32 位曝光：用于调整预览图像，以便在计算机显示器上查看 32 位/通道高动态范围（HDR）图像的选项。只有当文档窗口显示 HDR 图像时，该滑块才可用。

（7）工作区

图 2.2.9　工作区切换菜单

在 Photoshop 中可以使用各种元素（如面板、栏以及窗口）来创建和处理文档和文件。这些元素的任何排列方式称为工作区。根据用户的不同需求，Photoshop CS6 提供了不同的预设工作区，从而更好地方便用户对软件的使用。

工具选项栏右侧显示为"基本功能"按钮即为工作区切换区，单击即可打开下拉菜单，如图 2.2.9 所示，从菜单中即可选择需要的预设工作区。例如"基本功能"为默认的工作区，"CS6 新增功能"是使当前工作区为 Photoshop CS6 新增功能状态，"绘画"会在工作区右侧显示绘画时常用的画笔、色板等面板。用户也可以通过"新建工作区"将自己习惯的工作方式保存为工作区，通过"删除工作区"命令删掉不想保留的工作区。

（8）更改界面颜色

Photoshop CS6 采用的是经过完全重新设计的深色界面，如果你更喜欢原来的浅灰色界面，也可以通过"编辑｜首选项｜界面"进行设置。Photoshop 的界面设置对话框如图 2.2.10 所示。

2.2.3　图像文件的操作

Photoshop 支持多种图像文件格式，并可实现不同图像文件格式之间的相互转换。文件的基本操作包括图像文件的创建、打开、存储等。

1. 图像文件的基本操作

（1）打开图像文件

Photoshop 有 4 个打开图像文件的命令，它们都处于文件菜单中。可以一次打开一个文件，也可同时打开多个图像文件。

- "文件｜打开"：打开文件列表中的图像文件，"打开"对话框如图 2.2.11 所示。
- "文件｜打开为"：以指定的某种格式打开图像文件。
- "文件｜打开为智能对象"：打开图像文件并将其转换为智能对象。

⊙ "文件 | 最近打开的文件": 打开最近编辑过的图像文件。

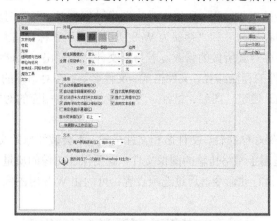

图 2.2.10　Photoshop 的界面设置对话框　　　　图 2.2.11　"打开"对话框

Photoshop 还有一个功能强大的媒体管理器 Bridge，它帮助用户快速预览和搜索图像文件，并可标注和排序图片。在 Photoshop CS6 中，在文档窗口底部新增了一个 Mini Bridge 面板，保持 Mini Bridge 媒体管理器为开启状态，就能通过它轻松直观地浏览和使用计算机中保存的图片与视频。这是对常用文件打开功能的一个很好补充，可以有效减少文件打开操作。Mini Bridge 面板如图 2.2.12 所示。

图 2.2.12　Mini Bridge 面板

（2）新建图像文件

Photoshop 除了可对现有图像进行编辑处理，也可创建一个新的空白文件进行绘画。

执行"文件 | 新建"菜单命令或者按下 Ctrl+N 快捷键，即可弹出"新建"对话框，如图 2.2.13 所示。在对话框中设置新文件的各项参数，单击"确定"按钮，即可创建一个空白文件。

⊙ "名称"：图像文件名称，可使用默认文件名"未标题-1"，也可键入自定义的名称。

⊙ "预设"：定义新建文件的大小。在其下拉列表框中提供了常用图像文件的标准，如"照片"、"国际标准纸张"、"胶片和视频"等，用户可以按照不同的需求进行选择。若选择"自定"选项，需在下面的"宽度"和"高度"栏输入图像所需的宽度及高度值。

⊙ "宽度/高度"：图像文件的宽度和高度。右侧的选项是高度和宽度的单位，如像素、英寸、厘米等，可用下拉菜单进行选择。

⊙ "分辨率"：设置图像分辨率，右侧为分辨率的单位，可取"像素/英寸"或"像素/厘米"。

⊙ "颜色模式"：选择图像文件的颜色模式。包括位图、灰度、RGB、CMYK 和 Lab 颜色模式。

⊙ "背景内容"：设置新建图像的背景色，其默认值为白色。

（3）存储图像文件

图像的处理需要许多步骤，是一个复杂的工作过程，所以在处理图像过程中要注意随时将图像存储到磁盘上。存储文件包括"存储"、"存储为"和"存储为 Web 所用格式"三种存储方式。

⊙ "文件｜存储"：若为已有图像，保存对其所做的修改；若为新文件，则弹出"存储为"对话框，如图 2.2.14 所示，设置文件的存储路径、文件格式、文件名等。在对话框的"存储"选项中勾选：作为副本、Alpha 通道、图层、批注、专色等，可以将相应的对象保存起来。

⊙ "文件｜存储为"：可以重新设置文件存储路径、文件名和文件格式，不会破坏原始文件。

⊙ "文件｜存储为 Web 所用格式"：适用于网络传输的图像文件，既要保证图像的质量，又要考虑文件的大小对传输的影响。执行此命令，通过选项设置，可优化 Web 用图像，达到图像质量与文件大小的优化平衡。

图 2.2.13 "新建"对话框 　　　　图 2.2.14 "存储为"对话框

"存储为 Web 所用格式"对话框如图 2.2.15 所示。在其预览窗口可以用"原稿、优化、双联、四联"4 种方式显示图像的不同优化效果。单击鼠标可选择某个格式，单击对话框左下角的缩放按钮 或输入百分数可调整图像为合适的显示尺寸。

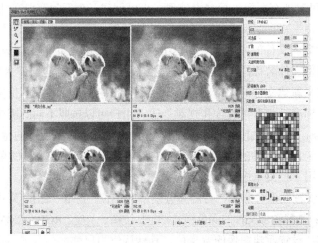

图 2.2.15 "存储为 Web 所用格式"对话框

在文件信息显示栏显示当前文件的格式、大小及在 Web 中的下载速度。

在右侧"预设"栏中可以对当前图像的文件格式、颜色、杂边、透明度等参数进行设置。"转化为 sRGB"复选框用于将图像转化为 sRGB 颜色模式时的"预览"和"元数据"选项设置。

"颜色表"用于显示所设置的文件格式中包含的所有图像颜色。选中某种颜色，单击下方的 图 三个按钮，可以将选中的颜色分别映射为透明、转化为调板或禁止其放入。

"图像大小"用于对当前图像的分辨率、百分比及图像品质进行设置。若当前图像为动态图像，可通过"动画"按钮用播放控件预览动画。

单击"预览"按钮可以在 Web 浏览器中预览优化后的输出图像。

所有参数都设置和选择好后，单击"存储"按钮，即完成"存储"功能。

（4）恢复文件

在图像文件编辑过程中，如果对修改的结果不满意，可以执行"文件|恢复"菜单命令，将文件恢复到最近一次保存时的状态。

（5）置入文件

使用"文件|置入"命令，可以将照片、图片等位图，以及 EPS、PDF、AI 等矢量文件作为智能对象导入到当前编辑的文件中。如将 Illustrator 中的矢量格式 EPS 文件置入，则可在当前文件的图层面板中看到智能对象图层。置入矢量文件的过程中，对其进行缩放、斜切或者旋转等变换操作时，是无损缩放，不会降低图像的品质。

（6）导入和导出文件

"文件|导入"命令可以将视频帧、注释、WIA 支持等内容导入到当前文件。如"文件|导入|视频帧到图层"可以将视频中的图像帧导入到文件的各个图层。

"文件|导出"命令，可将当前编辑好的文件导出为适合其他软件应用的文件格式。如选择"文件|导出|路径到 Illustrator"菜单命令，在设置好路径、文件名和保存路径后，即可将该图像中的路径以 AI 格式导出，导出后可以在 Illustrator 中编辑使用。

2．图像文件格式的转换

Photoshop 支持多种图像文件格式，在 Photoshop 中转换文件的存储格式非常简单，执行"文件|存储为"命令，在打开的"存储为"对话框中的格式下拉菜单中选择新的格式，如图 2.2.16 所示，单击"保存"按钮即可。

图 2.2.16　Photoshop 中的保存格式

3．图像尺寸及分辨率的改变

（1）图像的缩放

为处理图像的细节，有时需将图像中某个局部放大显示，而有时为了看图像的整体效果又需要将图像缩小显示。这种图像的缩放处理只改变图像显示的效果，并没有改变图像实际的尺寸。

① 使用"缩放"工具缩放图像。缩放图像最方便的方法是使用工具箱中的"缩放"工具，

如图 2.2.17 所示。选择"缩放"工具，在工具选项栏中选择放大按钮，单击文档窗口可以放大图像的显示比例，按住鼠标左键拖动可以快速放大。Photoshop 中的图像的最大放大倍数为 32 倍。

选择工具选项栏中的按钮或者按住 Alt 键，单击文档窗口可以缩小图像的显示比例，按住鼠标左键拖动可以快速缩小。

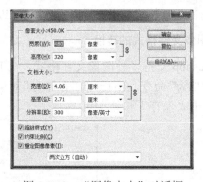

图 2.2.17　"缩放"工具选项栏

② 使用状态栏的显示比例按钮 100% 缩放图像。在状态栏显示比例按钮处输入想要缩放的比例，比如"200%"，按回车键确认，即可完成图像的缩放。

③ 使用"导航器"面板缩放图像。"导航器"面板包含图像的缩略图和各种缩放工具，如图 2.2.18 所示。当图像尺寸较大时，文档窗口中不能显示完整图像，通过导航器来定位图像的查看区域更加方便。鼠标左键拖动红色矩形框即可进行定位。

④ 使用"视图｜放大/缩小/按屏幕大小缩放/实际像素/打印尺寸"等菜单命令也可改变显示图像的大小。

（2）改变图像的尺寸及分辨率

在图像处理中，有时需要在不改变分辨率的情况下修改图像的尺寸。其方法是选择"图像｜图像大小"菜单命令，在"图像大小"对话框中设置相应的尺寸，如在"像素大小"栏中输入宽度和高度值，或直接选择框中的度量单位，就可以改变图像的实际大小，如图 2.2.19 所示。

在"图像大小"对话框的"文档大小"栏中可设置图像的打印尺寸和分辨率。若想改变图像的分辨率只需在对话框的"分辨率"栏输入新的分辨率值即可。对话框下方的"约束比例"复选框，用于约束图像宽度和高度之比。选中它时，若改变图像高度，宽度会随之成比例地变化。

图 2.2.18　"导航器"面板

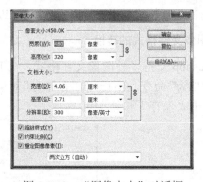

图 2.2.19　"图像大小"对话框

图 2.2.20　"画布大小"对话框

（3）调整画布的大小

画布指绘制和编辑图像的工作区域，即图像的显示区域。可以使用图像菜单中的相关命令调整画布的大小及旋转画布。

选择"图像｜画布大小"命令，弹出"画布大小"对话框，如图 2.1.20 所示。输入新的宽度、高度值和度量单位，可以改变画布的尺寸，选择"相对"复选框，可以相对当前的图像大小来调整画布。在下方的"定位"项中可选择画布扩展和收缩的方向，其中间的带圆点的方块表示图像在画布中的位置，而箭头表示画布向四周扩展或缩进的方向。例如，宽度和高度均相对扩展 2 厘米，画布扩展颜色为黄色，可以为该图像制作一个黄色矩形画框，效果如图 2.2.21(a)所示。

选择"图像 | 图像旋转 | 水平翻转画布/垂直翻转画布"命令，可以将画布在水平或者垂直方向上翻转画布。选择"图像 | 180°/90°（顺时针）/90°（逆时针）/任意角度"可以按角度旋转画布。画布翻转和旋转效果如图 2.2.21(b)、2.2.21(c)所示。

（a）制作矩形的边框

（b）水平翻转画布

（c）旋转画布

图 2.2.21　画布调整、翻转和旋转效果

4．添加版权信息

版权是对著作权的保护。选择"文件 | 文件简介"命令，在打开的对话框的"说明"选项卡中输入文档标题及作者等信息，如图 2.2.22 所示，要为图像添加版权信息，可在版权状态下拉列表中选择"版权所有"，在下面的"版权状态"中输入个人版权信息，在"版权信息 URL"中输入电子邮件地址或者 URL。添加了版权信息的图像在文档窗口的标题前面会出现一个 © 标记。

5．使用辅助工具（标尺、网格和参考线）

为了精确地绘制和处理图像，Photoshop 提供

图 2.2.22　"文件简介"对话框

了标尺、网格和参考线等辅助工具，以帮助用户在处理图像时的定位，及提供测量及对齐时的参考和标准。标尺、网格和参考线都是只显示而不打印的参考线。

执行"视图 | 标尺"菜单命令或者按下快捷键 Ctrl+R，在图像窗口顶部和左侧出现标尺。当移动鼠标时，标尺内的标线会显示光标的位置。水平和垂直标尺的交点为标尺的原点，如图 2.2.23 所示，用"移动工具"拖动此原点，可确定原点的新位置。双击交点处，可将原点恢复到默认的位置。

(a)原点在左上角

(b)原点在图像中心处

图 2.2.23　原点位置

执行"视图 | 新建参考线"菜单命令，可以在"新建参考线"对话框中选择新建水平或垂直参考线，如图 2.2.24 所示。将鼠标放到标尺上，使用"移动工具"，按住鼠标左键拖动也可新建参考线到指定位置。按住 Shift 键，可以使参考线与标尺上的刻度对齐。使用"移动工具"将参考线拖离图像区域，可删除参考线。

执行"视图 | 显示 | 网格"菜单命令，图像上会显示出不被打印的网格线，如图 2.2.25 所示。使用网格线可以精确或对称地布置图像。

图 2.2.24　"新建参考线"对话框及参考线创建效果　　图 2.2.25　网格显示效果

使用标尺、网格和参考线可以将处理的图像快速对齐，以提高工作的精确度和效率。使用"视图 | 对齐到 | 网格"或"视图 | 对齐到 | 参考线"菜单命令，同时用"移动工具"拖动图像对象或文字，会很快将对象对齐到网格或参考线上。在"视图 | 显示"菜单命令中选择网格或参考线，可以显示或隐藏网格和参考线。

2.3　图像的选取

图像处理的绝大部分工作都是针对整幅图像的某一部分进行加工处理，如挖取、裁剪、复制、粘贴、填充颜色等。如果要编辑其中部分区域的图像，必须精确地选取需要编辑的像素——称为选区，然后再进行编辑。所以图像的选取，是精确、有效地进行图像处理的前提。

2.3.1　认识选区

选区的边界是以跳动的"蚂蚁线"来标识的。在图像处理中，选区有两种用途。

一是实现局部图像处理，在图像中指定一个编辑区域，编辑操作只能发生在选区内部，选区以外的图像则处于被保护状态，不能进行编辑。在图 2.3.1 中，只想调整花朵部分的颜色，其他部分不变，首先需要建立花朵部分的选区，如图 2.3.1(b)所示。

(a)原图　　　　　　　　　　　　(b)改变花朵颜色

图 2.3.1　花朵部分选区示例

二是实现图像合成，在一幅图像中选取指定区域的图像，合成到其他图像中。如把图 2.3.2 中的黄色花朵合成到另外一幅图像背景中。首先选取花朵部分，然后复制粘贴到新的背景中，如图 2.3.2(b)所示。

(a)原图　　　　　　　　　　　　　(b)合成图像

图 2.3.2　图像合成效果示例

创建的选区可以是连续的，也可以是分开的，但是选区一定是闭合的。在 Photoshop 中，选区是以像素为基础，而不是像矢量处理软件中那样是以某个对象为基础的。

创建选区的简单方法是使用工具箱的选择工具，它们位于工具箱的最上方，主要包括选框工具、套索工具、快速选择工具和魔棒工具。

2.3.2　选区的制作

1. 创建规则选区

选框工具主要用于创建规则形状的选区，如矩形、椭圆形或宽度为 1 个像素的行和列的图像选区，如图 2.3.3 所示。

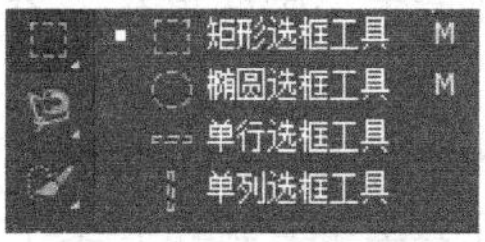

① 矩形选框工具：按下鼠标左键拖放出一个矩形选择区域。按住 Shift 键，即可创建正方形选区。

② 椭圆选框工具：按下鼠标左键拖放出一个椭圆形选择区域。按住 Shift 键，即可创建正圆形选区。

图 2.3.3　矩形选框工具栏

③ 单行与单列选框工具：在图像上的指定位置处单击鼠标，即可创建鼠标点处宽度为 1 个像素的单行或单列选区。

将鼠标移动到选区内部，按住鼠标左键可以移动选区的位置。如果对创建的选区不满意，可以用快捷键 Ctrl+D 取消。

选区的创建在很多情况下不是一次就能理想地完成，有时需要精确、反复地修改。顶部工具选项栏显示了有关选区的参数，由于选区工具选项栏的功能大致相同，在此就以"矩形选框工具"为例，来说明工具栏参数的设置方法，图 2.3.4 中显示的是"矩形选框工具"的有关参数。

图 2.3.4　矩形选框工具栏

工具栏左端有 4 个按钮，代表了选区的 4 种运算，假如当前已存在一个选区，若再创建一个新选区，那么这两个选区之间存在 4 种关系：新建、添加、相减、求交。

① 羽化：它代表选区边缘柔和晕开的程度，可以输入数字 0～1000px 来整定选区边缘的模糊程度。羽化值为 0 时选区边缘清晰。数值越大，选区的边缘越柔和。

② 消除锯齿：由于图像由像素组成，像素都是正方形的色块，如选取椭圆等非直线选区，

在选区边缘就会产生锯齿。为消除这种视觉上不舒服的锯齿现象，可在锯齿之间填充中间色调以消除锯齿。

③ 样式：单击 样式：正常 下三角可出现三种样式：正常、固定长宽比和固定大小。"正常"样式可用鼠标拖动任意长宽比例的矩形框，而"固定长宽比"样式，允许在后面的"宽度"和"高度"文本框中输入固定比例值。而"固定大小"样式会创建固定尺寸的选区，它的宽、高由文本框中的输入值精确地确定。

2．创建非规则选区

非规则选区的创建，如抠取照片中的某些人等，就需要使用套索、快速选择或魔棒等更复杂的创建非规则选区的工具。

（1）套索工具组

套索工具组多用于不规则图像及手绘图形的选取，包括 3 种：套索工具、多边形套索工具和磁性套索工具，如图 2.3.5 所示。

图 2.3.5　套索工具组

"套索工具"：可用于手动选取任意形状的区域。其用法是按住鼠标左键，拖动鼠标，随着鼠标的移动就可以选择任意形状的边界，松开左键后系统会自动形成封闭的选择区域。套索工具的使用简单，但是它需要较高的手工技巧，所以很难达到理想的选择效果，一般不用来精确指定选区。

"多边形套索工具"：用来选取多边形边界的选区。选择该项后，可用鼠标连续单击构成此多边形的若干顶点，这些点之间会自动连成折线，最后将鼠标移向所选多边形的起始点时，鼠标会变成一个小圆圈形状，表示形成了一个封闭区域，此时单击鼠标则得到一个多边形封闭选区。

"磁性套索工具"：是较精确的套索工具，它主要用于在色差比较明显、背景颜色单一的图像中创建选区。使用磁性套索工具拖动鼠标时，系统会按照像素的对比来自动捕获图像的边缘线。磁性套索工具栏比套索工具栏和多边形套索工具栏要复杂些，图 2.3.6 为磁性套索工具栏。

羽化：0 像素　　✓ 消除锯齿　　宽度：10 像素　对比度：10%　　频率：57　　　　调整边缘…

图 2.3.6　磁性套索工具栏

磁性套索工具栏中除包括羽化、消除锯齿两个选项外，还包括宽度、对比度、频率、钢笔压力等选项。

① 宽度：设置磁性套索工具的探查深度。其取值范围为 1～256。数值大时，探查的范围就大。

② 对比度：设置磁性套索工具的敏感度。其值范围为 1%～100%。数值大时，用来探查对比度较大的边缘；反之，用来探查对比度较小的边缘。

③ 频率：设置锚点添加到路径的密度。其取值范围为 1～100。数值越大，锚点越多，则选区的拟合度就越高。

④ 钢笔压力：设定绘图的画笔压力，只有连接了绘图板时才会有用。

一般情况下，这些选项可使用默认值。通常较小的宽度值和较大的对比度值会获得较准确的图像选区。使用套索工具时，不论如何选取图像都会形成一个闭合区域，因此应尽量让始点和终点为同一点，否则系统也会自动将它们连接闭合。一般可以单击工具栏右端的调整边缘按钮 调整边缘… 弹出"调整边缘"对话框，来查看各种工具所建立的不规则选区。图 2.3.7 为使用套索工具、多边形套索工具和磁性套索工具所建立的不规则选区示例。

| (a)原图 | (b)套索工具示例 | (c)多边形套索工具示例 | (d)磁性套索工具示例 |

图 2.3.7　套索工具组所建立的不规则选区示例

（2）魔棒和快速选择工具

魔棒是一种神奇的选择工具。使用它时，只要在图像窗口上单击，就可以创建一个复杂的选区。前面所述的大部分选择工具都是基于形状来形成选区，而魔棒工具是基于图像中的相近颜色来形成选区。当单击图像中某一点时，它会将与该点颜色相似的区域选择出来。因此在颜色和色调比较单纯的图像中，使用魔棒工具是十分方便的。

如果适当地选择魔棒工具栏参数，可以快速创建理想的选区，既节省时间又能达到意想不到的效果。魔棒工具栏如图 2.3.8 所示，参数包括：容差、消除锯齿、连续、对所有图层取样等。

图 2.3.8　魔棒工具栏

① 容差：表示颜色的近似程度。取值范围值为 1～255。容差值越小，所选取的范围越小；容差值越大，选取的范围就会变大。图 2.3.9 表示容差值不同时的不同选区。

| (a)原图 | (b)容差值为 32 | (c)容差值为 70 |

图 2.3.9　魔棒工具在容差值不同时选取的区域

② 连续：选中此复选框表示只选取与单击点相连续的区域；否则，选取不连续的色彩相近的区域。图 2.3.10 表示选择"连续"或未选择"连续"时的不同选区。

| (a)选择"连续" | (b)未选择"连续" |

图 2.3.10　魔棒工具选择或未选择"连续"复选框的选区

③ 对所有图层取样：选中此复选框表示可选取所有可见图层中色彩相近的区域；否则，只选取当前图层中的区域。

"快速选择"工具结合了魔棒和画笔的特点，以画笔绘制方式在图像中拖动，即可将画笔经过的区域创建为选区，应用"调整边缘"选项，可获得更准确的选区。该工具操作简单且自由，选择准确，常用于快速创建精确选区。

"快速选择"工具比较适合选择图像和背景对比较大的图像，它可自动调整寻找到图像和背景的边缘，使背景与选区分离。为创建精确选区，需要首先设置工具栏参数以及画笔的各项参数。快速选择工具栏如图 2.3.11 所示，其创建的选区如图 2.3.12 所示。

图 2.3.11　快速选择工具栏

快速选择工具栏的选区模式与矩形选框工具相似：![图标]分别表示新选区，添加到选区和从选区减去。单击"画笔"下拉按钮可弹出"画笔"选项面板，可以设置画笔的直径、硬度、间距等，如图 2.3.13 所示。"自动增强"选项可以增强选区的边缘。

图 2.3.12　快速选择工具创建的选区　　　　图 2.3.13　"画笔"选项面板

（3）利用色彩范围创建选区

一个精确选区的创建往往很不容易，有时需要对某一个特定的色彩范围进行选取。Photoshop 提供了一种更具有弹性的选择方法，即利用某一色彩范围进行选取。这种方法可以边调整边预览，不断完善选区的范围。例如，在图 2.3.14 中，我们希望把某种颜色的羽毛选择出来，每根羽毛的颜色是相近的。此时，可以使用"选择|色彩范围"菜单命令。

使用该方法的步骤是：

① 使用"选择|色彩范围"菜单命令，弹出"色彩范围"对话框，如图 2.3.15 所示。在"选择"下拉列表中选择颜色，或用"取样颜色"吸管工具在图像中选择颜色。

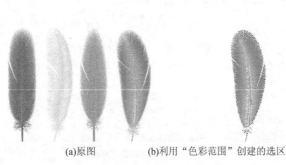

(a)原图　　　　(b)利用"色彩范围"创建的选区

图 2.3.14　利用"色彩范围"创建选区

图 2.3.15　"色彩范围"对话框

② 在"颜色容差"框中填入数字，或拖动滑块来设置颜色容差。颜色容差设置越大，则选取的范围也越大，可以反复调整颜色容差，以得到所需的选取范围。

③ "选择范围"和"图像"两个单选钮中，若选择"选择范围"，则预览框中显示被选择和未被选择的范围。被选中的部分用白色显示，未被选中的用黑色显示。选择"图像"会显示图像本身。

④ 在"选区预览"下拉列表中选择预览方式，可选择"无"、"灰度"、"黑色杂边"、"白色杂边"和"快速蒙版"等预览方式。若选择的范围满足要求，单击"确定"按钮。若单击"复位"按钮，则取消本次操作。

（4）其他控制选区的命令

在"选择"菜单中还有一些控制选区的其他命令。

① 全部：选取整幅图像，快捷键为 Ctrl+A。

② 取消选择：取消选区，快捷键为 Ctrl+D，或在选区外单击。

③ 重新选择：恢复前一次的选区。快捷键为 Shift+Ctrl+D。

④ 反向：选择选区以外的区域，快捷键为 Shift+Ctrl+I。

⑤ 隐藏选区范围但不取消选区，可使用"视图｜显示｜选区边缘"菜单命令。

⑥ Photoshop 默认只在同一图层进行选择，如果选中选项框中的"所有图层"，则可以在所有的图层中进行选择。有关内容将在 2.7 节图层中详细讲解。

（5）羽化选区效果

为使选区的边缘不致太突出地出现在图像中，可以"羽化"选区的边缘，使它具有柔软渐变的边缘，以便较自然地融合到被粘贴的图像中。使用 Photoshop 的"羽化"命令可以形成边缘的柔和晕映的效果，如图 2.3.16 所示。

图 2.3.16 "羽化"的柔和晕映效果

"羽化"选区的边缘有 3 种方法：①选取选择工具时，在工具栏设置羽化值。②在工具栏中弹出的"调整边缘"对话框中设置羽化值。③用"选择｜修改｜羽化"菜单命令或快捷键 Shift+F6，在"羽化选区"对话框中设置"羽化半径"值，如图 2.3.17所示。其中"羽化半径"参数值越大，边缘越柔和。

用菜单命令羽化选区的操作步骤如下：

① 在图像文件中选择"椭圆选框工具"，在图像中创建一个椭圆选区，如图 2.3.18(a)所示。

② 按快捷键 Shift+F6 或使用"选择｜修改｜羽化"菜单命令，在"羽化选区"对话框中输入"羽化半径"值。

③ 执行"羽化"命令后，选择"编辑｜复制"菜单命令复制选区中的图像，并在一个新建的文件中用"编辑｜粘贴"菜单命令粘贴该图像，就得到如图 2.3.18(b)所示的羽化效果。

(a)椭圆选区　　　　(b)羽化效果

图 2.3.17 "羽化选区"对话框　　图 2.3.18 羽化选区的创建

2.3.3 选区的编辑

在创建选区时，往往很难做到一次就达到满意的效果，通常需要对选区进行一些调整，如移动、添加、减少选区，计算选区的交集等。

（1）添加、减少选区与选区相交

如果需要对一个选区进行一些修改，可以建立一个新选区。

图 2.3.19 为选框工具栏的图标，给出了 4 种新选区的建立方式，它们分别是：新选区、添加到选区、从选区减去及与选区相交。

图 2.3.19　选框工具栏图标

① 新选区：表示建立一个新选区，且放弃原来的选区。

② 添加到选区：将新建的选区添加到原有选区中。它是两个选区的并集。

③ 从选区减去：将新建选区从原有的选区中减去。它是两个选区的差集。

④ 与选区相交：创建的选区是新建选区与原有选区的共有部分。它是两选区的交集。

图 2.3.20 给出了选区以及相加、相减、相交的效果示例。

(a)矩形选区　　　(b)椭圆形选区　　　(c)两选区相加　　　(d)两选区相减　　　(e)两选区相交

图 2.3.20　选区相加、相减、相交的效果示例

（2）移动选区

当选区位置不够准确，需要移动选区时，只需将鼠标移到该选区内按下鼠标左键并拖动鼠标使选区移动到指定位置即可，在用鼠标拖动过程中若同时按住 Shift 键，可限制选区按垂直、水平或 45°角方向移动。若对选区位置做细致的调节，可使用方向键，每按一次方向键，选区可移动一个像素的距离。

（3）修改选区的边界与反选

① 若要略微扩大和缩小选区的边界，可使用"选择｜修改｜边界/平滑/扩展/收缩/羽化"菜单命令，如图 2.3.21 所示。

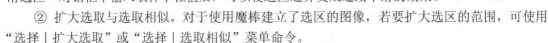
图 2.3.21　"修改"子菜单

扩展、收缩及边界三项可以扩大和缩小选区的边界。而在"平滑选区"对话框中输入取样半径值后，可以使选区边界变成连续平滑的效果。

② 扩大选取与选取相似。对于使用魔棒建立了选区的图像，若要扩大选区的范围，可使用"选择｜扩大选取"或"选择｜选取相似"菜单命令。

"扩大选取"命令依照魔棒选中的容差范围将选区进一步扩大。扩大的范围是与原选区相邻且颜色相近的范围。

"选取相似"与"扩大选取"命令的依据相同，也将原选区进一步扩大，但扩大的范围包括图像中所有符合容差范围的像素，而不仅限于相邻的像素，如图 2.3.22 所示。

③ 变换选区。当图像中设置了选区，若使用"选择｜变换选区"菜单命令，选区边框会出现 8 个控制点，拖动这些控制点可以对选区范围进行任意放大、缩小、拉伸、旋转等变换。如果

此时单击鼠标右键，会弹出"变换选区"的快捷菜单，用户可以使用菜单做进一步的修改。变形合适后，可在选区中双击或按 Enter 键确认。如图 2.3.23 所示，如果要选取立方体的一面图像，只自由变换是做不到的，需要对选区做扭曲变换。

(a)魔棒选取

(b)扩大选取

(c)选取相似

图 2.3.22　"选取相似"与"扩大选取"示例

④ 反选。使用"选择｜反向"菜单命令可选取原选区的相反部分，也就是选取原选区以外的部分，它对背景单一而要选取的边缘不够平滑的图像是一种很有效的方法。如图 2.3.24 所示，可先用魔棒点取黄色背景，然后用"选择｜反向"菜单命令，很快就可将哆啦 A 梦选出。

图 2.3.23　变换选区的效果

(a)魔棒工具选区

(b)反选选区

图 2.3.24　反选选区的效果示例

2.3.4　选区的基本应用

在 Photoshop CS6 中确定好图像的选区后，就可以进行各种图像处理操作了。下面介绍一些选区的基本应用，如选区的复制、粘贴、填充和描边等操作。

（1）选区的复制、剪切和粘贴

如同其他软件一样，在 Photoshop CS6 中确定好选区后，就可以进行复制、剪切和粘贴了。在图像中得到选区后，执行"编辑｜复制"（Ctrl+C）或"编辑｜剪切"（Ctrl+X）菜单命令，可将选区内容复制并保存到剪贴板中，然后使用"编辑｜粘贴"（Ctrl+V）菜单命令将选区中的图像粘贴，此时被选取的区域会粘贴到自动生成的新图层中，并取消原选区。也可以将复制的选区粘贴到一个不同的文件或不同的图层中，如图 2.3.25 所示为粘贴到新文件中的选区。使用"编辑｜复制（Ctrl+C）/粘贴（Ctrl+V）"菜单命令后原被复制区域还存在，而用"编辑｜剪切（Ctrl+X）/粘贴（Ctrl+V）"菜单命令原被复制区域将被剪切。

图 2.3.25　粘贴后的选区

（2）选区的填充

创建选区后，通过"编辑｜填充"菜单命令可以为创建的选区填充前景色、背景色或图案。例如，创建一个椭圆选区，然后分别用颜色或图案填充，如图2.3.26所示。

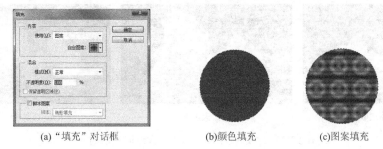

(a)"填充"对话框　　　　　(b)颜色填充　　　　　(c)图案填充

图2.3.26　选区的填充示例

（3）选区的描边

创建选区后，使用"编辑｜描边"菜单命令，在弹出的"描边"对话框中选择"位置"是内部、居中或居外，就可以给选区线内侧、外侧或跨选区线为中心来描边。如图2.3.27所示是对椭圆选区的描边效果。

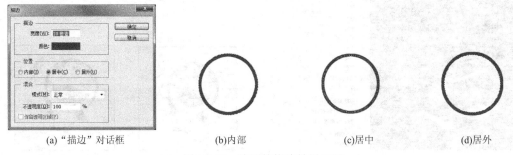

(a)"描边"对话框　　　　(b)内部　　　　(c)居中　　　　(d)居外

图2.3.27　选区的描边效果示例

2.3.5　选区的存储和载入

经过精心选择并加工后的选区，可以保存起来。保存后的选区范围可以作为一个蒙版，显示在"通道"面板中，需要时可从"通道"面板中装载进来，或保存在外部文件中。

（1）存储选区

使用"选择｜存储选区"菜单命令，弹出"存储选区"对话框，如图2.3.28所示。

在对话框的"文档"框中选择存储选区的文件，默认为当前文件。在"通道"框中选择"新建"；如果已经存在其他通道，则可在"通道"下拉列表中选择。在"名称"栏中输入通道的名称。单击"确定"按钮，则存储选区完成。

单击"通道"面板的"将选区存储为通道"按钮 ，可将选区存储为默认的Alpha通道。

（2）载入选区

存储选区后，在需要时可以重新载入。使用"选择｜载入选区"菜单命令，弹出"载入选区"对话框，如图2.3.29所示。同样，在"文档"框中选择要载入选区的文件，在"通道"框中选择选区载入的通道。勾选"反相"复选框，意味着载入选区为存储选区的相反状态。在"操作"单选项中选择载入方式，默认为"新建选区"；也可以选择与原选区相加、相减或相交。单击"确定"按钮，则完成存储选区的载入。

图 2.3.28 "存储选区"对话框   图 2.3.29 "载入选区"对话框

同样，单击"通道"面板的"将通道作为选区载入"按钮 ，可将通道作为选区载入。

2.3.6 创建选区举例——制作照片模板及图像分格

【实例 2.3.1】 使用创建选区工具创建选区，变换、填充、复制粘贴等，完成照片模板的制作，如图 2.3.38 所示。

① 打开图像文件"背景.jpg"，如图 2.3.30 所示，使用"矩形选框"工具在图像左侧制作一个矩形选区，执行"选择 | 变换选区"命令，旋转选区，如图 2.3.31 所示。

② 执行"编辑 | 填充"菜单命令，用白色填充选区。执行"选择 | 修改 | 收缩"，收缩 20 像素，执行"选择 | 修改 | 羽化"，将选区羽化 5 个像素。再次执行填充命令，用黑色填充选区，取消选择，如图 2.3.32 所示。

③ 使用"椭圆选框"工具在图像窗口右侧创建圆形选区，并用白色填充，如图 2.3.33 所示。

④ 执行"选择 | 修改 | 羽化"，将选区羽化 10 个像素。设置前景色为黄色，执行"编辑 | 描边"，为选区描边，宽度为 10 个像素，如图 2.3.34 所示。

⑤ 按快捷键 Ctrl+C 复制，接快捷键 Ctrl+V 粘贴，使用移动工具将粘贴的内容移动到合适的位置，执行"编辑 | 自由变换"适当变换大小，如图 2.3.35 所示。取消选择。

⑥ 打开原始素材文件"蝴蝶"，选取其中的蝴蝶复制到背景中，适当变换，并调整位置，效果如图 2.3.36 所示。

⑦ 打开原始素材文件"花朵"，选取其中的花朵复制到背景中，适当变换，并调整位置，效果如图 2.3.37 所示。

⑧ 输入文字"记忆的片段"，字体为隶书，黄色，最终效果如图 2.3.38 所示。

图 2.3.30 打开的图像文件

图 2.3.31 建立矩形选区

图 2.3.32 矩形选区的填充

图 2.3.33 建立圆形选区并填充

图 2.3.34　圆形选区描边

图 2.3.35　复制粘贴圆形选区

图 2.3.36　选取蝴蝶并复制

图 2.3.37　选取花朵并复制

图 2.3.38　照片模板最终效果

【实例 2.3.2】　使用选取工具创建选区，使用填充工具制作分格效果。

① 使用"文件 | 打开"菜单命令，打开"世博中国馆"图片，如图 2.3.39 所示。

② 使用"窗口 | 图层"菜单命令，打开"图层"调节面板，复制背景图层，得背景副本。

③ 选择"视图 | 标尺"菜单命令，显示标尺。根据标尺，可将图像均分为 3 行 4 列。

④ 在工具箱的规则选框工具中，选择"单行选框工具"，在图像的 1/3 和 2/3 高处，在按 Shift 键的同时单击鼠标，各得一单行选区。

⑤ 同样选择"单列选框工具"，在图像的 1/4 和 2/4 和 3/4 处，按 Shift 键的同时单击鼠标，各得一单列选区，如图 2.3.40 所示。

图 2.3.39　"世博中国馆"图片

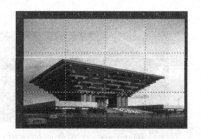

图 2.3.40　单行、单列选区

⑥ 执行"选择|修改|边界"菜单命令，弹出"边界选区"对话框，如图 2.3.41 所示。对各行和各列选区均扩大两个像素，其效果如图 2.3.42 所示。

⑦ 选择"编辑|填充"菜单命令，弹出"填充"对话框，选择"黑色"，其填充效果如图 2.3.43 所示。按 Ctrl+D 键取消选区，并取消标尺。

图 2.3.41　"边界选区"对话框

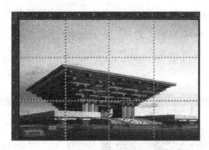

图 2.3.42　扩大边界效果

图 2.3.43　填充效果

⑧ 选择"图像|画布大小"菜单命令，弹出"画布大小"对话框，如图 2.3.44 所示，选中"相对"复选框，将图像的"高度"和"宽度"分别扩大 10 个像素。"画布扩展颜色"选为黑色。

⑨ 选择"图层|拼合图层"菜单命令，合并图层。最终效果如图 2.3.45 所示。

图 2.3.44　"画布大小"对话框

图 2.3.45　分格的最终效果

2.4　图像的绘制和修饰

Photoshop 中有许多绘图工具和图像修饰工具，如铅笔，画笔、橡皮、渐变、模糊、海绵工具等。

2.4.1　颜色的设置

在 Photoshop 中绘图时，选取颜色是绘图的前提。颜色的选取可通过设置"前景色/背景色"、拾色器、"颜色"调节面板和"色板"调节面板来完成。

（1）拾色器

拾色器是 Photoshop 重要的颜色管理器。单击工具箱中的前景色或背景色图标■即可打开拾色器。"拾色器"对话框如图 2.4.1 所示。

其左侧的彩色区域称为色域图，可用鼠标在色域图上选取颜色。色域图右侧的竖长条为色调调整杆，用来调整颜色的色调，也可以拖动调整杆上的滑块来选择颜色。

在对话框的右下方设置了 HSB，RGB，Lab 和 CMYK 几种色彩模式的参数选择框，可以直接在其中输入数值来选取颜色。

色调调整杆的右上方有两个矩形颜色块。上面的颜色块显示刚选取的"新的"颜色，下面的颜色块表示正在使用的"当前"颜色。用户可以调整颜色，直到对上面颜色块中选取的颜色满意为止。若选取的颜色无法打印，会出现"溢色警告标志" ⚠，该标志下方的小方块 ▣ 显示最接近的打印颜色，单击该标志可将选取颜色换成此打印颜色。当选取的颜色超出网页颜色使用范围时，会出现"Web 颜色范围警告标志" ⬡，同样该标志下方的小方块 ▣ 显示最接近的 Web 颜色。如果选中对话框左下方的"只有 Web 颜色"复选框，则可选取的颜色被控制在 Web 网页可用的安全颜色范围内，如图 2.4.2 所示。

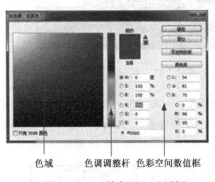
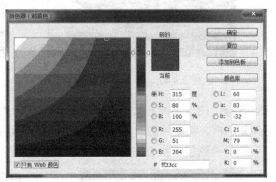

图 2.4.1　"拾色器"对话框　　　　　图 2.4.2　选择"只有 Web 颜色"复选框

（2）前景色与背景色

前景色指各种绘图工具（如画笔）当前使用的颜色，而背景色是图像空白处的底色。使用前景色可以绘图、填充和选区描边。使用背景色可以生成渐变填充和在背景图像中擦除部分图像。通过单击工具箱上的前景色和背景色按钮，可在"拾色器"上选取前景色与背景色。

切换前景色与背景色的方法是，单击前景色与背景色切换按钮 ⇄，可以将前景色与背景色互换。

恢复默认颜色设置的方法是，单击默认颜色设置按钮 ▣，恢复默认的颜色设置，即前景色为黑色，背景色为白色。

（3）"颜色"调节面板

除使用"拾色器"外，还可用"颜色"调节面板来设置前景色和背景色。选择"窗口 | 颜色"菜单命令，弹出"颜色"调节面板，如图 2.4.3 所示。

单击该面板右侧的扩展菜单按钮 ▤，弹出"颜色"调节面板的命令菜单。选择"灰度滑块、RGB 滑块、HSB 滑块、CMYK 滑块、Lab 滑块或 Web 颜色滑块"菜单命令时，调节面板上会显示相应颜色模式的滑块，拖动相应滑块或直接输入数字可选择颜色。当选择"RGB 色谱、GMYK 色谱、灰度色谱、当前颜色"菜单命令时，调节面板上则显示相应颜色模式的颜色带，用鼠标单击颜色带可选择颜色。若选择"建立 Web 安全曲线"菜单命令，则各颜色的选择均为网络安全色。

同样，"颜色"调节面板左上角有两个重叠的方形颜色块分别代表前景色和背景色，单击它们可以切换，拖动相应滑块或直接输入数字可选择各自的颜色，还可以直接单击颜色带来选择颜色。当选择的颜色超出打印颜色域时，面板上会出现颜色溢出警告图标 ⚠▢。

（4）"色板"调节面板

在"色板"调节面板中也可选择需要的颜色。"色板"调节面板有许多颜色块，如图 2.4.4 所示，单击某一颜色块即可将其选中。

单击"色板"调节面板下的"创建新色块"按钮，可将当前前景色加入到"色板"调节面板中。拖动"色板"中某颜色块到"删除色块"按钮，可将该颜色块从"色板"中删除。

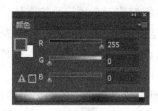
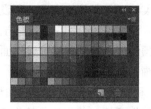

图 2.4.3   "颜色"调节面板   图 2.4.4   "色板"调节面板

（5）吸管工具

有时需要使用当前图像中的颜色来修饰图像，可以使用工具箱中的"颜色吸管"工具 直接在图像中选取颜色。选取该工具后，在图像选中的颜色上单击会显示一个取样环，并将前景色设置为单击点的颜色。按住鼠标左键移动，取样环中会出现两种颜色，上面的是前一次拾取的颜色，下面的则是当前拾取的颜色，如图 2.4.5 所示。按住 Alt 键单击，可将单击点的颜色设置为背景色。

吸管工具还可以拾取单击点周围像素点的平均颜色。例如在吸管工具的选项栏，如图 2.4.6 所示，在取样的大小的下拉菜单中选择"3×3 平均"，即为拾取单击点所在位置 3 个像素区域内的平均颜色。

图 2.4.5   吸管工具的取样环   图 2.4.6   吸管工具的选项栏

2.4.2   画笔工具组

工具箱中的画笔工具组包括：画笔工具、铅笔工具、颜色替换工具和混合器画笔工具，它们是 Photoshop 重要的图像绘制和修饰工具，如图 2.4.7 所示。

（1）画笔工具

画笔工具使用非常简单，在选择好使用的画笔后，在图像窗口   图 2.4.7   画笔工具组
中拖动即可画出线条。选取画笔工具后，在屏幕顶端出现"画笔"工具栏，如图 2.4.8 所示。

图 2.4.8   "画笔"工具栏

① 设置画笔。如果要绘制不同粗细和类型的线条，首先需要选择合适的画笔。Photoshop 自带了许多样式的画笔，可以根据需要选择。在"画笔"工具栏中单击 ![] 小三角按钮或者在文档窗口的图像区域单击右键，可弹出"预设画笔管理器"，如图 2.4.9 所示，可在其中选择画笔的类型，或直接指定画笔的主直径大小和硬度，可通过文本框输入数值或拖动滑块设定。

如果默认的一组预设画笔不能满足需要，可以单击面板右上方的 ![] 按钮打开面板菜单，如图 2.4.9 所示，菜单下方有其他成组的预设画笔，每组对应一个预设画笔文件。如选择"特殊效果画笔"，可以以"替换"或"追加"的方式载入对应的画笔到面板下方的列表区域。也可以通过"窗口｜画笔预设"打开"画笔预设"面板，单击面板右上角的 ![] 按钮，在打开的菜单命令中选择载入相应的画笔预设。

② "画笔"和"画笔预设"面板。如果"预设画笔管理器"中的画笔不能满足绘画的需要，还可以调出"画笔"面板。单击"画笔"工具栏切换画笔面板 ![] 图标，或选择"窗口｜画笔"菜单命令，会显示"画笔"面板，如图 2.4.10 所示。

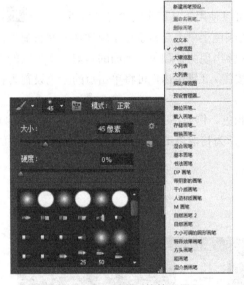

图 2.4.9　"预设画笔管理器"

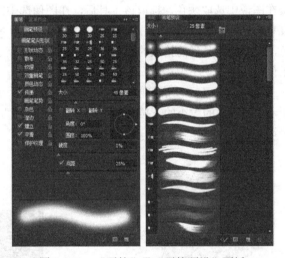

图 2.4.10　"画笔"及"画笔预设"面板

"画笔"面板可以设置画笔的各种参数。单击左侧的"画笔笔尖形状"项后，可在面板右侧所示的笔尖中选择一个笔尖形状。Photoshop 提供了 3 种类型的笔尖，圆形笔尖、毛刷笔尖和图像样本笔尖。如果右侧列表区域的笔尖不满足需求，可以单击"画笔"面板上方的"画笔预设"按钮，打开"画笔预设"面板，来载入其他的预设画笔。

图 2.4.11　各种画笔笔尖效果

选定笔尖形状后，可调整"笔尖"的其他参数。在"直径"框中输入数值或拖动滑块设置画笔大小。在"角度"框中设置画笔倾斜的角度。在"圆度"框中设置画笔的圆度，或直接拖动右侧的预览图标来调整笔尖的角度和圆度。在"硬度"框中输入数值或拖动滑块设置画笔的硬度，也就是画笔的饱和度，"间距"框或滑块可调节画笔笔尖图形的"连续度"，或称"重叠度"。不同设置的笔尖效果如图 2.4.11 所示。

"画笔"面板左侧的复选框有：

- 形状动态：用画笔绘图时，设置画笔笔尖的大小、角度和圆度的动态变化。
- 散布：设置画笔绘制时的排列散布效果。
- 纹理：在画笔中加入纹理效果。除可选择系统自带的纹理效果外，还可以用"编辑|定义图案"菜单命令将图像矩形选区定义为图案。
- 双重画笔：形成两重画笔的效果。
- 颜色动态：设置画笔颜色的动态效果，包括色相、饱和度、亮度、纯度等。
- 传递：设置油彩在描边路线中的改变方式，包括透明度和流量变化等。
- 画笔笔势：调整毛刷画笔笔尖、侵蚀画笔笔尖的角度。

单击上述参数，右侧面板都会显示相应的设置选项，如图2.4.12（a）所示为"形状动态"对话框。适当地设置各个参数值，可以得到不同的笔尖效果，如图2.4.12（b）所示从上到下的效果为：笔尖原形、大小抖动、角度抖动、圆度抖动的效果。画笔笔尖的设置需要我们在"画笔"面板上反复尝试和体会。

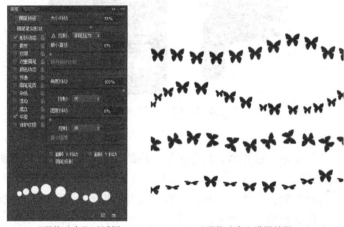

(a)"形状动态"对话框   (b)"形状动态"设置效果

图2.4.12   "形状动态"对话框及效果

画笔的其他特殊效果有：

- 杂色：给画笔加入随机性杂色效果。
- 湿边：给画笔边缘加入水润感觉，如水彩画的效果。
- 建立：给画笔添加喷枪喷射的效果，与画笔工具选项栏中的喷枪按钮 [图] 相对应。
- 平滑：使画笔边缘平滑。
- 保护纹理：给画笔加入保护纹理效果。
③ "画笔"工具栏的其他选项。
- 模式：决定要添加的线条颜色与图像底图颜色之间是如何作用的。可以是：正常、溶解、清除、变暗、正片叠底、颜色加深、变亮、线性加深等不同模式。设定不同模式后在图像底图上绘图，便会得到绘图色与底图色不同的混合模式。
- 不透明度：设置画笔所绘制线条的不透明度。
- 流量：决定画笔和喷枪颜色作用的力度。可以设置不同的流量值，对画笔和喷枪效果有不同的影响。

⊙ "画笔"工具栏后端的图标 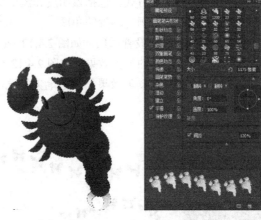 表示喷枪效果，单击此图标启用喷枪效果。绘制过程中，若不慎发生停顿，喷枪的颜色会不停喷溅出来，从而阴染出一片色点。

④ 自定义画笔。虽然 Photoshop 准备了许多样式的画笔，但有时还不能满足某些用户的个性化要求，这时可以根据自己的需求创建自定义的画笔。如果需要特殊的画笔笔尖，可以自绘一个笔尖形状或选择一个图像的局部，选择"编辑｜定义画笔预设"菜单命令，将笔尖样本定义为新画笔，保存到"画笔"面板的预设画笔列表中。如选择图 2.4.13 中的图像，用"编辑｜定义画笔预设"菜单命令定义为画笔，该画笔形状就将出现在"画笔"面板中。

图 2.4.13 定义画笔预设

（2）铅笔工具

铅笔和画笔的功能和使用方法相似。只是铅笔画出的线条比较硬，而画笔画出的线条边缘比较柔和。图 2.4.14 是"铅笔"工具栏。其中的基本选项与"画笔"工具栏相同。"自动抹除"复选框 是铅笔工具特有的。当选中它时，铅笔工具会根据绘画的初始点像素决定是做绘图还是抹除。若初始点像素是背景色，则用前景色绘图，否则用背景色抹除。

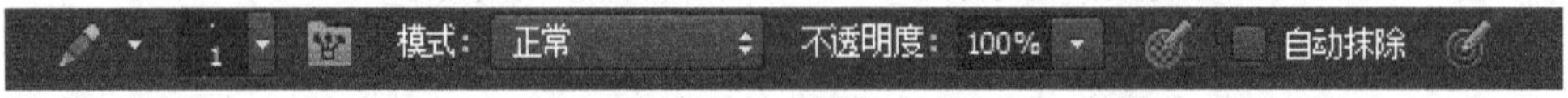

图 2.4.14 "铅笔"工具栏

（3）颜色替换工具

"颜色替换"工具用来快速替换图像中局部颜色，图 2.4.15 是"颜色替换"工具栏。

图 2.4.15 "颜色替换"工具栏

其参数设置如下：

① 画笔：设置画笔的样式。

② 模式：设置使用模式。

③ 取样：设定取样的方式，有三个按钮 ，顺序为连续、一次、背景颜色。若选"连续"，则随鼠标移动而不断进行颜色取样，光标经过的地方取样的颜色都会被替换。若选"一次"，则第一次鼠标单击处是取样颜色，然后将与取样颜色相同的部分替换，每次单击只执行一次连续的替换。如果要继续替换，必须重新单击选择取样颜色。若选"背景颜色"，则在替换前选好背

景色作为取样颜色，然后替换与背景色相似的色彩范围。

④ 限制：设置颜色替换方式，包括：连续、不连续和查找边缘三种方式。"连续"只将与替换区相连的颜色替换，"不连续"将图层上所有取样颜色替换，"查找边缘"则可提供主体边缘较佳的处理效果。

⑤ 容差：设置替换颜色的范围。容差值越大，替换的颜色范围也越大。

图 2.4.16 是按照图 2.4.15 中"颜色替换"工具栏的参数，选用取样工具 在黄色花瓣上取样，然后在花瓣上用红色前景色涂抹，将图像中的黄色花朵替换为红色。

图 2.4.16　"颜色替换"工具的效果

（4）混合器画笔工具

混合器画笔可以模拟真实的绘画技术，如混合画布上的颜色、组合画笔上的颜色以及在描边过程中使用不同的绘画湿度。就如同我们在绘制水彩或油画的时候，随意地调节颜料颜色、浓度、颜色混合等。可以绘制出更为细腻的效果图。

混合器画笔有两个绘画色管（一个储槽和一个拾取器）。储槽存储最终应用于画布的颜色，并且具有较多的油彩容量。拾取色管接收来自画布的油彩；其内容与画布颜色是连续混合的。图 2.4.17 是"混合画笔"工具栏。

![工具栏]　潮湿：80%　载入：75%　混合：90%　流量：100%　对所有图层取样

图 2.4.17　"混合画笔"工具栏

当前画笔载入色板：从弹出式面板中，单击"载入画笔"使用储槽颜色填充画笔，或单击"清理画笔"移去画笔中的油彩。要在每次描边后执行这些任务，请选择"自动载入"或"清理"选项。

"预设"弹出式菜单：应用流行的"潮湿"、"载入"和"混合"设置组合。

潮湿：控制画笔从画布拾取的油彩量。较高的设置会产生较长的绘画条痕。

载入：指定储槽中载入的油彩量。载入速率较低时，绘画描边干燥的速度会更快。

混合：控制画布油彩量同储槽油彩量的比例。比例为 100% 时，所有油彩将从画布中拾取。比例为 0% 时，所有油彩都来自储槽。（不过，"潮湿"设置仍然会决定油彩在画布上的混合方式。）

对所有图层取样：拾取所有可见图层中的画布颜色。

图 2.4.18　"混合器画笔"工具的绘画效果

2.4.3　填充工具组

Photoshop 中的填充工具组包括：渐变工具和油漆桶工具，如图 2.4.19 所示。

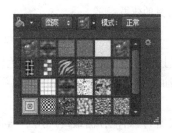

（1）油漆桶工具

"油漆桶"能快速地把前景色填入选区，或把容差范围内的色彩或

图 2.4.19　填充工具组　　图案填入选区，其工具栏如图 2.4.20 所示。

图 2.4.20　"油漆桶"工具栏

填充时，若选择"前景"，则用前景色填充选区。若选择"图案"，则可在"图案"下拉列表（如图 2.4.21 所示）中选择某一图案进行填充，其填充效果如图 2.4.22 所示。

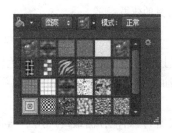

图 2.4.21　选择图案

图 2.4.22　"油漆桶"填充效果

模式：决定要填充的颜色或图案与图像底图颜色之间是如何作用的。

与可以定义自己的画笔一样，用户可以根据图像处理的需要定义自己的图案。具体操作如下：

① 打开含有取样图案的图像。

② 用"矩形选框"工具选取图像中的图案部分。注意，只有矩形选区才能定义为图案，如图 2.4.23 中的上海世博会会标。

图 2.4.23　自定义图案示例

③ 选择"编辑｜定义图案"菜单命令，将选区定义为图案，在"图案名称"对话框中输入图案名称，如"自定图案示例"或用系统默认名称，单击"确定"按钮，新定义好的图案即出现在"预置图案管理器"和"油漆桶"图案选项中。

（2）渐变工具

渐变工具是一种奇妙的绘制工具，它可以实现从一种颜色向其他颜色的渐变过渡。"渐变"工具栏如图 2.4.24 所示。

图 2.4.24   "渐变"工具栏

在"渐变"工具栏中，提供了 5 种渐变类型。它们依次是：线性渐变、径向渐变、角度渐变、对称渐变、菱形渐变。在渐变样本中选中一种渐变色样本（如图 2.4.25（a）所示）和渐变类型，用户可以从某一点开始，拖一条直线以得到它的渐变效果，如图 2.4.25 所示。

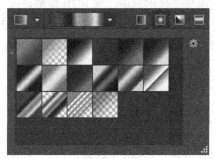
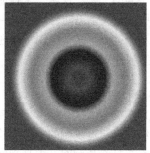

(a)渐变色样本   (b)"径向渐变"效果

图 2.4.25   渐变工具的"径向渐变"效果

使用渐变填充时要注意：

① 首先确定需填充的区域。若填充图像的一部分，先要确定浮动的选区，否则会填充整个图像。

② 选择"渐变"工具，出现"渐变"工具栏。在工具栏中选择一种渐变色样本，如图 2.4.25（a）所示，单击渐变样本右侧的三角形▼以挑选预设的渐变填充，或者单击渐变样本，弹出"渐变编辑器"对话框，在其中选择预设的渐变或创建新的渐变填充，然后单击"确定"按钮。

③ 在工具栏的 5 种渐变填充类型中，选择其中一种，如"线性渐变"。

④ 设置其他渐变参数，如混合模式、不透明度等。

⑤ 在图像中按住鼠标在选区中拖出一条直线，直线的长度和方向决定了渐变填充的区域和方向（按住 Shift 键可得 45°整数倍角度的直线）。放开鼠标就可在选区内看到渐变的效果。

为创建个性化的渐变效果，可创建个性化的渐变样本。在工具选项栏的渐变样本上单击，弹出"渐变编辑器"对话框，如图 2.4.26 所示。选择一个样本作为创建新渐变的基础，然后对它进行修改并保存为新的渐变样本。

"渐变编辑器"对话框可以编辑颜色的过渡变化和透明度的变化。在对话框下方有一展开的渐变条，其下部一排滑块为渐变颜色色标，用来控制渐变的颜色，而其上部的一排滑块为不透明色标，可以控制透明度的渐变。调整某一种颜色时，颜色滑块中间会出现一小菱形，用来控制颜色过渡的节奏。

"渐变编辑器"还允许"杂色"渐变。"杂色"渐变的颜色在指定颜色范围内随机分布。在现有的"预置"部分选择一种渐变，然后将"渐变类型"选择为杂色，如图 2.4.27 所示，设置"粗糙度"控制颜色的层次。

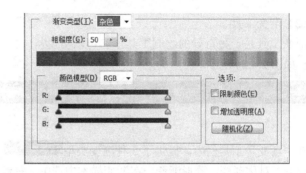

图 2.4.26 "渐变编辑器"对话框　　　　　图 2.4.27 设置杂色渐变

可以基于不同的"颜色模型"来控制杂色随机变化的范围，如 RGB 模型，可拖动 R、G、B 各色下方的滑块来定义杂色的范围。设置好后，保存自定义的渐变样本，如图 2.4.27 所示。

除了画笔和铅笔外，其他绘图工具还有图章、颜色填充、图像渲染、涂抹工具等。下面简单介绍它们的功能和使用方法。

2.4.4　图章工具组

图章工具组可以通过复制的方法来绘制图像，大大降低了绘制图像的难度。

图章工具有两种：仿制图章工具和图案图章工具，如图 2.4.28 所示。

（1）仿制图章工具

仿制图章工具可以将图像某一选定点附近的局部图像，复制到图像的另一部分或另一个图像中，其工具栏如图 2.4.29 所示。其参数含义如下。

- 画笔：决定仿制图章画笔的大小和样式，最好选择较大的画笔尺寸。
- 模式：选择颜色的混合模式，默认为"正常"。
- 不透明度：设置复制图像的不透明度。
- 流量：确定画笔绘图的流量，数值越大，颜色越深。
- "喷枪"按钮：加入喷枪效果。
- 对齐：如果选择此复选框，表示始终是同一个印章，否则每次停顿后，就会重新开始另一次复制。
- 样本：若选"用于所有图层"，则图像取样时对所有显示层都起作用，否则只对当前图层起作用。

图 2.4.29　"仿制图章"工具栏

使用"仿制图章"工具的步骤如下：

① 打开含有取样图案的图像，选择"仿制图章"工具，把光标移到图像中要复制的部分准备取样。

② 在按 Alt 键的同时单击鼠标，选取要取样部分的起始点。

③ 松开 Alt 键，在原图的另一部分或另一幅新图像中，按下和拖动鼠标选中画笔的笔触来复

制图像，如同图章一样。也可在目标图像中定义选区，只把图章复制到选区中。"仿制图章"工具效果如图 2.4.30 所示。

(a)取样的图像

(b)目标图像

(c)"仿制图章"工具效果

图 2.4.30　　"仿制图章"效果

（2）"仿制源"调节面板

使用"仿制源"调节面板，可以灵活地对仿制的图案进行缩放、位移、旋转等编辑操作，或同时设置多个取样点。

选择"窗口 | 仿制源"菜单命令或单击"仿制图章"工具栏左端的 按钮，打开"仿制源"调节面板，如图 2.4.31 所示。使用"仿制源"面板的"仿制图章"效果如图 2.4.32 所示。

"仿制源"调节面板中各项的含义如下。

① 仿制取样点 ：设置取样复制的采样点，允许一次设置 5 个采样点。

② 位移：X，Y 框设置复制源在图像中的坐标值。

③ 缩放：W，H 框设置被仿制图像的缩放比例。

④ 旋转： 框设置被仿制图像的旋转角度。

⑤ 显示叠加：勾选该复选框，在仿制时显示预览效果。

⑥ 不透明度：设置仿制时叠加的不透明度。

⑦ 模式：显示仿制采样图像的混合模式，如设置为"正常"。

⑧ 自动隐藏：勾选该复选框，仿制时将叠加层隐藏。

⑨ 反相：勾选该复选框，将叠加层的效果以负片显示。

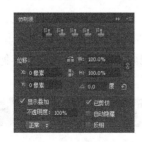

图 2.4.31　"仿制源"调节面板

图 2.4.32　使用"仿制源"面板的"仿制图章"效果

（3）图案图章工具

图案图章工具与仿制图章工具相似，只是复制源是图案，"图案图章"工具栏如图 2.4.33 所示，其参数大多与"仿制图章"工具栏相同，只是多了一个"图案"按钮和一个"印象派效果"复选框。

图 2.4.33　　"图案图章"工具栏

① "图案"按钮：设置复制要使用的图案，可以选中下拉菜单中预设的图案，或使用自定义的图案。

② 印象派效果：勾选此复选框时，绘制的图案将具有印象派画作的效果，如图 2.4.34 所示。

(a)含有取样图案的图像　　　　(b)"图案图章"工具的效果

图 2.4.34　　"图案图章"效果

2.4.5　橡皮擦工具组

橡皮擦工具组共有三种工具：橡皮擦工具、背景橡皮擦工具和魔术橡皮擦工具，如图 2.4.35 所示。橡皮擦工具组主要用来擦除需要修改的图像部分。

图 2.4.35　　橡皮擦工具组

（1）橡皮擦工具

橡皮擦工具用来擦除图像中的图案和颜色，同时用背景色填充。其工具栏如图 2.4.36 所示。"模式"设置橡皮擦的笔触特性，可选画笔、铅笔和块。若选中"抹到历史记录"复选框，则被擦拭的区域会自动还原到"历史记录"面板上指定的步骤。

图 2.4.36　　"橡皮擦"工具栏

（2）背景橡皮擦工具

背景橡皮擦工具主要用来擦除图像的背景，并使擦除的区域变为透明状态，其工具栏如图 2.4.37 所示。选中"保护前景色"复选框，可使与前景色相同的区域不被擦除。其他参数的含义与前面"颜色替换"工具栏相似。

图 2.4.37　　"背景橡皮擦"工具栏

（3）魔术橡皮擦工具

魔术橡皮擦也用来去除图像背景。选中魔术橡皮擦工具，然后在图像上要擦除的颜色范围内单击，就会自动擦除颜色相近的区域。"魔术橡皮擦"工具栏如图 2.4.38 所示。

图 2.4.38　　"魔术橡皮擦"工具栏

2.4.6　修复画笔工具组

图像的修复是图像处理中经常遇到的问题。污点修复画笔工具、修复画笔工具、修补工具、内容感知移动工具及红眼工具是功能强大的图像修复工具，它们在如图2.4.39所示的"修复画笔"工具组中。

图2.4.39　"修复画笔"工具组

（1）污点修复画笔工具

污点修复画笔使用近似图像的颜色来修复图像中的污点，从而使修复处与图像原有的颜色、纹理、明度相匹配。污点修复画笔主要针对图像中微小的点状污点。图2.4.40是"污点修复画笔"工具栏。

图 2.4.40　"污点修复画笔"工具栏

在污点上单击鼠标，即可快速修复污点，设置的画笔最好比污点略大。使用污点修复画笔修复的人物皮肤如图2.4.41所示。

图 2.4.41　"污点修复画笔"修复效果示例

污点修复画笔工具栏上参数含义如下：

① 模式：设置绘制模式，包括替换、正面叠底、滤色、变暗、变亮等模式。

② 类型：设置取样类型。选中"近似匹配"单选钮，选取污点四周的像素来修复；选中"创建纹理"单选钮，使用选区中的像素来创建一个修复该区域的纹理。选择"内容识别"单选钮，可使用选区周围的像素进行修复。

（2）修复画笔工具

修复画笔工具可修复图像中的瑕疵，如修复老照片上岁月留下的斑点、划痕或修复扫描造成的折痕等，和仿制图章工具一样，修复画笔工具可以利用图像或图案中的样本像素来填充修补，但特别的是，修复画笔工具可以将像素的纹理、光照和阴影不留痕迹地融入图像的其他部分，达到十分自然和谐的效果。"修复画笔"工具栏如图 2.4.42 所示。它的"画笔"、"模式"、"对齐"等参数的用法与仿制图章相似。

图 2.4.42　"修复画笔"工具栏

源：有两个选项，"取样"和"图案"。若选择"取样"，其功能与使用方法与仿制图章相似，按住 Alt 键，鼠标单击要复制的起始位置完成取样。放开 Alt 键，在图像要修补的位置上，拖动鼠标，则可将取样处的像素修补到有瑕疵斑点的地方，其修复效果如图 2.4.43 所示。若选择"图案"，则与图章工具相似，在调节面板上选择图案来修补填充。

(a)原图　　　　　　　　　　　　(b)"修复画笔"的修复效果

图 2.4.43　　"修复画笔"工具的效果

（3）修补工具

修补工具可以用图像的其他区域来修补选区，去除图像中的划痕、人物脸上的皱纹、痣等。同样，修补工具也会使样本像素的纹理、光照和阴影与图像进行很好的融合匹配。"修补"工具栏如图 2.4.44 所示。

图 2.4.44　　"修补"工具栏

与"修复画笔"工具不同，使用修补工具需要先确定选区，并且可以设置"羽化"值。工具栏中"修补"有两个单选项："源"和"目标"，以及一个复选框"透明"。选中"源"则设定的选区即为要修补的区域，用修补工具将选区拖到与之匹配的位置，释放鼠标即可达到修补的目的，其修补效果如图 2.4.45 所示。

(a)原图　　　　　　(b)"源"的修补效果　　　　　　(c)"目标"的修补效果

图 2.4.45　　"修补"工具的效果

若想用图案修补选区，当选区建立后，选中"使用图案"选项即可，在"图案"面板上选择图案，单击"使用图案"，选区即被选择的图案填充。

（4）内容感知移动工具

内容感知移动工具是 Photoshop CS6 新增的工具，是一个非常强大智能的工具。它可以将选择的对象移动或扩展到图像的其他区域，可以重组和混合对象，产生很好的视觉效果。内容感知移动工具的选项栏如图 2.4.46 所示。

图 2.4.46　　"内容感知移动工具"的效果

① 模式：选择图像的移动方式。选择"移动"可以移动图片中主体，并随意放置到合适的位置，移动后的空隙位置，Photoshop 会智能修复。选择"扩展"，可以选取要复制的部分，移到其他需要的位置就可以实现复制，复制后的边缘会自动柔化处理，跟周围环境融合。

② 适应：设置图像修复精度。包括"非常严格"、"严格"、"中"、"松散"、"非常松散"五个选项。

③ 操作方法：选择"内容感知移动工具"，鼠标上会出现"X"图形，按住鼠标左键并拖动就可以画出选区，跟套索工具操作方法一样。然后在选区中再按住鼠标左键拖动，移到想要放置的位置后松开鼠标后系统就会智能修复。

(a)原图　　　　　　　　(b)"移动"模式的效果　　　　　(c)"扩展"模式的效果

图 2.4.47　"内容感知移动工具"的效果示例

（5）红眼工具

数码相机在照相过程中因闪光产生的红眼睛，可以使用"红眼"工具轻松去除，并能与周围像素很好地融合。选中该工具并在红眼上单击鼠标即可将红眼去除。图 2.4.48 是"红眼工具"工具栏及修复效果。

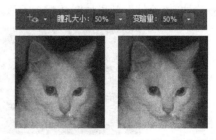

① 瞳孔大小：设置眼睛的瞳孔，即中心黑色部分的比例大小，数值越大黑色范围越大。

② 变暗量：设置瞳孔的变暗量，数值越大，瞳孔越暗。

图 2.4.48　"红眼工具"工具栏及修复效果

工具箱中还有许多修复和修饰工具，它们都具有神奇的功能，其使用方法与上述修复工具相似，需要读者仔细观察和反复实践。

2.4.7　模糊、锐化和涂抹工具组

这一工具组包含三个工具：模糊工具、锐化工具和涂抹工具，如图 2.4.49 所示。

图 2.4.49　模糊、锐化和涂抹工具组

模糊工具和锐化工具常用于图像细节的修饰。

① 模糊工具能把突出颜色分解，使图像的局部模糊，柔化图像中的硬边缘和区域，以减少细节。

② 锐化工具恰好与模糊工具相反，它通过增加颜色的强度，提高图像中柔和边界或区域的清晰度和聚焦强度，使图像更清晰。模糊和锐化工具栏类似，如图 2.4.50 所示。

图 2.4.50　模糊工具栏

模糊工具和锐化工具的效果如图 2.4.51 所示。

(a)原图

(b)"模糊"的效果

(c)"锐化"的效果

图 2.4.51   "模糊"和"锐化"的效果

③ 涂抹工具可以模拟手指涂抹油墨的效果，并沿拖移的方向润开此颜色。它可以柔和相近的像素，创造柔和及模糊的效果。涂抹工具不能用于位图和索引颜色模式的图像。"涂抹"工具栏如图 2.4.52 所示。

图 2.4.52   "涂抹"工具栏

若选取"手指绘画"复选框，则使用前景色开始涂抹，否则涂抹工具会拾取开始位置的颜色进行涂抹。"涂抹"效果如图 2.4.53 所示。

图 2.4.53   "涂抹"的效果

2.4.8   减淡、加深和海绵工具组

图 2.4.54   减淡、加深和海绵工具组

减淡、加深和海绵工具组包括：减谈工具、加深工具和海绵工具，如图 2.4.54 所示。减淡和加深工具都是色调调整工具，它们采用调节图像特定区域的曝光度的传统摄影技术，来调节图像局部的亮度。

减淡工具可加亮图像的局部，对图像进行加光处理以达到减淡图像局部颜色的效果。

加深工具与减淡工具相反，它把图像的局部加暗、加深。加深与减淡工具栏相同，如图 2.4.55 所示。

图 2.4.55   加深与减淡工具栏

工具栏中各项参数的含义如下：

⊙ 范围：选择要处理的特殊色调区域，有暗调、中间调和亮光三个不同的区域。

⊙ 曝光度：设定曝光的程度，值越大，亮度越大，颜色越浅。设定好参数后，把光标放置在要处理的部分单击并拖动鼠标即可达到效果。

图 2.4.56(b)中图像的下部使用了加深工具，而图像的上部使用了减淡工具。

(a)原图   (b)"加深和减淡"的效果

图 2.4.56　加深和减淡工具的效果

海绵工具可对图像加色和减色，从而调整图像的饱和度，"海绵"工具栏如图 2.4.57 所示。

图 2.4.57　"海绵"工具栏

海绵工具栏中的参数含义如下：

⊙ 模式：设置饱和度，有两个选项。"降低饱和度"可降低图像颜色的饱和度；"饱和"可提高图像颜色的饱和度。

⊙ "自然饱和度"：若勾选该复选框，对饱和度不足的图片，可以调整出非常优雅的灰色调。

设定好参数后，将光标放在要改变饱和度的部位单击并拖动鼠标即可。"海绵"工具效果示例如图 2.4.58 所示。

(a)原图   (b)"降低饱和度"的效果   (c)"饱和"的效果

图 2.4.58　"海绵"工具的效果

2.4.9　历史记录工具

在进行图像处理时常会发生操作上的错误或因参数设置不当造成效果不满意的情况，这时就非常需要恢复操作前的状态。Photoshop 中"编辑 | 后退一步"菜单命令可以恢复前一次的操作，而"文件 | 恢复"菜单命令可恢复保存文件前的状态。

恢复命令使用方便但有一定的局限性。而使用"历史记录"调节面板等复原工具可以恢复状态到任一指定的操作，不会取消全部已做的操作，因此非常灵活。

（1）"历史记录"调节面板

"历史记录"调节面板自动记录图像处理的操作步骤，因而可以很灵活地查找、指定和恢复到图像处理的某一步操作上。Photoshop CS6 的"历史记录"调节面板通常可以记录最近 20 次操作。若超过 20 步操作，则前面的操作记录会被自动删除。通过"编辑｜首选项｜性能"命令可以设置历史记录面板保存的历史记录状态的数目，如图 2.4.59(a)所示，最多可记录 1000 步。使用"历史记录"可以回到操作历史所记录的任一个状态，并重新从此状态继续工作。

选择"窗口｜历史记录"菜单命令，显示"历史记录"调节面板。图像处理每进行一次操作，就会在"历史记录"调节面板上增加一条记录，"历史记录"调节面板如图 2.4.59(b)所示。

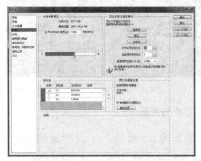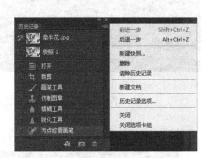

(a) "首选项"设置对话框   (b) "历史记录"调节面板

图 2.4.59   历史记录设置及调节面板

"历史记录"调节面板分上、下两部分，上部为快照区，下部为历史记录区。图像处理的每一步操作都顺序记录和显示在历史记录区。每条"历史记录"前方小方框可显示"设置历史记录画笔的源"图标，单击即显示此图标 ![icon]。它表示在此设置了"历史记录"画笔。

"历史记录"控制面板底部有三个按钮 ![icons]。从左到右分别是：从当前状态创建新文档、创建新快照和删除当前状态。

"历史记录"调节面板的右上方的扩展按钮 ![icon] 可弹出"历史记录"调节面板的命令菜单，如图 2.4.59(b)所示。

① 从当前状态创建新文档：将从当前的历史记录状态创建一个全新的图像文档。

② 新建快照：将要保留的状态存储为快照状态并保存在内存中，以备恢复和对照使用。"新建快照"弹出菜单可以选择将"全文档"，"当前图层"或"合并的图层"作为快照。

③ 删除：删除"历史记录"调节面板上的快照和历史操作记录。

④ 消除历史记录：只清除"历史记录"调节面板上所有的历史操作记录，保留快照。

（2）历史记录画笔工具组

![历史记录画笔工具组图标]

图 2.4.60   "历史记录画笔"工具组

工具箱中的历史记录画笔工具组包含两项：历史记录画笔工具和历史记录艺术画笔工具，如图 2.4.60 所示。"历史记录画笔"工具栏如图 2.4.61 所示。

![历史记录画笔工具栏]

图 2.4.61   "历史记录画笔"工具栏

"历史记录画笔"工具可以将"历史记录"调节面板中记录的任一状态或快照显示到当前窗口中。"历史记录画笔"工具经常用来做局部图像恢复，必须与"历史记录"调节面板一起使用，设置合适的恢复源，例如：

① 打开素材文件，对该图像执行"模糊｜径向模糊"滤镜。

② 选取"窗口｜历史记录"菜单命令，显示"历史记录"面板，单击"打开"前边小方框，

则"历史记录画笔"图标显示，将恢复源设置为打开状态。。

③ 选择工具箱的"历史记录画笔工具"，其工具栏设置如图 2.4.61 所示。对两只小狗上部进行涂抹绘制，使其头部恢复到模糊变形之前，得到的效果如图 2.4.62 所示。

(a)原图　　　　　(b) "模糊｜径向模糊"滤镜　　　　(c)历史记录画笔效果

图 2.4.62 "历史记录画笔"的效果

（3）历史记录艺术画笔工具

"历史记录艺术画笔"的使用与"历史记录画笔"相同。只是"历史记录画笔"是将局部图像恢复到历史上指定的某一步操作，而"历史记录艺术画笔"却是将局部图像依照指定的历史记录状态转换成手工绘图的效果。"历史记录艺术画笔"也必须与"历史记录"调节面板一起使用。绘画前需要在"历史记录"调节面板上指定一个历史记录状态作为艺术画笔的绘画"源"。

用"历史记录艺术画笔"可以设置不同的艺术风格。图 2.4.63 是"历史记录艺术画笔"工具栏，设置不同的"样式"可以产生不同的艺术效果，如图 2.4.64 所示。

| 🎨 ▾ | 21 | 📷 | 模式： | 正常 | ⬍ | 不透明度： | 100% | ▾ | 📝 | 样式： | 绷紧短 | ⬍ | 区域： | 50 像素 | 容差： | 0% | ▾ | 📝 |

图 2.4.63 "历史记录艺术画笔"工具栏

(a)绷紧短　　　　　　(b)绷紧卷曲长　　　　　　(c)松散卷曲长

图 2.4.64 不同"样式"产生的不同艺术效果示例

2.4.10 图像的变换和编辑

图像的变换操作主要针对选区和当前图层中的图像进行变形修改，通过变换可以创造出更精美的图画。

（1）图像的裁剪

图像裁剪是把一幅图像需要的部分保留下来，而将其余部分裁剪掉。

① 裁剪工具。Photoshop CS6 中的裁剪工具🔲变化较大，使得图像的裁剪更简单更精确。选择裁剪工具后，图像周围就会出现裁剪框。用户也可以按住鼠标左键拖动出所需比例的框，然后移动或旋转的时候只有背景图片在动，选框会一只保持在中心位置不变，这样更加方便我们在正常视觉下查看旋转或移动后的效果，裁剪的精度更高。同时裁剪工具还有一项拉直的功能，只需

把主体作为参考，用这个工具沿着主体方向拉一条直线，系统就会把直线转为垂直方位，这样校正图片就更加方便。

"裁剪"工具选项栏如图2.4.65所示。图像裁剪效果示例如图2.4.66所示。

图2.4.65　"裁剪"工具选项栏

图2.4.66　图像裁剪示例

"删除裁剪的像素"：默认状态下是不选的。这正是Photoshop CS6的主要改进之一——对画面的裁剪可以是无损的。换句话说，当你完成一次裁剪操作后，被裁剪掉的画面部分并没有被删除。

② 透视裁剪工具。Photoshop CS6新增了功能更强的透视裁剪工具，可以用来纠正不正确的透视变形。用户只需要分别点击画面中的四个点，即可定义一个任意形状的四边形的透视平面。进行裁剪时，软件不仅会对选中的画面区域进行裁剪，还会把选定区域"变形"为正四边形。

"透视裁剪"工具选项栏如图2.4.67所示。图像裁剪效果示例如图2.4.68所示。

图2.4.67　"透视裁剪"工具选项栏

图2.4.68　"透视裁剪"效果

③ 创建图像切片。使用照片或图像制作网页时，常常会因为容量太大影响网络传输的速度。这时可以使用切片工具裁切图像需要的部分，或者将整个图像裁切成若干小图片，自动标示HTML标记，分别优化和存储。创建和编辑图像切片，使用"切片和切片选择"工具选项栏，如图2.4.69所示。

图2.4.69　"切片和切片选择"工具选项栏

创建切片非常简单，选择切片工具 ，在图像上单击鼠标并拖动出矩形即可，如图2.4.70所示是两个需要的切片。使用切片选择工具 ，可以对切片进行编辑，拖动切片的外缘，可以调整切片的大小，单击 可以调整多个切片的排列。双击所选切片，弹出"切片选项"对话框，如图2.4.71所示。填写好有关信息后单击"确定"按钮即可。

创建好的切片使用"文件 | 存储为 Web 所用格式"菜单命令，可将经过优化后的所选切片或用户的所有切片存储为 HTML 和 GIF 文件。

图 2.4.70　选择切片

图 2.4.71　"切片选项"对话框

（2）图像的变换

图像的变换主要针对选区中的图像和图层。若整个图像需要变换，可使用快捷键 Ctrl+A 选取整个图像。

① 变换。选区中的图像部分、图层或图层中的选区，若需要进行某些变换均可使用"编辑 | 变换"菜单命令。此时级联子菜单中包含各种变换命令，如缩放、旋转、斜切、扭曲、透视、变形、翻转等操作，如图 2.4.72 所示。对图层或选区中的图像进行各种变换的效果示例如图 2.4.73 所示。

图 2.4.72　图像变换命令子菜单

② 自由变换。若选取"编辑 | 自由变换"菜单命令或按快捷键 Ctrl+T，可以直接对图层或选中的图像进行各种变换，如同各种"变换"的叠加。"自由变换"工具选项栏如图 2.4.74 所示。

(a)原图　　　　　　(b)旋转　　　　　　(c)水平翻转　　　　　(d)变形　　　　　　(e)透视

图 2.4.73　图像变换效果示例

图 2.4.74　"自由变换"工具选项栏

③ 图像的变形。若选取"编辑 | 变换 | 变形"菜单命令或单击变换工具选项栏中的变形切换按钮▆，可进行选区、对象或图层的变形操作。可通过"变形"样式下拉列表选取变形，或用鼠标拖动控制点，自定义变形，如图 2.4.75 所示是各种变形效果示例。

（3）内容识别比例

"内容识别比例"是指在缩放图像时 Photoshop CS6 可以自动感知图像中的重要部位，从而保持这些部位不变，而只压缩其他部位。通常图像的前景部分会保留，而背景部分会缩放。"内容识别比例"工具栏如图 2.4.76 所示。

(a) "变形" 样式下拉列表

(b)扇形

(c)旗帜

(d)挤压

(e)拱形

图 2.4.75　图像的各种变形效果示例

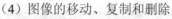

图 2.4.76　"内容识别比例"工具栏

该工具选项栏新增三项对图像的保护部分。

数量：设置变换时被变换的比例。

保护：选择被保护选区的 Alpha 通道，对该通道中的内容进行保护。

保护肤色按钮 ：即保护前景图像。

创建"内容识别比例"保护通道可以有效地保护对应通道的选区，在变换中最大限度地保护该选区的图像部分，所以在应用"内容识别比例"前应先选择好要保护的区域，如图 2.4.77(a)原图中的虚线框所示，并将保护区域存储到 Alpha 通道中，如存储在"Alpha1"通道中。执行"编辑｜内容识别比例"菜单命令时，将工具栏的"保护"项设为"Alpha1"通道，然后进行压缩变换。变换时的效果，如图 2.4.77(b)所示。

(a)原图

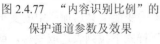

(b)缩放变换效果

图 2.4.77　"内容识别比例"的
保护通道参数及效果

（4）图像的移动、复制和删除

图像的移动、复制和删除是图像处理的基本操作。

① 图像的移动。在图像中选取需要移动的部分，使用工具栏的移动工具 ，在选区中按下鼠标并拖动到所需位置即可，如图 2.4.78(a)所示。若需将图像选中部分移动到另一幅图像中，只需按下鼠标拖动选区到目标图像即可，如图 2.4.78(b)所示。

② 图像的复制。在图像中选取需要复制的部分，用快捷键 Ctrl+C 或使用"编辑｜拷贝"菜单命令，将选取的图像部分复制到剪贴板，然后用快捷键 Ctrl+V 或使用"编辑｜粘贴"菜单命令，粘贴到需要处或新建图像文件中，如图 2.4.79 所示。

③ 图像的删除。在图像中选取需要删除的部分，用快捷键 Ctrl+X 或使用"编辑｜清除"菜单命令，也可使用"编辑｜剪切"菜单命令，将选取的图像部分删除。

(a)在本图像中移动

(b)移动到另一幅图像中

图 2.4.78　图像的移动

图 2.4.79　图像的复制

2.4.11　应用举例——制作彩虹效果

【实例 2.4.1】　　利用工具箱中的渐变填充工具，制作漂亮的彩虹效果。如图 2.4.84 所示。

① 使用"文件 | 打开"菜单命令，打开一幅图像，如图 2.4.80 所示。

② 在图层面板上，创建新图层，得图层 1。

③ 在工具箱中选择"渐变"工具，在其属性栏中选择"径向渐变"，单击渐变色条，弹出"渐变编辑器"对话框。

④ 选择"透明彩虹渐变"，在"渐变编辑器"对话框中设置渐变，如图 2.4.81 所示。

图 2.4.80　打开的图片

图 2.4.81　"渐变编辑器"对话框

⑤ 在图层 1 上，从下向上填充渐变，产生的径向渐变效果如图 2.4.82 所示。

⑥ 在图层 1 上，选择"滤镜 | 模糊 | 高斯模糊"菜单命令，打开"高斯模糊"对话框，设置模糊半径为 3，对图层 1 进行模糊处理，其效果如图 2.4.83 所示。

⑦ 选择图层 1 图标，设置图层 1 的不透明度为 35%，彩虹的最终效果如图 2.4.84 所示。

图 2.4.82　径向渐变效果

图 2.4.83　模糊处理的效果

图 2.4.84　彩虹的效果

2.5　路径和形状

Photoshop 中的路径和形状都是用"钢笔"等矢量图形工具绘制的具有贝塞尔曲线轮廓的矢量图形。二者的区别是：路径表示的图形只能用轮廓显示，不能打印输出；而形状表示的矢量图形会在"图层"面板中自动生成一个"形状"图层。形状表示的矢量图形可以打印输出和添加图层样式。如图 2.5.1(a)所示为路径，而图 2.5.1(b)所示为形状。

(a)路径　　　　　　　　　　(b)形状

图 2.5.1　路径和形状示例

2.5.1　认识路经

路径是 Photoshop 的又一重要特色。路径是由"钢笔"工具等矢量图形工具绘制的一系列点、直线和曲线的集合。

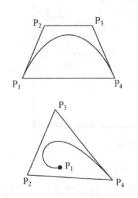

图 2.5.2　两条不同的三阶贝塞尔曲线

复杂的矢量图形一般具有曲线。Photoshop 中的曲线主要由三阶贝塞尔曲线段组成，如图 2.5.2 所示。表示一段贝塞尔曲线需要 4 个点，两个点是曲线段经过的端点，如 P_1 和 P_4；在两个端点之间的另两个内插点 P_2 和 P_3 并不位于贝塞尔曲线上，它们只控制两个端点处正切矢量的大小和方向。P_1 和 P_2 两点的连线决定 P_1 点曲线的切线，而 P_3 和 P_4 点的连线决定点 P_4 点处曲线的切线。移动 P_2 和 P_3 点可以构成千差万别的贝塞尔曲线和它们的特征多边形。

在 Photoshop 中，曲线的两个端点 P1，P4 称为锚点，而两个内插点 P2，P3 称为方向点。锚点与方向点连线形成的切线称为方向线或控制手柄，如图 2.5.2 中的线段 P1P2 和 P4P3。我们绘制的复杂曲线（路径）可由一段段的贝塞尔曲线组成，因此这种复合贝塞尔曲线的路径有许多锚点。

复合贝塞尔曲线中的锚点分为平滑锚点和角点两种。

① 平滑锚点。曲线线段平滑地通过平滑锚点。平滑锚点的两端有两段曲线的方向线，移动平滑锚点，两侧曲线的形状都会发生变化，如图 2.5.3 中的 a 点。

② 角点。锚点处的路径形状急剧变化，一般多为曲线与直线，或直线与直线，或曲线与曲线的非平滑连结点，如图 2.5.3 中的 b 点。

图 2.5.3 所示出为两条路径，可以看出，路径是由一段或多段曲线和线段构成，每个小方格都是路径的锚点，实心点表示被选中的点，空心点表示未被选中的点。

路径可以是开放路径，起点和终点不重合；也可以是闭合路径，没有明显的起点和终点。以矢量图形工具绘制的路径可以创建精确选区，描述图片的轮廓，绘制复杂的图形，尤其是具有各种方向和弧度的曲线图形。路径的优点是不受分辨率的影响，结合各种路径工具可以对路径随意编辑。

Photoshop 提供了 7 种创建和编辑路径的工具。它们是：钢笔工具、自由钢笔工具、添加锚点工具、删除锚点工具、转换点工具、路径选择工具和直接选择工具，如图 2.5.4 所示。

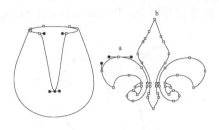

（a）路径工具　　　　（b）路径选择工具

图 2.5.3　路径举例　　　　　图 2.5.4　创建和编辑路径的工具

2.5.2　创建路经

创建路径主要使用钢笔工具和自由钢笔工具。

（1）钢笔工具

钢笔通过勾勒锚点来绘制路径。使用钢笔可以精确地绘制出直线和光滑的曲线。"钢笔"工具栏如图 2.5.5 所示。其中包括钢笔的许多属性，应在适当地选择参数后再进行操作。

图 2.5.5　"钢笔"工具栏

① 工具模式 ：下拉菜单中包含形状、路径、像素，分别表示钢笔工具三种不同的绘图状态，每个选项对应的工具选项栏也不同。绘制路径要选择"路径"模式。

② 建立：建立是 Photoshop CS6 新加的选项，可以使路径与选区、蒙版和形状间的转换更加方便、快捷。单击对应的按钮会弹出相应的选项。

③ 路径操作 ，用来选取新创建路径与原存在路径的运算方式，用法与选区类似。包括合并形状、减去顶层形状、与形状区域相交、排除重叠形状等。

④ 路径对齐方式 ：设置路径的对齐方式。

⑤ 路径排列方式 ：设置路径的排列方式。

⑥ "自动添加/删除"：如果勾选，钢笔工具就具有了自动添加或删除锚点的功能。当钢笔光标移动到没有锚点的路径上时，光标右下角会出现小加号，单击鼠标会添加一个锚点。而当钢笔工具的光标移动到路径上已有的锚点时，光标右下角会出现小减号，单击鼠标会删除这个锚点。

⑦ 橡皮带：当勾选"橡皮带"选项时，如图 2.5.6 所示，在图像上移动光标会有一条假想的橡皮带，只有单击鼠标，这条线才真实存在，这种方法有利于选择锚点的位置。

图 2.5.6　橡皮带

使用钢笔时，每单击一次即创建一个锚点。连接两个锚点之间的是直线路径。如果要创建曲线路径，在第一点按下鼠标后先不松开，沿方向线方向拖动一段距离后再松开鼠标，在下一点单击再拖动，连接两个锚点之间的就是曲线路径，如图 2.5.7(a)和(b)所示。在绘制路径过程中，若起始锚点和终结锚点相交，光标指针变成形状 ，

此时单击鼠标，系统会将该路径创建成闭合路径。按住 Ctrl 键在空白处单击，可结束开放路径的绘制

（2）自由钢笔工具

"自由钢笔"可以随意地在图像窗口中绘制路径。按下鼠标左键让光标在图像上拖动，在光标经过的地方即生成路径曲线和锚点，松开鼠标则停止绘制，如图 2.5.8 所示。当勾选 ☑磁性的 复选框时，自由钢笔工具变为磁性钢笔工具，它可以快速地沿图像反差较大的像素边缘自动绘制路径。当需要精确地抠取图像时，这给我们带来很多方便。

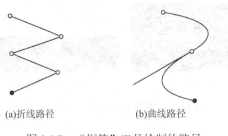

(a)折线路径　　　　　　　(b)曲线路径

图 2.5.7　"钢笔"工具绘制的路径　　　　图 2.5.8　"自由钢笔"绘制的路径

"自由钢笔"工具栏与"钢笔"大致相同，只是增加了一些选项，如图 2.5.9 所示。

"自由钢笔"工具栏参数含义如下：

① 曲线拟合：控制路径的灵敏度，取值范围为 0.5～10，数字越小，形成路径的锚点就越多，路径越精细，越符合物体的边缘。

② 磁性的：勾选该复选框，"自由钢笔"工具变为"磁性钢笔"工具，它会自动跟踪图像中物体的边缘。它有三个参数：

⊙ 宽度：定义"磁性钢笔"工具检索的范围，即"磁性钢笔"工具与边缘的距离，取值范围为 1～256 个像素。

⊙ 对比：定义该工具对边缘的敏感程度，数值越小，越可检索与背景对比度较低的边界，灵敏度越高。取值范围为 1%～100%。

⊙ 频率：控制路径上生成锚点的多少。数值越大，生成锚点越多，取值范围为 0～100。

使用"磁性钢笔"沿图像边缘绘制路径的例子，如图 2.5.10 所示。

图 2.5.9　"自由钢笔"工具栏

图 2.5.10　用"磁性钢笔"沿图像边缘绘制的路径

2.5.3　路径的修改和编辑

创建路径之后，如果不满意，可以进行相应的修改和编辑。使用的工具有：添加锚点工具、删除锚点工具、转换锚点工具、路径选择工具和直接选择工具。

（1）在路径上添加新的锚点

要在已有路径上添加锚点，可以使用钢笔工具和添加锚点工具。使用添加锚点工具可以直接在路径上单击，即在单击处添加了一个新锚点。若使用钢笔工具，当光标移动到路径上变成 时，在需要添加锚点处单击，即添加一个锚点。添加完锚点后，可拖动此锚点使路径发生需要的变形。

（2）删除路径上原有的锚点

在已有路径上删除锚点，可以使用钢笔工具和删除锚点工具。使用删除锚点工具可以直接在路径上已有锚点处单击，即在单击处删除该锚点。使用钢笔工具，当光标移动到路径上需要删除的锚点处，鼠标变成 时，在该锚点处单击，即删除了这个锚点。删除后，原有这个锚点两侧的锚点产生了新的曲线连接，使路径发生了变形。如果结果不理想，还可以拖动此曲线两端的控制杆（方向线）使路径发生需要的变形。

（3）转换锚点

使用转换点工具 可以实现平滑锚点与角点锚点间的转换，选用转换点工具后，用鼠标单击平滑锚点，则该锚点变为角点锚点；反之，角点锚点转为平滑锚点，可拖放出方向线以选择合适的曲线连接。图 2.5.11 为添加锚点、删除锚点和转换锚点的效果实例。

（4）路径选择工具整体编辑路径

使用"路径选择"工具 可以对选中的路径进行移动、组合、对齐、分布和变形。其工具选项栏如图 2.5.12 所示。

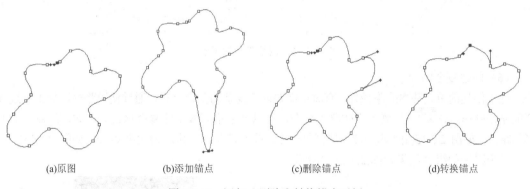

(a)原图　　　　(b)添加锚点　　　　(c)删除锚点　　　　(d)转换锚点

图 2.5.11　添加、删除和转换锚点示例

图 2.5.12　"路径选择"工具选项栏

① 选择和移动：使用"路径选择"在路径上单击即可选中路径，按住 Shift 键可同时选中多个路径。选中后按住鼠标左键拖动即可移动路径。

② 对齐和分布：选中要对齐的路径，点击工具选项栏的路径对齐按钮 ，在下拉菜单中选择相应的对其命令。

③ 复制路径：选中要复制的路径，按住 Alt 键，同时按住鼠标左键拖动即可复制当前路径。

④ 变换路径：选中要进行变换的路径，执行"编辑 | 变换路径"中的菜单命令可对路径进行缩放、旋转等变换；执行"编辑 | 自由变换路径"或者使用快捷键 Ctrl+T 可以对路径进行自由变换。

(a)原图   (b)左边对齐   (c)按宽度均匀分布

图 2.5.13　路径对齐和分布

（5）直接选择工具局部编辑路径

直接选择选择工具用来移动路径中的锚点和线段，以便调整路径的形状。用它单击路径上要调整的锚点，然后拖动锚点或方向线，即可改变路径的形状，如图 2.5.14 所示。

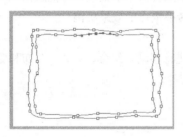 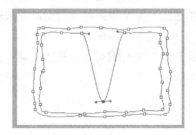

图 2.5.14　调整路径的形状

（6）创建复合路径

除了创建简单、基本的路径外，有时也需要创建复杂的复合路径，通过使用路径选择工具选项栏的路径操作按钮 下拉菜单中的菜单命令，可以创建不同效果的复合路径。例如，绘制一个心形的路径，如图 2.5.15(a)所示，然后选择"排除重叠形状"，绘制第二个心形路径，如图 2.5.15(b)所示，两个路径的组合结果如图 2.5.15(c)所示。

(a)第一个心形路径   (b)第二个心形路径   (c)组合

图 2.5.15　创建复合路径示例

（7）"路径"调节面板

创建好路径后，应用"路径"调节面板及其快捷菜单可以进行路径的填充、描边和存储，以及选区和路径的相互转换等操作。

选择"窗口 | 路径"菜单命令，可显示"路径"调节面板。单击"路径"调节面板右上角的

扩展菜单按钮  将弹出"路径"命令菜单，用它可以方便地实现新建、存储、复制、填充、描边等路径操作，如图 2.5.16 所示。

在"路径"调节面板的底端有 7 个按钮 ，它们依次为：用前景色填充路径、用画笔描边路径、将路径作为选区载入、从选区生成工作路径、添加蒙版、创建新路径、删除当前路径。

① 存储路径。刚建立的路径称为"工作路径"，它只是定义轮廓的临时路径，如果不及时存储，在绘制第二个路径时，系统就会自动删除前一个路径，所以应该及时存储需要的路径。

在"路径"调节面板中"工作路径"的空白处双击鼠标，或在扩展菜单"存储路径"上单击，均会弹出"存储路径"对话框，如图 2.5.17 所示，设置好"名称"后，单击"确定"按钮即可。或者直接拖动"工作路径"到"路径"调节面板底部的"创建新路径"按钮 上，也将存储该路径。

② 填充路径。可以按照当前路径的形状，在路径中填充颜色或图案。

单击"路径"调节面板底端的"用前景色对路径进行填充"按钮 ，直接用前景色对当前路径进行填充。

图 2.5.16 　"路径"调节面板　　　　　图 2.5.17 　"存储路径"对话框

按住 Alt 键的同时单击"用前景色对路径进行填充"按钮 ，或在"路径"调节面板的快捷菜单中单击"填充路径"命令，会弹出"填充路径"对话框。可在"内容"项选择颜色、图案或灰度填充路径。

该对话框在"填充"的基础上增加了"渲染"选项组。"羽化半径"定义填充路径时的羽化效果，半径越大，填充效果越柔和，填充路径效果如图 2.5.18 所示。勾选"消除锯齿"复选框可以消除路径边缘的锯齿。

(a)"填充路径"对话框　　　　　　　　　　(b)填充路径效果

图 2.5.18 　填充路径示例

③ 描边路径。"用画笔描边路径"功能可以依照当前路径的形状，结合画笔的设置，在开放或闭合的路径上创建描边效果。该功能可以创建许多特殊的图像效果。

单击"用当前画笔描边路径"按钮，系统即用已选好的画笔对路径描边。在此操作前应先选好路径描边用的画笔风格和样式。

按住 Alt 键的同时单击"用画笔描边路径"按钮，或者在"路径"调节面板的快捷菜单中单击"描边路径"命令，弹出"描边路径"对话框，如图 2.5.19(a)所示。可在"工具"下拉列表菜单选择描边工具，如图 2.5.19(b)所示。

在"描边路径"对话框中勾选"模拟压力"复选框，将使描边效果具有压力感。图 2.5.19(c)和（d）表示了有无"模拟压力"的效果。

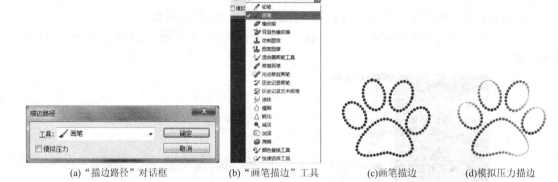

(a)"描边路径"对话框　　(b)"画笔描边"工具　　(c)画笔描边　　(d)模拟压力描边

图 2.5.19　"描边路径"对话框及效果示例

④ 路径与选区的转换。由于路径是矢量图形，不会因缩放而产生锯齿，因此将路径作为选区载入并结合填充工具的使用，可以产生理想的图像效果。

<1>把路径转化为选区。单击"将路径作为选区载入"按钮，或按住 Ctrl 键的同时单击"路径"调节面板上当前路径的缩略图，当前路径被作为选区载入。另外，在"路径"调节面板的快捷菜单中单击"建立选区"命令，会弹出"建立选区"对话框，设置选区的"羽化半径"和建立选区的"操作"方式，即可将路径作为选区载入。"建立选区"对话框如图 2.5.20(a)所示，将路径转换选区的效果如图 2.5.20(b)所示。

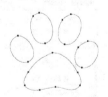

(a)"建立选区"对话框　　(b)路径转换为选区　　(c)选区转换为路径

图 2.5.20　路径与选区的转换

由于路径由锚点组成，便于精确修改、编辑，因此可以先将选区转换成路径，经过仔细修改，调整满意后，再转换回选区，如图 2.5.20(b)所示。

<2>把选区转换为路径。单击"路径"面板的"从选区生成工作路径"按钮，即可将当前选区创建为工作路径。或者在"路径"调节面板的快捷菜单中单击"建立工作路径"命令，会弹

出"建立工作路径"对话框，设置好容差，即可将选区创建为路径。容差越小，创建的路径越平滑，锚点就越多，如图 2.5.20(c)所示。

⑤ 新建路径。单击"路径"调节面板的"创建新路径"按钮，在"路径"面板中即产生一个新的路径。或者在"路径"调节面板的快捷菜单中单击"新建路径"命令，会弹出"新建路径"对话框，设置"名称"后，建立一个新的路径，如图 2.5.21 所示。

⑥ 删除路径。直接拖动路径到垃圾桶图标，或选中路径后单击垃圾桶图标均可删除此路径。

⑦ 添加矢量蒙版。单击路径调节面板的"添加图层蒙版"按钮 ，可以对当前图层添加一个全部显示的矢量蒙版，使用路径工具可进一步编辑蒙版。按住 Alt 键单击该按钮，会添加一个全部隐藏的矢量蒙版。按住 Ctrl 键单击路径调节面板的"添加图层蒙版"按钮 ，可以基于当前路径创建图层的矢量蒙版，如图 2.5.22 所示。

(a)"新建路径"对话框

(b)新建路径

图 2.5.21　新建路径

(a)原图

(b)添加矢量蒙版效果

图 2.5.22　添加矢量蒙版

由上述路径操作可以看到，路径与选区可以互相转换，这是一个十分重要的性质，利用此性质可以将不够准确精致的选区转换成路径。由于路径可以进行精细编辑，经过编辑的路径再转换选区，就能得到十分精确满意的选区了。

⑧ 导出路径。Photoshop 创建的路径可以导出到 Illustrator 中，以便做进一步的编辑和应用。

使用"文件 | 导出 | 路径到 Illustrator"菜单命令，在打开的"导出路径到文件"对话框中点击确定，继续设置保存的文档类型和路径后，即可将路径保存，并可在 Illustrator 中打开，如图 2.5.23 所示。

2.5.4　形状绘制工具

形状和路径一样是基本的矢量图形。Photoshop 提供了 6 种基本矢量形状绘制工具，如图 2.5.24 所示。

图 2.5.23　导出路径　　　　　　　　　　　　　　图 2.5.24　矢量形状绘制工具

形状绘制有：形状、路径、像素三种创建方式。选取前两种创建方式可以创建各种基本形状或复杂形状的图形，它们都是矢量图形，因此不受分辨率的影响。选择"像素"，创建的是由像素点组成的图像，与分辨率有关。

（1）规则形状绘制工具

6 种矢量绘制图形的前 5 种都是规则形状图形：矩形、圆角矩形、椭圆、多边形、直线。使用这 5 种工具在绘图区拖曳光标，即可绘制上述规则形状的图形。它们的工具选项栏基本相同，它们的参数设置也大致相同。以矩形工具选项栏为例，如图 2.5.25 所示。

图 2.5.25　"矩形"工具选项栏

当选用不同的矢量形状创建方式时，工具栏会切换到相应的选项。

工具栏左侧有工具模式选择 形状 ，表示形状创建方式，也就是绘制形状将以何种方式存在，其意义如下：

① 形状：在该状态下绘制，将创建一个新的形状图层，然后在该图层上显示该基本图形，并以前景色填充。

② 路径：在该状态下绘制，将以路径方式创建基本图形，但是不填充。所绘制的路径会出现在路径面板。

③像素：这种状态下绘制，并不创建新图层和路径，而是按照绘制形状创建一个填充区域，绘制的形状位于当前图层上。图 2.5.26 表示不同方式下创建的五角星形状。

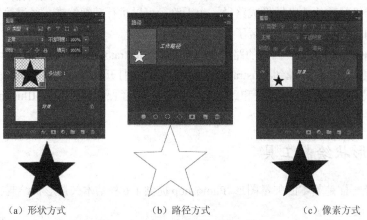

（a）形状方式　　　　　　　　（b）路径方式　　　　　　　　（c）像素方式

图 2.5.26　不同创建方式下创建的图形示例

"填充"设置形状内部的填充内容，可用纯色、渐变色、图案来填充形状，默认使用前景色；描边设置形状边缘的颜色、粗细和样式。如图 2.5.27 所示给五角星形状设置填充和描边的效果。

宽度和高度设置形状的大小。在形状工具选项栏中，还有一些绘制图形的设置，单击工具选项栏上的■，在弹出的"形状选项"对话框中可以设置相应的参数，以矩形工具为例，如图 2.5.28 所示。

图 2.5.27　形状的填充和描边效果　　　　　图 2.5.28　矩形工具选项对话框

① 不受约束：表示可以按任意尺寸及长宽比例绘制图形。

② 方形：创建正方形形状。

③ 固定大小：按固定尺寸，即以 W 和 H 框设置的尺寸绘制图形。

④ 比例：按固定比例绘制图形。

⑤ 从中心：绘制图形时以首次单击的位置作为图形的中心。

⑥ 对齐像素：将边缘对齐像素边界。

（2）自定形状工具

除了规则几何图形外，该工具组还有一个自定形状工具，用来绘制非规则图形。它也可用来绘制矢量图、路径或填充区域。在自定形状工具中，用户不但可以使用 Photoshop CS6 预设的图形，而且还可以将自己绘制的矢量图形存储为自定形状图形，供以后选用。

要使用 Photoshop CS6 预设的自定形状图形，首先选取自定形状工具，打开它的工具选项栏"形状"下拉框，就可以看到"自定形状"面板中的各种图形，如图 2.5.29(a)所示。选取和单击中意的图形就可以绘制出来了。单击"自定形状"面板右上角的■按钮，打开面板菜单，有更多的图形可供选择，如图 2.5.29(b)所示。

(a)"自定形状"面板　　　　　　　　　　　　　　　(b)面板菜单

图 2.5.29　"自定形状"面板及面板菜单

（3）用户自定形状的图形

用户自定形状的图形可以用钢笔绘制，然后选择"编辑｜定义自定形状"菜单命令，在弹出的"形状名称"对话框中输入自绘图形的名称，如图 2.5.30 所示。单击"确定"按钮，即可将自定义的形状添加到"形状"面板中。设置好自定义形状后还要将它存储成 CSH 文件，以便下次使用。

自定形状的图形组以 CSH 文件格式存放在 Photoshop 目录中，用户不仅可以自定义图形，还可以将常用的图形放在一起，存储为专属图形组，以方便今后使用。

图 2.5.30 "形状名称"对话框

（4）形状的编辑

绘制形状后，在路径面板会出现当前形状的形状路径，如图 2.5.31(a)所示。对于形状外形的编辑和路径编辑一样，可以使用直接选择工具、路径选择工具和转换锚点工具来修改形状的轮廓。如图 2.5.31(b)所示。

通过形状工具的选项工具栏，可以更改填充的颜色、渐变或者图案，也可设置形状的描边样式。如图 2.5.31(c)所示。对形状图层也可以跟其他图层一样应用各种图层样式。

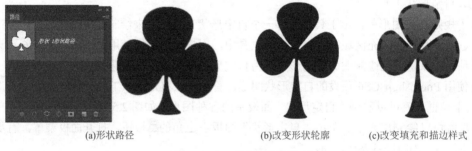

(a)形状路径　　　　　　　(b)改变形状轮廓　　　(c)改变填充和描边样式

图 2.5.31 对形状的编辑

5. 形状的转换

在"路径"调节面板中，对绘制好的形状路径应用"将路径作为选区载入"按钮，形状的矢量蒙版便可以转换成选区，而转换的选区又可以从选区生成为路径。它们之间的互相转换给图形的编辑带来了极大的方便。

2.5.5　应用举例——制作圣诞贺卡

【实例 2.5.1】　利用形状和路径制作漂亮的圣诞贺卡。

① 打开原始素材文件"背景.jpg"，如图 2.5.32 所示。

② 在背景中使用自定形状工具创建心形闭合路径，如图 2.5.33 所示。

③ 新建图层，在路径面板，点击"将路径作为选区载入"按钮，将心形路径转化为选区，选择渐变工具，设置由白到黑的渐变，填充，效果如图 2.5.34 所示。

④ 取消选择，在路径面板对心形路径使用画笔描边，画笔使用"蝴蝶"笔尖，设置间距和颜色动态属性，如图 2.5.35(a)所示，最终效果，如图 2.5.35(b)所示。

图 2.5.32　原始文件

图 2.5.33　创建心形路径

图 2.5.34　渐变填充

(a)画笔参数设置

(b)描边效果

图 2.5.35　路径描边

　　⑤　选择自定形状工具，选取"花形装饰 1"形状，在右下角绘制形状，设置填充颜色和描边样式，同样在左上角再绘制一个形状，并水平翻转，效果如图 2.5.36 所示。

　　⑥　在心形内部输入蓝色文字"Merry Christmas"，字体为 Arial，调整位置和大小，如图 2.5.37 所示。

　　⑦　打开原始素材文件"圣诞老人.jpg"，选取其中的圣诞老人复制到背景中，水平翻转，调整大小和位置，如图 2.5.38 所示。

　　⑧　选择画笔工具，选择"Star"笔尖，设置间距和颜色动态，在心形内部绘画，如图 2.5.39 所示。

图 2.5.36　绘制形状

图 2.5.37　输入文字

图 2.5.38　复制圣诞老人

图 2.5.39　贺卡效果图

2.6　文字

　　文字在图像中起着画龙点睛的作用，它是艺术设计必不可少的要素之一，是传达信息的重要手段。它可以帮助人们快速地了解作品的主题，同时又是整个作品的重要修饰要素。

　　在许多广告宣传、片头海报，网页设计等图像作品中使用特效艺术文字，不仅可以避免画面枯燥，而且会给作品带来绚丽的效果。

2.6.1　创建不同形式的文字

图 2.6.1　文字工具组

　　Photoshop CS6 给文字设计和编辑提供了十分方便的条件，它提供了制作文本和文本选区的 4 种工具：横排文字工具、直排文字工具、横排文字蒙版工具、竖排文字蒙版工具，如图 2.6.1 所示。

　　（1）文字工具选项栏

　　横排文字工具用来创建水平走向的文字，而直排文字工具用来创建垂直走向的文字。两种文字工具使用方法相同，只是创建的文字方向有差别。

　　横排文字工具是基本的且使用频繁的文字创建工具。选择横排文字工具 T 后，在窗口顶端展示文本工具，其中包括针对横排文字工具的属性设置，如图 2.6.2 所示。

图 2.6.2　"文字"工具选项栏

创建或输入文字时需设置的参数如下。

① 更改文字方向█：将输入文字进行水平和垂直方向的转换。

② 设置字体：指定输入文本的字体，该列表框显示提供给用户的可用字体，包括中文字体。

③ 设置字体样式：该下拉列表有 4 个选项：Regular（正常）、Italic（斜体）、Bold（粗体）、Bold Italic（粗体斜字）。这些字型样式只对部分英文字体有效。

④ 设置字号：设置文字的大小。

⑤ 文字的锯齿处理方式：为消除文字边缘的锯齿影响，可选取 5 种处理方法之一：无、锐利、犀利、浑厚及平滑。

⑥ 文本对齐方式：设置输入文本的对齐方式，包括左对齐、居中对齐和右对齐三种。

⑦ 文本的颜色：可打开颜色拾取器，选择所需的文本颜色。

⑧ 变形字体：提供一系列文本弯曲变形效果，单击此按钮█，打开"文字变形"对话框，可以对选取的文本进行变形和弯曲效果设置。

⑨ "字符"（段落）面板按钮█：打开或关闭"字符"（段落）面板。

（2）输入文字

① 首先在文字工具组中选择文字工具（直排或横排）。

② 设置文字的字体、字号、颜色。

③ 在图像中需要输入文字的地方单击鼠标，该位置出现闪动的光标，即可输入文字。

④ 在需要输入较多文字的地方，可使用文字框加入段落文字。首先选择所需的文字工具，然后用鼠标拖出一个矩形文字框，在文字框中输入文字就可以了。文字框中的段落文字可实现自动换行，如图 2.6.3 所示。

⑤ 输入完成，按 Ctrl+Enter 键确认。文字输入时，系统会为该文件创建新的文字图层，图层的缩略图有一个 T 标识，图层的名字与输入的内容一致，如图 2.6.4 所示。

图 2.6.3　段落文字

图 2.6.4　文字图层

2.6.2　文字的编辑

文字输入后，使用"字符"调节面板可以编辑、修改输入的文字。

使用"窗口｜字符"菜单命令，或单击图 2.6.2 所示的"文字"工具栏右侧的打开"字符"（段落）调节面板的按钮█，即可打开"字符"（段落）调节面板，如图 2.6.5 所示。

① 选中要编辑的文字，使用"字符"调节面板中的项目，可以改变文字的如下参数值：

字符的字体，字符的样式，字号的大小，多行文字时行与行的间距，两字符间的字距微调，当前字符间的字距调整，所选字符的比例间距，当前字符的长度，当前字符的宽度，文本间的基线位移，文本的颜色调整，设置文本的粗体、斜体、上标、下标、下划线、删除线等属性，OpenType

图 2.6.5 "字符"调节面板

字体，有关连字符和拼写规则的语言规定，有关连字符和拼写规则的语言规定，文字锯齿的处理。

② 利用文字框进行文字整体的编辑。按住 Ctrl 键可以出现文字框的控制点，将光标移到文字框的控制点上，可对文字框进行缩放、旋转等操作。使用"编辑 | 变换"菜单里的变换命令，也可对文字进行缩放、旋转等操作，产生不同的文字效果，如图 2.6.6所示。

③ 使用"段落"调节面板编辑段落文字。"字符"调节面板和"段落"调节面板组合为文字工具面板。单击"字符"调节面板上的"段落"标签可切换到"段落"调节面板，"段落"调节面板用来设置文本的对齐方式和缩进方式等，如图 2.6.7 所示。

图 2.6.6 用文字框对文字整体进行编辑

图 2.6.7 "段落"面板

"段落"面板可设置的参数如下。

- 定义段落文本的对齐方式，包括：左对齐、居中对齐、右对齐；最后一行左对齐、居中对齐和右对齐以及全部对齐。
- 定义段落的缩进方式，包括：左缩进、右缩进和首行缩进。
- 定义段落添加空格的方式，包括：段前添加和段后添加空格。
- 避头尾法则设置，可选取：无、JIS 宽松和 JIS 严格。
- 间距组合设置，选取内部字符间距集。
- 连字，设置自动用连字符连接。

2.6.3 创建文字选区

利用文字工具组中另两个工具——横排文字蒙版工具和直排文字蒙版工具（见图 2.6.1）可以制作水平方向和垂直方向的文字选区。

使用这两个工具创建文字选区的过程都是在蒙版中进行的。制作文字选区的方法与输入文字相同，其工具栏与输入文字的工具栏相同。只是结束文字输入后，文字转换为选区，但不创建新的文字图层。

创建完成后，按 Ctrl+Enter 键或者单击选项栏的"提交所有当前编辑"按钮，选区即创建完成，如图 2.6.8(a)所示。文字转换为选区后不能再使用文字工具进行编辑。

制作文字选区后可以填入前景色、背景色、渐变色或图案，如图 2.6.8(b)所示。

(a)创建文字选区　　　　　　　　　　　　(b)填充

图 2.6.8　文字选区效果

2.6.4　文字的变形

在 Photoshop CS6 中使用"文字变形"命令可以将文字进行更加艺术化的处理。"文字变形"可以在输入文字后直接单击文字工具选项栏右侧的"文字变形"按钮来实现，或使用"文字 | 文字变形"菜单命令，打开"变形文字"对话框，如图 2.6.9(a)所示。变形文字的样式有许多种，如图 2.6.9(b)所示。

(a)"变形文字"对话框　　　　　　　　　　(b)变形文字的样式

图 2.6.9　"变形文字"对话框及样式

"变形文字"对话框各项参数含义如下：样式，设置文字变形的效果；水平/垂直，设置变形的方向；弯曲，包括水平扭曲、垂直扭曲，分别设置变形文字的水平和垂直方向的扭曲程度。

变形文字的效果如图 2.6.10(a)和(b)所示，它们分别是凸起变形和旗帜变形。

（a）凸起变形　　　　　　　　　　　　（b）旗帜变形

图 2.6.10　变形文字效果示例

2.6.5　路径文字

（1）在路径上创建文字

在路径上创建文字是沿着指定路径的一侧创建文字，可充分应用路径的优势，实现文字的特殊布局。

① 使用钢笔在图像上创建一条曲线路径，如图 2.6.11(a)所示。

② 选用横排文字工具，在工具栏中确定各项参数，将光标移动到路径上，使光标改变形状。

③ 输入文字，如图 2.6.11(b)所示。

④ 选用"路径选择工具" 将光标移动到文字上，按下鼠标并水平拖动即可拖动文字沿着路径移动，放开鼠标即确定了文字的合适位置，如图 2.6.11(c)所示。

⑤ 按下鼠标并向下拖动改变文字在路径上的上下方向，如图 2.6.11(d)所示。

⑥ 在"路径"调节面板空白处单击鼠标将路径隐藏，如图 2.6.11(e)所示。

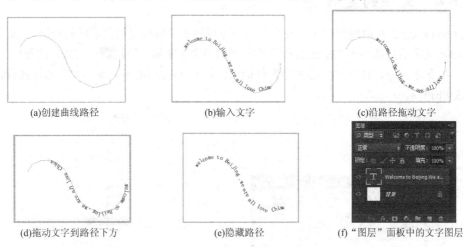

(a)创建曲线路径　　　　　　(b)输入文字　　　　　　(c)沿路径拖动文字

(d)拖动文字到路径下方　　　　(e)隐藏路径　　　　(f)"图层"面板中的文字图层

图 2.6.11　在路径上创建文字示例

（2）在路径中创建文字

在路径中创建文字是指在封闭路径的内部创建文字。

① 首先使用路径工具，在图像上创建一条封闭的曲线路径，如图 2.6.12(a)所示的"心形"。

② 选用横排文字工具，在工具栏选好各项参数，将光标拖动到"心形"路径内部，单击鼠标，使光标改变形状，如图 2.6.12(b)所示。

③ 输入文字。

④ 文字会按照路径的形状自动调整位置，如图 2.6.12(c)所示。

⑤ 在"路径"调节面板空白处单击鼠标将路径隐藏，如图 2.6.12(d)所示。

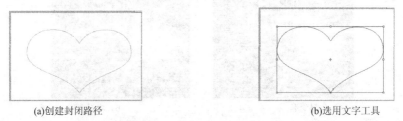

(a)创建封闭路径　　　　　　　　　　　(b)选用文字工具

图 2.6.12　在路径中创建文字

(c)输入文字　　　　　　　　　　　　　　　　(d)隐藏路径

图 2.6.12　在路径中创建文字（续）

2.6.6　文字的转换

我们使用的文字库，包括中文和英文，都是矢量文字。

文字的转换有两种情况：一是从矢量文字转换为矢量路径或形状，二是从矢量文字转换成点阵文字。

（1）将文字转换为工作路径

使用"文字｜创建工作路径"菜单命令，可将文字转换为工作路径，此时沿文字路径的边缘将会创建许多锚点，如图 2.6.13(a)所示；文字转换为工作路径后，就可沿路径描边，如图 2.6.13(b)所示，使用路径工具将路径变形并填充来创建变形文字，如图 2.6.13(c)所示。

(a)文字转换为工作路径　　　　　　(b)描边路径　　　　　　　　(c)变形文字

图 2.6.13　文字转换为工作路径

（2）将文字转换为形状

使用"文字｜转换为形状"菜单命令，可将文字转换为形状，将文字图层转换为形状图层。如图 2.6.14(a)所示。可在路径面板对文字的工作路径编辑直接创建变形文字，如图 2.6.14(b)所示。

(a)文字图层转换为形状图层　　　　　　　　(b)变形文字

图 2.6.14　文字转换为形状

（3）将文字栅格化

因为文字是矢量图形，所以文字不能直接使用绘图和修图工具进行编辑，也不能直接使用滤

(a)文字图层

(b)栅格化图层

图 2.6.15　文字栅格化

镜。为此需要将文字转换为点阵文字，使用"文字｜栅格化文字图层"菜单命令，可使文字栅格化，使文字图层转换为普通图层，如图2.6.15(a)和(b)所示。

栅格化的文字可以进行常规的图像操作，但是不能再进行文字属性的修改，同时图像放大后文字边缘会出现锯齿现象。

2.6.7　应用举例——制作电影海报

【实例 2.6.1】　用文字工具制作电影海报。

① 打开图像文件，如图 2.6.16 所示。

② 单击横排文字输入工具，在图像画面上方输入文字"LIFE OF PI"，打开"字符"调节面板为文字设置文字样式，如图 2.6.17 所示。按快捷键 Ctrl+Enter 完成对文字的编辑，如图 2.6.18 所示。

③ 单击横排文字输入工具，在图像画面右下方拖曳出文本框，如图 2.6.19 所示。

④ 选择"黑体"字体，24 点，在文本框中输入段落文字，按快捷键 Ctrl+Enter 完成对文字的编辑。

⑤ 在"图层"调节面板双击所在文字图层，选择所有字体，打开"段落"调节面板，对第一段设置"居中对齐文本"，其他各段设置"左对齐文本"，文字的效果如图 2.6.20 所示。

⑥ 打开素材文件，如图 2.6.21 所示。选取其中的人物复制后粘贴到目标图像上，调整位置和大小。电影海报最后的制作效果如图 2.6.22 所示。

图 2.6.16　打开的图像文件

图 2.6.17　"字符"调节面板

图 2.6.18　输入文字

图 2.6.19　文本框

（a）"段落"调节面板

（b）输入段落文字

图 2.6.20　输入段落文字示例

图 2.6.21　打开的素材文件

图 2.6.22　电影海报的制作效果

2.7　图像色彩的调整

色彩是图像的重要特征。在处理图像时，色彩的调整非常重要，它是制作高品质图像的关键，有时故意夸张地使用某些调整，还会产生特殊的效果。

2.7.1　色彩调整的理论基础

（1）色彩的基本术语

图像的色彩调整中，对色彩的描述有几个基本的术语：色相、色阶和色调、饱和度、对比度。

① 色相。指色彩的颜色，调整色相就是在多种颜色中变化。如果一个图像由红、黄、蓝三基色组成，每种颜色代表一种色相。

② 色阶和色调。它是美学色彩方面的术语。色阶指物体受光、背光和反光部分的色彩明暗度变化及其表现方法，通俗地讲，色阶指颜色的灰度（明暗度）。色调指在一定光照下，物体总体的色彩倾向和氛围，通俗地讲，色调指颜色的冷暖。有时二者泛指颜色的明暗度。

③ 饱和度。指颜色的纯度。调整饱和度就是调整颜色的纯度。数值范围为 $-100 \sim +100$，当饱和度降为 -100 时，图像变为灰度图像。

④ 对比度。指不同颜色之间的差异。对比度越大，两种颜色的差异就越大。

（2）颜色模式

颜色模式指图像在显示或打印时，定义颜色的不同方式。下面介绍几种常用的颜色模式。

① RGB 模式。它通过对红、绿、蓝三种基本颜色的亮度值的组合来改变像素的颜色。若这三种颜色的亮度值都有 $0 \sim 255$ 的变化范围，可以组合成 256^3（1670 万）种颜色。当三种颜色亮度值均为 0 时，为黑色；三种颜色亮度值均为 255 时，为白色。RGB 模式可实现 24 位真彩色，颜色的创建通过光线的相加来实现综合视觉效果。

② CMYK 模式。打印彩色图像时，由于打印纸只能吸收和反射光线，所以需要用色光的相减模式。CMYK 模式基于色料减色法，它通过吸收补色光，反射本身的色光来呈现颜色。该模式由青色（C），洋红色（M）、黄色（Y）及黑色（K）4 种颜色组合而成，并用油墨颜色的百分比表示。当 4 种颜色值均为 0% 时，呈纯白色。模式中的每一个像素点用 32 位表示。通常我们在 RGB 模式下编辑颜色，转化为 CMYK 模式后再打印输出。

③ HSB 模式。它根据人类感觉颜色的方法来表示颜色。许多画家、艺术家以及传统设计者习惯使用这种模式。该模式用色调 H、饱和度 S 和亮度 B 来表示颜色的组成。

④ Lab 模式。它是国际照明委员会规定的与设备无关的颜色模式。它由三个通道组成：光照

强度通道 L、a 色调通道和 b 色调通道。a 通道表示颜色的红绿反映，b 通道表示颜色的黄蓝反映。Lab 是较理想的均匀颜色空间。

⑤ 索引颜色模式。使用有限数量的颜色，如 8 位、256 个颜色级别来描述一幅彩色图像。

⑥ 灰度颜色模式。用不同的黑白灰度表示图像，一般用 8 位描述 256 个级别的灰度变化。

⑦ 位图。只用黑白两种颜色表示的图像。

⑧ 双色调。根据图像的色调范围来控制两色油墨的印刷量。

在 Photoshop 中可以将图像从原来的颜色模式转换成另一种颜色模式。执行"图像 | 模式"菜单命令，从下拉菜单中选择要转换的模式，如图 2.7.1 所示。在菜单中，当前不可用的颜色模式呈灰色。较常用的是将 RGB 模式转换为 CMYK 模式，将 RGB、CMYK 模式转换为灰度模式，将灰度、RGB 模式转换成适用于 Web 应用的索引模式等。

图 2.7.1　图像的颜色模式

将图像转换成其他颜色模式时，将更改图像的颜色值。如果将 RGB 图像转换成 CMYK 模式，再转换回 RGB 模式，一些图像数据可能会丢失，且无法恢复。

2.7.2　快速色彩调整

色彩调整主要指对图像的亮度、色调、饱和度及对比度的调整。如图 2.7.2 所示，在"图像"菜单下的"自动色调"、"自动对比度"、"自动颜色"命令，以及"图像 | 调整"二级菜单下的"反相"和"去色"命令都可以由系统快速、自动调整图像中的色彩值。虽然这几个色彩调整命令不如高级色彩调整工具精确，但它们使用简单方便，不需要用户设置参数，通常均可达到较满意的效果。

（1）自动色调

"自动色调"命令：通过快速计算图像的色阶属性，自动调整图像的色调效果，其效果如图 2.7.3 所示。

（2）自动对比度

"自动对比度"命令：可自动增强图像亮度和暗部的对比度，使图像边缘更加清晰，其效果如图 2.7.4 所示。

(a)原图　　(b)"自动色调"调整后

图 2.7.2　图像的色彩调整　　　　图 2.7.3　"自动色调"调整效果

（3）自动颜色

"自动颜色"命令：自动调整图像的颜色，主要是增强图像的亮度和颜色之间的对比，其效果如图2.7.5所示。

图2.7.4 "自动对比度"调整后　　　图2.7.5 "自动颜色"调整后

反相、去色、阈值和色调分离等色彩快速调整命令，能强烈地更改图像中的颜色和亮度，达到产生特殊效果的目的。

（4）反相

"反相"命令：反转图像中的颜色，产生照相底片的效果。它使通道中每个像素的亮度值都转换为256级刻度上的相反值，其效果如图2.7.6(b)所示。

（5）去色

"去色"命令：将彩色图像的颜色转换为灰度效果。但是该命令与颜色模式转换不同。它在转换过程中保持图像的颜色模式不变，仍然可以使用画笔等工具进行填色或调整图像颜色。若要真正变成灰度模式的黑白灰度图像，应选择"图像|模式|灰度"菜单命令来改变图像的色彩模式。"去色"命令的效果如图2.7.6(c)所示。

(a)原图　　　　　　　(b)"反相"调整后　　　　　　(c)"去色调整后"

图2.7.6 "反相"和"去色"的调整效果

（6）色调均化

"色调均化"命令可使图像的亮度值均匀分布，使图像的明度更加平衡，其效果如图2.7.7（b）所示。

(a)原图   (b)"色调均化"调整后

图 2.7.7　"色调均化"的调整效果

　　还有几个色彩调整命令，虽然它们需要进行对话框设置，但是通常参数设置简单，效果直观。

（7）亮度/对比度

　　"亮度/对比度"命令：可在"亮度/对比度"对话框中拖动滑块来调整图像的亮度和对比度。它对在灰暗环境或背光处拍摄的照片有很好的校正效果。"亮度"调整图像的明暗度，而"对比度"调整图像色彩的对比度，如图 2.7.8(a)所示，其调整效果如图 2.7.8(c)所示。

（8）阈值

　　"阈值"命令：将一个彩色或灰度图像转换为一个值——"阈值"的黑白图像。当选择某一灰度值为"阈值"或称"槛值"后，比该阈值亮的像素均变为白色，比阈值暗的像素均为黑色，使图像变为黑白二值图像。

　　选择"图像｜调整｜阈值"菜单命令，弹出"阈值"对话框，如图 2.7.9 所示，它显示了图像亮度分布直方图。移动滑块或输入数值设置阈值后，单击"确定"按钮，可以看到"阈值"命令的效果，如图 2.7.10 所示。

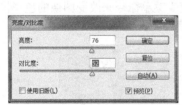

(a)"亮度/对比度"对话框   (b)原图   (c)"亮度/对比度"调整后

图 2.7.8　"亮度/对比度"调整效果

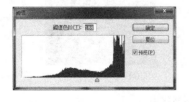

(a)原图   (b)执行"阈值"命令后

图 2.7.9　"阈值"对话框   图 2.7.10　"阈值"命令效果

（9）色调分离

　　"色调分离"命令：指定图像中每个通道的色调级别数目，然后将每个像素映射到最接近的匹配级别上。该命令主要用来简化图像，或者制作特殊的绘画效果。图 2.7.11 为"色调分离"的调整效果。

(a)原图　　　　　　　　　　　　(b)"色调分离"调整后

图 2.7.11　"色调分离"的调整效果

（10）渐变映射

"渐变映射"是以索引颜色的方式来给图像着色。它把渐变色映射到图像上，从而产生特殊的效果。它以图像的灰度色为依据，以设置的渐变色彩取代调整颜色，使图像产生渐变的色调效果，其对话框如图 2.7.12 所示。在对话框的下拉列表中可以选择多种渐变颜色，单击渐变条，会弹出"渐变编辑器"对话框，可以从中选择更多的渐变颜色。若想进一步改善调整图像的颜色效果，选择"仿色"复选框可使色彩平缓；选择"反向"复选框可使渐变的颜色前后倒置。渐变映射效果如图 2.7.13 所示。

(a)原图　　　　　　　　(b)"渐变映射"调整后

图 2.7.12　"渐变映射"对话框　　　　　图 2.7.13　"渐变映射"的调整效果

（11）照片滤镜

"照片滤镜"命令：模拟相机的滤镜来调整照片的色差。图 2.7.14 是"照片滤镜"对话框及滤镜列表。

(a)"照片滤镜"对话框　　　　　(b)"照片滤镜"列表

图 2.7.14　照片滤镜对话框及列表

滤镜的种类可以在滤镜项中选取。使用时可以用"浓度"来调整滤镜的效果。图 2.7.15(b)所示为加温滤镜的调整效果。

当系统给定的滤镜不合适时，也可以直接选择颜色作为自定的滤镜。单击"颜色"色块，在弹出的"拾色器"对话框中选取滤镜颜色即可。

(a)原图　　　　　　　　　(b)"加温滤镜"调整效果

图 2.7.15　"加温滤镜"效果

（12）变化

"变化"命令是非常直观方便的色彩调整命令。使用该命令时，可直接在对话框中选择所需要的彩色图像的调整值。它可以同时处理一组色彩调整，对应色相、饱和度和亮度；也可以分别进行对应高光、中间色调、阴影及饱和度的调整。在对话框中可以同时预览几种不同选项对应的效果，并从中选择需要的最终效果。该命令适合于不要求精确调整的图像，其效果与参数设置可直接参看图 2.7.16。

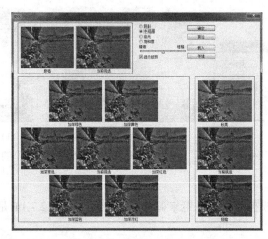

图 2.7.16　"变化"色彩调整

阴影、中间色调、高光三个单选钮，指明用户主要想调整图像的哪个色调区，而"饱和度"单选钮用来调整图像色彩的饱和度。

精细/粗糙滑块：说明色彩调整的变化级别。滑块向精细方向拖动（向左），则图像色彩调整的差别减小；反之，则图像色彩调整的差别增大。

"变化"对话框左上方的两个小图像："原稿"显示原始图像；而"当前挑选"显示图像经过调整后的相对效果。

"变化"对话框中其他的小图像有：加深黄色、加深绿色、加深红色、加深蓝色、加深青色、加深洋红、较亮、较暗等，单击它们会执行相应的操作。如单击"加深黄色"小图像，除"原稿"外，所有的小图像都增加了黄色。

2.7.3 精确色彩调整

若要对图像的色彩进行精细的调节，需使用色彩调整菜单命令，包括：色阶、曲线、色彩平衡、通道混合器等，它们都在"图像 | 调整"菜单下。这些命令虽然使用比较复杂，但调整图像色彩的效果精细且理想。

（1）色阶

"色阶"命令可调整图像的明暗度、色调的范围和色彩平衡。一幅 RGB 模式图像中的三个基色红 R、绿 G、蓝 B 都包含从最暗到最亮 0～255 个色阶。在该图像中使用"图像 | 调整 | 色阶"菜单命令，弹出"色阶"对话框，如图 2.7.17 所示。

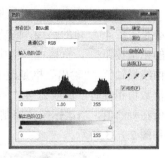

图 2.7.17　"色阶"对话框

在"预设"框中选择系统默认值或已经预先初步调整好的色阶效果。

在"通道"框中选择要调整的颜色通道，可对 RGB（或 CMYK）整体或某个单一原色通道进行调整。

在"输入色阶"框的下面是色阶曲线。它是调整图像基本色调的直观参考，通过它下方的滑块或输入数值或用它右侧的吸管工具，可精确调整阴影、中间调和高光部分的输入色阶。

三个输入框是：左框为阴影输入色阶，范围 0～253；中间框为中间调，范围 0.01～9.99；右框为高光，范围是（阴影输入色阶+2）～255。

右侧的"吸管"工具：分别用来在图像中取样以设置黑场、白场和灰场。如选取"设置黑场"吸管，在图像中选取作为黑场的点上单击鼠标，则图像中比选取点更黑的点均变为黑色。同样"设置白场"吸管和"设置灰场"吸管就是在图像中选取某个点设置图像的白场和中间调。

图 2.7.18　"自动颜色校正选项"对话框

"输出色阶"框下，左框为阴影的输出色阶（也称黑场），其值越大，图像的阴影区越小，图像的亮度越大；右框为高光的输出色阶（也称白场），其值越大，图像的高光区越大，图像的亮度就越大。也可直接拖动滑块来设定输出色阶。

若使用"自动"按钮，系统会自动调整图像的色阶。若使用"选项"按钮，将弹出"自动颜色校正选项"对话框，如图 2.7.18 所示，可以设置使用"自动"调整图像色阶的选项。使用"色阶"命令的加强图像对比度的效果如图 2.7.19 所示。

(a)原图

(b)执行"色阶"命令后

图 2.7.19　"色阶"命令的效果

（2）曲线

"曲线"命令是使用调整曲线来精确调整色阶。同样，在"通道"列表框中可选择不同的通道来进行色阶的调整。

使用"图像 | 调整 | 曲线"菜单命令，弹出"曲线"对话框，如图 2.7.20 所示。对话框的中心是一条 45°角的斜线，拖动这条曲线上的控制点可调整图像的色阶。也可选择调整曲线左上方的铅笔按钮✐，直接在网格中画出一条曲线。曲线调整区左下方有两个文本框，"输入"框表示曲线横轴值，"输出"框是改变图像色阶后的值，可在其中直接输入调整值。当"输入"、"输出"框数值相等时，曲线为 45°角的直线。鼠标在调整框中调整时，"输入"，"输出"框中显示光标所在处的值，当鼠标按住控制点向上移动时，图像变亮；反之，图像变暗，如图 2.7.21、图 2.7.22 和图 2.7.23 所示。

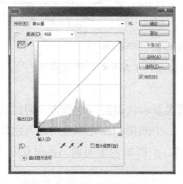

图 2.7.20　"曲线"对话框

图 2.7.21　原图

图 2.7.22　控制点向上移动时的效果和曲线

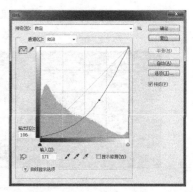

图 2.7.23　控制点向下移动时的效果和曲线

（3）曝光度

"曝光度"命令可调整图像中高光区的曝光度、整体的明度以及校正灰度。它基于线性颜色空间计算来实现调整。图 2.7.24 是"曝光度"对话框。

曝光度：调整图像中高光的曝光。位移：调整图像阴影和中间调。灰度系数校正：校正图像中的灰度系数。

图 2.7.25 是用"曝光度"命令来校正的一张曝光度不足的照片的效果。

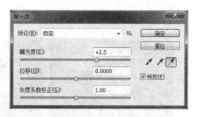

图 2.7.24　"曝光度"对话框

(a)原图　　　　　　　　(b)曝光度校正后

图 2.7.25　校正一张曝光度不足的照片的效果

（4）色彩平衡

"色彩平衡"命令可调节图像色彩之间的平衡。它允许给图像中的阴影区、中间区和高光区添加新的过渡色，还可将各种颜色混合。"色彩平衡"对话框如图 2.7.26 所示。

"色彩平衡"区包括：阴影、中间调和高光三个单选钮，可调整不同色调区域的色彩。若选择"保持明度"复选框，对整体色调的调整都有效。对话框的

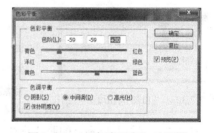

图 2.7.26　"色彩平衡"对话框

中部是控制整个图像三组互补颜色的色条，分别是红色对青色，绿色对洋红，蓝色对黄色，拖动滑块可以调整图像的色调。"色彩平衡"的效果示例如图 2.7.27 所示。

（5）匹配颜色

"匹配颜色"命令可以将两种色调完全不同的图片自动调整统一到一个协调的色调上。它在图像合成时非常有用。

若将两张色调不同的图片进行合成，首先需打开两个图像文件，再选择"图像｜调整｜匹配颜色"菜单命令，弹出"匹配颜色"对话框，如图 2.7.28 所示。

在图 2.7.29 中，我们将一张景色秀丽的风景图片，与一张夕阳图像匹配，形成一幅夕阳下的风景图像。匹配颜色调整的效果如图 2.7.29(c)所示。

(a)原图

(b)"色彩平衡"处理后

图 2.7.27 "色彩平衡"的效果示例

图 2.7.28 "匹配颜色"对话框

(a)夕阳图像

(b)风景图像

(c)匹配颜色调整后

图 2.7.29 "匹配颜色"的效果示例

图 2.7.30 "自然饱和度"对话框

（6）自然饱和度

"自然饱和度"可以进行图像色调饱和度的调整，从灰色调一直调整到饱和色调，以提升不够饱和的图像的质量。自然饱和度的调整效果要比单纯的调整像素点的饱和度的效果自然一些。图 2.7.30 是"自然饱和度"对话框。拖动滑块即可看到饱和度的变化。

图 2.7.31 是饱和度不足的照片及经"自然饱和度"调整后的效果。

(a)饱和度不足的照片

(b)"自然饱和度"调整后

图 2.7.31 "自然饱和度"调整效果示例

（7）色相/饱和度

当需要调整图像的色相、饱和度和亮度值时，可在"图像 | 调整"菜单下选择"色相/饱和度"

子菜单，弹出的"色相/饱和度"对话框如图 2.7.32 所示。移动色相、饱和度和明度三个滑块可调整整个图像的色相、饱和度和亮度。图 2.7.33(b)、(c)、(d)分别是调整色相、饱和度和明度的效果。

图 2.7.32　　"色相/饱和度"对话框

如果要调整某一种颜色的范围，可在"红色 ▼"下拉列表中选取。这时在下部两个颜色条之间会出现 4 个调整滑块（见图 2.7.32），用来编辑任何范围的色调。若调整中间的深灰色滑块，将会移动调整滑块的颜色区域，若移动白色滑块，将调整颜色的成分范围。使用吸管工具 ✏ 在图像中单击选取，将会切换到最接近的基准颜色进行调整，用吸管工具 ✏ 和 ✏ 在图像中单击取样，会在选取的色调中添加或减去新的取样颜色，同时在调整滑块中也表现出来。

若选中右下角的"着色"复选框可以把彩色重新填入到已转换为 RGB 的灰度图像中，如图 2.7.33(e)。选取"着色"复选框也可以自动将彩色图像转换成单一色调的图像，如图 2.7.33(f)所示。

(a)原图　　　　　　　(b)调整色相后　　　　　　(c)调整明度后

(d)调整饱和度后　　　　(e)重新填色后　　　　　(f)单一色调后

图 2.7.33　　"色相/饱和度"调整效果示例

点击"色相/饱和度"对话框中"确定"左侧的 ☰ 按钮，可打开扩展菜单，扩展菜单中"载入预设"和"存储预设"命令将所有的设置载入和存储，存储的文件扩展名为".ahu"。

（8）阴影/高光

"阴影/高光"命令能改善图像曝光过度或曝光不足区域的对比度，同时保持照片的整体平衡。"阴影/高光"对话框如图 2.7.34(a)所示。在对话框中调整"阴影"区的滑块，向左图像变暗，向右图像增亮。调整"高光"区滑块；向左图像高光区减弱，向右图像的高光区增强。如果选中"显示更多选项"复选框，如图 2.7.34(b)所示，此时"阴影/高光"对话框会展开，"阴影"和"高光"部分不仅有数量，而且有"色调宽度"和"半径"选项可供用户调整。另外，还有颜色校正、中间调的对比度、修剪黑色、修剪白色等选项。

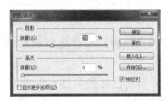

(a)"阴影/高光"对话框　　　　　　(b)选中"显示更多选项"复选框后展开

图 2.7.34　两种形式"阴影/高光"对话框

"阴影/高光"命令对图像调整效果十分明显，如图 2.7.35 的(a)和(b)所示。

(a)原图　　　　　　　　　(b)"阴影/高光"调整后

图 2.7.35　　"阴影/高光"的调整效果示例

（9）替换颜色

"替换颜色"命令在"图像 | 调整 | 替换颜色"菜单中。它通过调整色相、饱和度和明度来调整图像的色彩。"替换颜色"对话框如图 2.7.36 所示。它有两个预览模式：一个是"图像"模式，另一个是"选区"模式。"替换颜色"命令就如同在单一颜色下操作的"色相/饱和度"命令，只是它需要确定选取的颜色，然后对选中范围的颜色进行色相、饱和度和亮度的调整。

操作步骤如下：

① 打开图像文件，选用"图像 | 调整 | 替换颜色"菜单命令，弹出"替换颜色"对话框。

② 选择颜色的容差。可拖动颜色容差滑块或输入数值。颜色容差值越大，表示选取颜色的范围越宽。

③ 选择颜色。使用"吸管"工具在图像窗口或预览窗口选取颜色，"吸管"工具后面是"添加吸管"工具和"减少吸管"工具。用"添加吸管"工具可增加选取颜色，用"减少吸管"工具可减少选取颜色范围。

④ 在"替换"区域拖动滑块或键入数值可设置所需颜色的色相、饱和度和明度。勾选"预览"复选框可实时地观察图像的效果。

⑤ 单击"确定"按钮完成颜色的调整。单击"取消"按钮取消所做的调整。

使用"替换颜色"命令的调整效果如图 2.7.37 所示。

（a）原图

（b）"替换颜色"后

图 2.7.36 "替换颜色"对话框 　　　　图 2.7.37 "替换颜色"的效果示例

10. 黑白

"黑白"命令可以将图像调整为具有艺术感的黑白效果，或调整为不同单色的艺术效果。选择"图像｜调整｜黑白"菜单命令，弹出"黑白"对话框，如图 2.7.38 所示。可以对红色，黄色等颜色进行调整。

选取"色调"复选框后，可激活"色相"和"饱和度"来创建单色效果。也可直接单击"色调"右侧的色块，在弹出的"拾色器"对话框中选择要创建的单色。图 2.7.39 是应用"黑白"命令制作的仿旧照片。

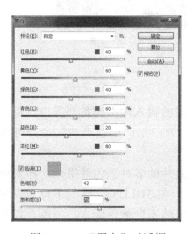

(a)原图

(b)仿旧照片

图 2.7.38 "黑白"对话框 　　　　图 2.7.39 用"黑白"命令制作的仿旧照片

（11）通道混合器

"通道混合器"命令通过将当前颜色通道像素与其他颜色通道像素相混合来改变主通道的颜色。它可以创建高品质的灰度、棕色调或其他的彩色图像。

"通道混合器"对话框和"通道"调节面板如图 2.7.40 所示。

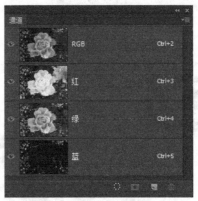

(a) "通道混合器"对话框   (b) "通道"调节面板

图 2.7.40   "通道混合器"对话框及"通道"调节面板

预设：为系统保留的已调整好数据，如"使用黄色滤镜的黑白"等。

输出通道：设置要调整的色彩主通道。

源通道：设置用来混合的颜色通道，可以拖动滑块达到希望的色彩，其结果可以在"通道"调节面板的相应项中反映出来。

常数：调整结果通道的亮度，并存储到输出通道。

单色：将彩色图像变成灰度图像，而色彩模式不变。

应用"通道混合器"命令调整的图像效果如图 2.7.41 所示。

(a)原图   (b)经"通道混合器"调整后

图 2.7.41   "通道混合器"的效果

（12）颜色查找

颜色查找是 Photoshop CS6 新增的功能。很多图像的输入输出设备都有自己特定的色彩空间，这会导致色彩在这些设备间传递时出现不匹配的现象。"颜色查找"命令可以让颜色在不同的设备之间精确的传递和再现。

使用颜色查找功能，配合模版使用，可以实验出照片的多种颜色效果，这样就能从中选取适合的进行使用。颜色查找对话框如图 2.7.42 所示。在 3DLUT 文件的下拉列表中有许多预设的颜色模板，如图 2.7.43 所示，可以快速创建图像的不同颜色版本。颜色查找的色彩调整效果如图 2.7.44 所示。

图 2.7.42 "颜色查找"对话框　　　　图 2.7.43　3D LUT 文件的预设列表

(a)原图　　　　　　　　(b)应用 2Strip.look　　　　　　(c)应用 CandleLight.CUBE

(d)应用 HorrorBlue.3DL　　　　(e)应用 LateSunset.3DL　　　　(f)应用 TensionGreen.3DL

图 2.7.44　"颜色查找"的调整效果

用户可以到网络上下载 LUT（Lookup Table）文件，将文件夹复制至 Photoshop CS6 安装目录的"Presets|3DLUTs"文件夹里，它们就会出现在面板列表里以供使用。

（13）HDR 色调

高动态范围（HDR）图像为我们呈现了一个充满无限可能的世界，因为它们能够表示现实世界的全部可视动态范围。HDR 色调命令可让您将全范围的 HDR 对比度和曝光度设置应用于各个图像，可用来修补太亮或太暗的图像，制作出高动态范围的图像效果。进行 HDR 调整的时候需要把图片的图层合并。"HDR 色调"对话框如图 2.7.45 所示。调整效果如图 2.7.46 所示。

预设：下拉列表是 Photoshop CS6 预设的一些调整效果。

方法：设置调整的方法来得到不同的调整效果。有"局部适应"、"曝光度和灰度系数"、"高光压缩"、"色调均化直方图"

图 2.7.45　"HDR 色调"对话框

四种方法。

　　边缘光：用来控制调整范围和调整的应用强度。

　　色调和细节：用来调整照片的曝光度，以及阴影、高光中的细节显示程度。

　　高级：用来增加和降低色彩的饱和度。

　　色调曲线和直方图：显示了照片的直方图，并提供了曲线可用于调整图像的色调。

(a)原图　　　　　　　　　　　　　　(b)使用"HDR色调"调整后

图 2.7.46　"HDR色调"调整效果

2.7.4　色彩调整举例——制作泛黄的老照片效果

【实例2.7.1】　利用渐变映射、色彩平衡、曲线等色彩调整命令，打造泛黄的老照片效果。

① 打开一幅彩色照片，如图2.7.47所示。

② 去色。选择"图像|调整|渐变映射"菜单命令，选择黑白渐变，如图2.7.48(a)所示，将彩色图片转变为黑白图片，如图2.7.49(b)所示。

（a)"渐变映射"对话框　　　　　　　（b）黑白照片

图 2.7.47　彩色照片　　　　　　　　图 2.7.48　图像去色效果

③ 选择"图层|新建调整图层|色彩平衡"菜单命令，新建一个色彩平衡调整图层，分别对中间调、阴影、高光等调整参数，增加红色和黄色，使照片呈现泛黄色调，如图2.7.49所示。

④ 选择"图层|新建调整图层|曲线"菜单命令，新建一个曲线调整图层，降低图像的亮度，如图2.7.50所示。

⑤ 在图层面板选择"背景"图层，右键单击，选择"复制图层"，得到"背景副本"图层，对"背景副本"图层，执行"滤镜|滤镜库"命令，选择"纹理化"组的"颗粒"滤镜，设置颗粒类型为"垂直"，适当调整强度和对比度，如图2.7.51(a)所示。设置图层的混合模式为变暗，效果如图2.7.51(b)所示。

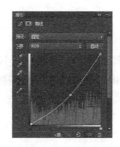

图 2.7.49　泛黄色调　　　　　　　　图 2.7.50　曲线调整

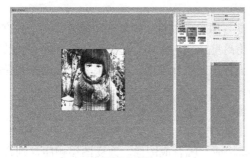

(a)"颗粒"滤镜　　　　　　　　　　　　　　(b)添加颗粒效果

图 2.7.51　图像添加颗粒效果

⑥ 选择"背景"图层，执行 "滤镜｜杂色｜添加杂色"命令，选择"高斯分布"，单色，如图 2.7.52(a)所示，执行 "滤镜｜模糊｜高斯模糊"命令，设置模糊半径，如图 2.7.52(b)所示，最后的效果如图 2.7.53(c)所示。

(a)"添加杂色"对话框　　　　(b)"高斯模糊"对话框　　　　(c)添加杂色之后的效果

图 2.7.52　图像添加杂色效果

⑦ 新建一个图层，制作如图 2.7.53(a)所示的矩形选区，填充白色，最终效果如图 2.7.53(b)所示。

(a)矩形选区　　　　　　　　　(b)最终图像效果

图 2.7.53　最终的图像效果

2.8 图层

Photoshop 的图层是一项功能非常强大、极具创造性的技术。图层是创建复杂图像、方便反复修改图像的有效工具。图层概念和技术的引入，给图像的创建和编辑处理带来了极大方便，使图像处理技术向前大大迈进了一步。

2.8.1 图层基础

（1）图层的概念

图层是一些可以绘制和存放图像的透明层。用户可以将一幅复杂图像分成几个独立部分，将图像的各部分绘制在不同的透明层上，然后将这些透明层叠在一起就形成了一幅完整的图像。如图 2.8.1 所示是三个图层合成后的图像。由于各图层相互独立，可以很方便地修改和替换个别图层，从而使复杂图像的绘制、修改变得容易。

Photoshop 图层的基本特性如下。

① 各图层独立，操作互不相关。

② 许多图层按一定顺序叠合在一起，即构成一幅合成图像。改变图层顺序，则合成图像将发生变化。

③ 各图层中没有图像的部分是透明的，可以看见下层图层的图像，而有图像的部分是不透明的，遮挡了下层图像。

④ 图层编辑时只有一个活动的图层，称为"当前图层"。编辑修改操作只影响当前图层。若当前图层中还有"选区"，则修改操作只影响"当前图层中的当前选区"。

⑤ 分层图像以 PSD 格式保存。各图层均占用独立的内存空间，图层越多，占用空间越大。

⑥ 图像编辑完成后，须拼合图层，可按 JPG、TIF、BMP 等图像文件格式保存，以节省存储资源。

图层 1

图层 2

图层 3

合成后的效果

图 2.8.1　图层概念

（2）图层的类型

Photoshop 中可以创建多种类型的图层，它们有各自的功能和用途。图层的基本种类如下：

① 基本图层，或称为普通图层，它是最基本和最常用的图层，图层的许多操作都可在基本图层上进行。

② 背景图层，永远处于图像的底层。对基本图层的许多操作都不能在背景图层上完成，比

如背景图层不能设置不透明度。

③ 填充图层，其中可以指定填充内容，包括纯色、渐变和图案。

④ 调整图层，是利用图层的色彩调整功能创建的图层。该图层用来调整图层的色彩而不影响其他图层的内容。

⑤ 形状图层，利用形状工具创建的图层。

⑥ 文字图层，利用文字工具创建的图层。

⑦ 视频图层，包含视频文件帧的图层。

⑧ 3D 图层等，包含 3D 文件或置入的 3D 文件的图层。

（3）"图层"调节面板

对图层的管理和操作主要通过"图层"调节面板来完成，或使用"图层"菜单命令。如果"图层"调节面板没有显示，可以用"窗口|图层"菜单命令，使其显示出来。"图层"调节面板及其扩展菜单如图 2.8.2 所示。

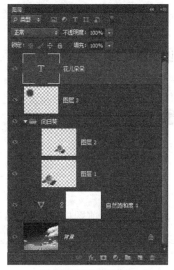

(a)"图层"调节面板

(b)"图层"调节面板扩展菜单

图 2.8.2　"图层"调节面板及扩展菜单

打开一个多图层的文件，在它的"图层"调节面板上可以看到该图像有多个图层。它们是背景图层、图层 1，…… 每个图层都有自己的名字。每幅图像只有一个背景图层。通过图层面板可以实现对文件所有图层的查看和管理操作。

选取图层类型：当图层数量较多时，可以通过 类型 的下拉菜单或者右侧的图层滤镜按钮，选择一种图层类型，使图层面板只显示此类图层，隐藏其他类型的图层。点击右侧的 按钮可以打开或者关闭这种图层过滤功能。

设置图层混合模式：通过单击 正常 按钮打开的下拉菜单，可以设置当前图层的混合模式。默认模式是"正常"。

不透明度：设置当前图层的不透明度，取值范围是 0%～100%。设置为 0%时完全透明，为 100% 时完全不透明。

填充：设置图层的填充程度，取值范围是 0%～100%。此功能与"不透明度"功能相似，但它只影响图层上的图像像素，图层其他属性均不受影响。而"不透明度"还会对图层的混合模式及图层样式产生影响。

锁定：设定对图层的锁定方式，锁定：图标 依次为：锁定透明像素、锁定图像像素、锁定位置、锁定全部。当锁定时，不能对当前图层的某些图像元素进行修改或移动。例如，"锁定透明像素"将锁定图层中的透明像素部分，此时我们执行某些操作就不会影响图层的透明部分。"锁定图像像素"，则整个图像包括透明部分和不透明部分都不允许进行任何变动，但可以移动图层。"锁定位置"时，图层不能移动，但可以编辑。"锁定全部"时，本图层既不能移动也不能编辑。

显示/隐藏：每个图层前的眼睛图标 图标 表示该图层是否可见。单击眼睛图标可以改变图层的可见性。

在"图层"调节面板的下方有 7 个工具按钮图标 图标 。它们分别是：

① 链接图层 图标 ：将两个及以上选定图层进行链接。

② 添加图层样式 图标 ：单击时，可在菜单中选择新的图层样式。

③ 增加图层蒙版 图标 ：给当前的图层增加蒙版。

④ 创建一个填充或调整图层 图标 ：单击该按钮，可在其下拉菜单中选择要创建的新的填充或调整图层。

⑤ 添加新图层组 图标 ：在当前图层上新添一个图层组。

⑥ 创建新图层 图标 ：创建一个空白的普通图层。

⑦ 删除图层 图标 ：删除当前图层。

单击"图层"调节面板右上角的扩展菜单按钮 图标 ，将弹出"图层"命令菜单。包括图层编辑和设置图层面板的有关命令，如图 2.8.2(b)所示。

2.8.2　图层的基本操作

① 选择当前图层。多图层图像有许多图层，但只有一个当前图层（及被其链接的图层）是被当前操作影响的。因此，在每个修改编辑操作前要特别注意是否在要修改的图层中，单击该图层即将它选择为"当前图层"。

② 新建图层。单击"图层"调节面板下方的创建新图层按钮 图标 ，即可在当前图层的上方创建一个新图层，图层的名字默认为：图层 1，图层 2……双击该图层的名字，可以为该图层重新命名。

③ 删除图层。将要删除的图层拖放到图层面板下方的"删除图层"垃圾桶按钮 图标 上，即可删除该图层。若单击"删除图层"按钮可删除当前图层。

④ 复制图层。将现有图层复制一个副本，作为一个新图层。方法一：将选中的图层拖到"创建新的图层"按钮上，就可得到一个原有图层的副本；方法二：在要复制的图层上单击鼠标右键，在弹出的快捷菜单上选择"复制图层"命令，也可得到原图层的副本。

⑤ 排列图层。通常图层的位置是按照图层建立的先后次序排列的，若要改变图层的排列，只需用鼠标拖动要改变位置的图层到新的位置，即改变图层的排列顺序。

⑥ 链接图层。将相关的图层链接在一起，可将某些操作（如移动）同时作用于这些链接在一起的图层。操作时只需用 Ctrl 或 Shift 键选取要链接的图层，在面板底部"链接图层"图标 图标 上单击，图层右侧出现链接的图标 图标 ，即表示这些图层已互相链接了。若再次单击链接图标 图标 使其消失，则图层间的链接关系取消。

⑦ 图层之间的对齐与分布。将需要对齐的图层都选择或链接在一起，然后选择"图层｜对齐"菜单命令。在子菜单中可以选择顶边、垂直居中、底边、左边、水平居中、右边等6种对齐方式。图2.8.3为"对齐"子菜单。

图 2.8.3 "对齐"子菜单

三个以上图层，可选用"图层｜分布"菜单命令，同样其子菜单也包含与"对齐"菜单相同的 6 种方式。但不同的是"对齐"的"顶边"是指各链接图层顶端的像素全部对齐，而"分布"的"顶边"是指每个链接图层顶端的像素以平均间隔分布开来。

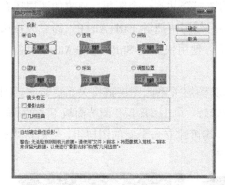

图 2.8.4 "自动对齐图层"对话框

⑧ 图层的自动对齐增强功能。该功能可以自动对齐图层，并产生透视圆柱、球面等特效功能。

选择好需要对齐的图层后，选择"编辑｜自动对齐图层"菜单命令，或单击移动工具栏中的"自动对齐图层"按钮，弹出"自动对齐图层"对话框，如图 2.8.4 所示。选择不同的投影需求，可以得到不同的效果。例如，对图 2.8.5(a)中的三个图层中的三幅图像使用"拼贴"选项，系统将按照图像中某个相似内容，如边或角，智能地对齐图层，效果如图 2.8.5(b)所示。通常系统会把"自动对齐图层"的参考图层选定为"背景图层"，没有"背景图层"时设为"中间图层"。如果想指定"参考图层"，可以用"锁定全部"按钮将该图层锁定，则该图层即成为自动对齐时的参考图层。

⑨ 合并图层。图层虽给图像的处理带来了方便但却占用了大量的空间，因此完成操作后或者在操作中可以合并一些图层。

(a)未经对齐的图层

(b)图层自动对齐后的图像

图 2.8.5 "图层自动对齐"效果示例

向下合并(E)	Ctrl+E
合并可见图层(V)	Shift+Ctrl+E
拼合图像(F)	

图层的合并是用菜单命令完成的。在"图层"调节面板的弹出菜单或"图层"主菜单中包含三个图层合并命令。图 2.8.6 是图层合并命令及其快捷键。

图 2.8.6 图层合并命令

- ⊙ 向下合并：将当前图层与其下边的图层合并，或将所有选择的图层合并。

- ⊙ 合并可见图层：将所有可见的图层合并，隐藏的图层不被删除。

- ⊙ 拼合图像：将所有的图层，包括可见和不可见图层，合并在一起，合并后的图像将不显示那些不可见的图层。

⑩ 盖印图层。"盖印图层"命令可以将面板中选取的图层合并到一个图层，原来的图层还存在，这样就保持了原图层的可编辑性。选中要合并的图层后使用快捷键 Ctrl+Alt+E，即完成被选中图层的盖印功能，如图 2.8.7(a)中的图层 2（合并）所示。使用快捷键 Shift+Ctrl+Alt+E 可盖印所有可见图层，如图 2.8.7(b)中的图层 4 所示。

⑪ 创建图层组。图层组是将若干图层组合成一组，其图层关系比图层链接关系更紧密。图层组类似于一个装有多个图层的文件夹，便于多个图层的管理。单击"图层"调节面板下方的"创建新图层组"按钮或从扩展菜单中选择"新图层组"命令，均可建立一个新的图层组，然后将"图层"调节面板中的图层拖放到组中存放即可，如图 2.8.8 所示。

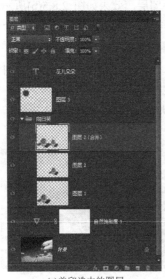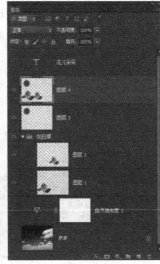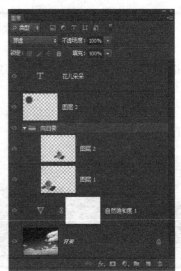

(a)盖印选中的图层　　　(b)盖印所有可见图层

图 2.8.7　盖印图层　　　　　　　　　　　　图 2.8.8　图层组

2.8.3　图层的变换与修饰

（1）图层变换

若当前图层、图层中选区的图像部分或对象需要进行某些变换，均可使用"编辑｜变换"菜单命令，其子菜单包含各种变换命令。可进行缩放、旋转、斜切、扭曲、透视、变形、翻转等操作，对图层或选区中的图像进行各种变换，其效果如图 2.8.9 所示。

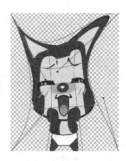

| (a)"变换"子菜单 | (b)原图 | (c)斜切 | (d)自由变形 |

图 2.8.9 "图层变换"菜单及效果示例

（2）图层变形

若选取"编辑｜变换｜变形"菜单命令，或单击"变换"工具栏中的变形切换按钮 ，可进行图层的变形操作。在"变形样式"下拉列表中选取需要的变形样式，或用鼠标拖动控制点自定义变形，如图 2.8.10 所示是各种变形的效果。

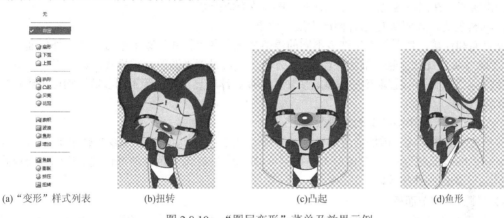

| (a)"变形"样式列表 | (b)扭转 | (c)凸起 | (d)鱼形 |

图 2.8.10 "图层变形"菜单及效果示例

（3）修边

在图层修饰过程中，若使用复制、粘贴命令，有时会使粘贴后的图像边缘出现黑边、白边等杂色。可用"图层｜修边"命令来除去边缘的杂色。修边有三个命令：

图 2.8.11 "去边"对话框

① 去边。系统用周围的颜色替代边缘色。在"去边"对话框（如图 2.8.11 所示）中输入要消除的像素宽度即可。

② 移去黑色杂边。去除图层边缘的黑色像素。

③ 移去白色杂边。去除图层边缘的白色像素。

2.8.4 图层样式

Photoshop 提供了一系列专为图层设计的特殊效果，称为图层样式。

单击"图层"调节面板的"图层样式"按钮 ，弹出子菜单，或在"图层｜图层样式"菜单中，有 Photoshop CS6 预设了十几种图层样式可供选择，如图 2.8.12 所示。

选择某种样式后，该样式的各种参数均可在"图层样式"对话框中设置，如图 2.8.13 所示。图层样式可以随时修改、删除或隐藏，在一个图层上可以同时施加多种样式的综合。

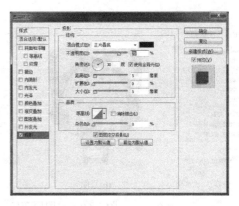

图 2.8.12　"图层样式"菜单　　　　　　　　　图 2.8.13　"图层样式"对话框

（1）常用的图层样式

① 投影。给图像增加阴影。投影是让平面图像具有立体感的简单方法。使用投影样式可以设置灯光照射的角度、阴影与图像的距离、阴影的大小等参数。

② 内阴影。在图像内侧边缘增加阴影，其参数类似投影。

③ 内/外发光。在图像的内/外侧产生发光效果。

④ 斜面和浮雕。使图像产生许多不同的浮雕效果。其"样式"菜单中可选择：外斜面、内斜面、浮雕效果、枕状浮雕、描边浮雕等；"方法"中可设置光源的衰减模式，如平滑、雕刻清晰、雕刻柔和等。还可设置雕刻的深度、阴影的高度、浮雕显示方向等不同参数，均可得到各种不同的浮雕效果。

⑤ 光泽。可产生类似绸缎的光滑效果。

⑥ 描边。给图层内容增加描边效果，对于较大的文字往往用此增加边缘轮廓效果。

⑦ 颜色/图案/渐变叠加。在图层上叠加制订的颜色/图案/渐变色，通过设置对应的混合模式和不透明度，来控制叠加效果。

（2）"样式"调节面板

除了设置自用的样式外，用户可以从"样式"调节面板中套用已有的样式。选择"窗口｜样式"菜单命令，显示"样式"调节面板，如图 2.8.14 所示。

Photoshop CS6 带有大量已设置好的样式，可以从"样式"调节面板的扩展命令菜单中载入各种样式库。或者单击"图层样式"对话框中样式缩览图右方的扩展箭头 ✿，在列表中选择其他样式，以及使用存储样式、复位样式、载入样式、替换样式等命令，如图 2.8.15 所示。

图 2.8.14　"样式"调节面板　　　　　　　　　图 2.8.15　图层扩展样式

116

使用预设的样式，只需单击样式面板或者"图层样式"对话框中的样式按钮就可以直接套用这些样式。图 2.8.16 中显示了几种套用样式的不同效果。

(a)原图　　　　　(b)负片（图像）　　　　(c)褪色照片　　　　(d)拼图

图 2.8.16　套用样式的不同效果

（3）复制图层样式

应用图层样式之后，还可以调整和扩大图层样式的效果。在"图层丨图层样式"菜单中还有拷贝、粘贴、清除图层样式命令（见图 2.8.12）。可以将已选定的图层样式经复制后应用到另一个图层或另一幅图像中，使不同的图层或不同的图像可以应用相同的图层样式。

可以将已选定的图层样式创建为图层，以便对图层效果分别进行编辑。选用"图层丨图层样式丨创建图层"菜单命令，可以将某个图层样式创建为新图层，如图 2.8.17(a)所示。

（4）修改图层样式

图层样式应用之后，仍可调出前面图 2.8.13 所示的"图层样式"对话框进行设置修改；或应用"图层丨图层样式"菜单下的"缩放效果"和"全局光"命令对图层样式的效果做进一步的修改。

使用"缩放图层效果"对话框设置合适的缩放比例，可对当前图层中的所有样式效果进行相对于原始效果的缩放，如图 2.8.17(b)所示。

应用"全局光"对话框设置该图层样式的光照"角度"和"高度"，可以设置整个样式的光照效果，如图 2.8.17(c)所示。

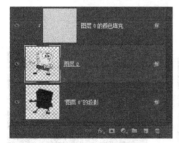  

(a)将图层样式创建为图层　　　(b)"缩放图层效果"对话框　　　(c)"全局光"对话框

图 2.8.17　编辑图层样式

2.8.5　图层的混合模式

图层之间的混合模式和前面介绍的画笔与图像的融合模式相似。它们可以是：正常、溶解、清除、变暗、正片叠底、颜色加深、变亮等不同模式。混合指一个像素与其他像素进行混合，使其像素 RGB 值发生变化，从而产生不同的颜色视觉。图层之间的混合模式决定了当前图层中的像素与下面图层的像素如何进行混合。设定不同的模式，便会得到当前图层与其他图层混合的不同效果。这需要在反复的实践中来体会。"不透明度"参数用于设置混合图层之间的不透明度。

常用的图层混合模式举例如下。

① "正常"模式。它是图层的默认模式。在该模式下,图层的覆盖程度与不透明度有关。当不透明度为100%时,上面图层可以完全覆盖下面的图层;当不透明度小于100%时,上面图层的颜色就会受到下面的图层的影响。

② "溶解"模式。使图层间产生融合作用,结果像素由上、下图层的像素随机决定。不透明度越小,融合的效果越明显。

③ "正片叠底"模式。相当于透过灯光观看两张叠在一起的透明胶片的效果。

④ "滤色"模式。与"正片叠底"模式相反,呈现一种较亮灯光透过两张透明胶片在屏幕上投影的效果。

总的来看,图层的混合模式分为如下5种类型。

① "加深"型混合模式。包括:变暗、颜色加深、深色、线性加深、正片叠底等,混合后图像的对比度增强,图像亮度变暗。

② "减淡"型混合模式。包括:变亮、滤色、颜色减淡、线性减淡、浅色等,与"加深"型混合模式相反,混合后图像的对比度减弱,图像亮度增加。

③ "对比"型混合模式。包括:叠加、柔光、强光、亮光、线性光、点光、实色混合等。混合结果是暗于50%的灰色区域混合后变暗,亮于50%的灰色区域混合后变亮,图像整体对比度加强。

④ "比较"型混合模式。包括:差值、排除模式。该模式能比较相混合的模式,相同的区域显示为黑色,不同的区域则以灰度或彩色显示。

⑤ "色彩"型混合模式。包括:色相、对比度、颜色、明度等混合模式。它们根据色彩的色相、饱和度和亮度三要素,将其中一种或两种要素应用到混合的效果中。

图2.8.18是几个图层混合模式的效果。

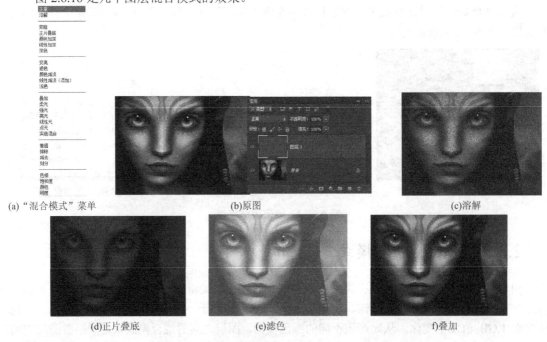

(a)"混合模式"菜单　　　　　(b)原图　　　　　(c)溶解

(d)正片叠底　　　　　(e)滤色　　　　　f)叠加

图2.8.18　几种图层的混合模式及效果

118

2.8.6　调整图层和填充图层

在 Photoshop CS6 中提供了蒙版、填充图层、调整图层以及智能对象等非破坏性编辑方法。蒙版将在后面讲述。而调整图层和填充图层是常用的非破坏性图像编辑方式。

（1）调整图层

调整图层可将图像色彩的调整应用于图像，却不改变图像本身的像素值。图像色彩的调整只存储在调整图层中，并应用于它下面的所有图层。在 Photoshop CS6 中，提供了"调整"调节面板来创建和编辑调整图层，如图 2.8.19(a)所示。

点击"调整"面板中对应色彩调整命令的按钮，即可创建一个新的调整图层，并打开相应的属性面板进行调整参数的设置，如选取曲线调整，其属性面板如图 2.8.19(b)所示。"属性"面板底端的控制按钮的功能 从左至右分别为：此调整影响下面的所有图层、查看上一状态、复位到调整默认值、切换图层可视性、删除此调整图层。

调整图层在图层面板的显示图示分为两部分，如图 2.8.19(c)所示。左侧代表调整的参数，双击可再次打开相应的属性面板，进行参数的编辑和修改。右侧是蒙版，代表调整在图像中的应用范围，全白代表的是全图。在当前图层有选区时，调整只作用于当前选区，如图 2.8.20 所示。

使用调整图层进行色彩调整，会影响整个图像的色彩效果，却不改变原图像本身的像素，这给以后的修正工作带来很多方便。

调整图层，也可以通过单击"图层"调节面板中的"创建新的填充或调整图层"按钮 ，或者选取"图层 | 新建调整图层"菜单命令来创建。

(a)"调整"调节面板

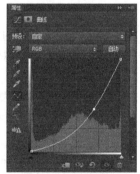

(b)"调整"曲线面板

(c)调整图层包含图层蒙版

图 2.8.19　"调整"调节面板及子模板

图 2.8.20　调整图层作用于选区

（2）填充图层

填充图层可将图层或图层中选区填充以纯色、渐变、图案。同样，填充只存储在填充图层中，并应用于它下面的所有图层。

填充图层有纯色、渐变、图案三种类型，选取"图层｜新建填充图层"菜单命令，或者单击"图层"调节面板中的"创建新的填充或调整图层"按钮，即可创建一个新的填充图层。

填充图层与调整图层类似，在图层面板的显示图示也分为两部分，左侧代表填充的内容，右侧是蒙版，代表填充的范围。如图 2.8.21 所示，将图层的橙色背景部分使用填充图层填充为渐变色。

(a)原图　　　　　　　　　　　(b)渐变填充层

图 2.8.20　填充图层示例

2.8.7　图层复合

图层复合是图层面板的快照。它记录了当前文件中的图层可视性，位置和外观（例如图层的不透明度，混合模式以及图层样式）。通过图层复合可以快速地在文档中切换不同版面的显示状态。

选择"窗口｜图层复合"菜单命令，可以打开"图层复合"调节面板，如图 2.8.21 所示。通过它我们可以在单个文件中创建多个不同的设计方案，当我们向客户展示审计方案的不同效果时非常方便。

要创建图层复合，首先要在"图层"面板设置图层的显示隐藏、图层样式等准备好一个设计方案，然后单击"图层复合"面板下方的"创建新的图层复合"按钮，即可打开"新建图层复合"的对话框，如图 2.8.22 所示，设置当前方案的名称，设置记录图层的哪些属性，单击"确定"完成创建。单击"图层复合"面板中对应的方案名称前的，会出现图标，即可切换到对应的设计方案。图 2.8.33 展示了通过图层复合创建的两个设计方案。

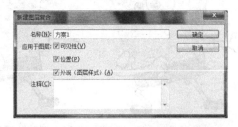

图 2.8.21　图层复合面板　　　　　图 2.8.22　"新建图层复合"对话框

(a)方案1　　　　　　　　　　　　　　　　(b)方案2

图 2.8.23　图层复合效果展示

2.8.8　图层应用实例——制作 Nikon 照相机广告

【实例 2.8.1】　应用图层制作 Nikon 照相机广告。

① 打开文件"Nikon 广告背景"文件，如图 2.8.24 所示。

② 将文件 01 复制到背景文件中，成为图层 1。

③ 在图层 1，应用"编辑｜变换｜缩放"菜单命令，将图形适当变换，并拖放到图中的方框中。执行"图像｜调整｜替换颜色"菜单命令，用"吸管"吸取图像中的浅蓝色，替换成较亮的浅褐黄色，如图 2.8.25 所示。

④ 用工具箱的"自定形状工具"设置前景色为"红色"，选取不同的形状在不同部位添加三个图形，如图 2.8.26 所示。

⑤ 将图层 1 和形状 1、形状 2、形状 3 一起选中，按 Ctrl+Alt+E 键合并图层，得到合并图层"形状 3（合并）"，如图 2.8.27 所示。

⑥ 复制图层"形状 3（合并）"得到图层"形状 3（合并）副本"，执行"编辑｜变换｜垂直翻转"菜单命令，将"形状 3（合并）副本"垂直翻转，用移动工具将它移动到适当位置，如图 2.8.28 所示。

图 2.8.24　打开背景文件

图 2.8.25　图层 1"替换颜色"

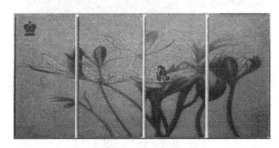

图 2.8.26　添加三个图形

图 2.8.27　合并图层

⑦ 给"形状 3（合并）副本"图层添加图层蒙版，然后施加黑白线性渐变，效果如图 2.8.29 所示。

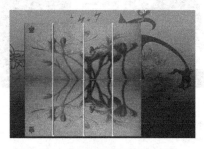

图 2.8.28　复制图层并垂直翻转

图 2.8.29　添加图层蒙版

⑧ 将文件 02 中的相机选中，复制到当前文件，成为"图层 2"，应用"编辑｜变换｜缩放"菜单命令，将照相机图形做适当变换，并拖放到图中适当位置。单击"图层"调节面板中的图层样式按钮[fx.]，选取"外发光"项，适当选择参数，效果如图 2.8.30 所示。

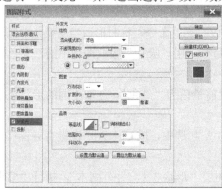
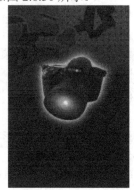

图 2.8.30　图层 2 "外发光"效果

⑨ 复制图层 2，得"图层 2 副本"。执行"编辑｜变换｜垂直翻转"菜单命令，将"图层 2 副本"垂直翻转，用移动工具将它移动到适当位置。

⑩ 选择图层 2 副本，将其图层不透明度设为 75%，效果如图 2.8.31 所示。

⑪ 打开文件 03，选取其中的人物复制到当前文件，成为图层 3 应用"编辑｜变换｜缩放"菜单命令，将图形适当变换，并拖放到图中适当位置。单击"图层"调节面板中的图层样式按钮[fx.]，选取"投影"样式，适当选择参数，效果如图 2.8.32 所示。

图 2.8.31　图层 2 副本

图 2.8.32　图层 3

⑫ 选择横排文字工具，中文楷体，48 点，白色，输入"传承文明，创造未来"字样，选择"Bookman Old Style"字体，72 点，红色，输入"Nikon"及白色"G 700"字样。最终效果如图 2.8.33 所示。

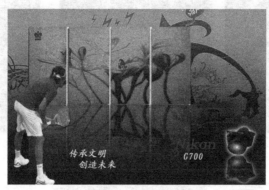

图 2.8.33　最终效果

2.9　通道与蒙版

2.9.1　通道

通道是 Photoshop 非常重要的功能。它可以保存图像的颜色和选区信息，方便对颜色和选区信息进行修改和存储。在 Photoshop 中，通道是存储不同类型信息的灰度图像。

Photoshop 有三种类型的通道：原色通道、专色通道和 Alpha 通道。所有的通道都具有与原图像相同的尺寸和像素数目。

（1）原色通道

在绘制图画时，我们常常用几种颜色混合来得到其他的颜色。任何颜色都可由几种基本的颜色，也就是"原色"调配而成。例如 RGB 模式的彩色图像就是由红、绿、蓝三种原色混合而成的。记录这些原色信息的对象就是"通道"。假如把一幅彩色图像的每个像素点分解成红、绿、蓝三个原色，所有像素点的红色信息记录到红（Red）通道，绿色信息记录到绿（Green）通道，而蓝色信息记录到蓝（Blue）通道中。改变各通道中原色的信息就相当于改变该图像各原色的剂量，从而达到对原图像润饰或实现某种效果的目的。分别编辑三原色给图像编辑带来极大的方便和灵活性。

不同的图像颜色模式有不同的通道。在 RGB 图像模式的"通道"调节面板中显示红（Red）绿（Green）蓝（Blue）三个原色通道和一个 RGB 复合通道，如图 2.9.1(a)所示；而在 CMYK 模式图像的"通道"调节面板中会显示黄（Yellow）、品红（Magenta）、青（Cyan）和黑（Black）4个原色通道和一个 CMYK 复合通道如图 2.9.1(b)所示。灰度模式图像只有一个灰色通道。如图 2.9.1(c)所示。

在 Photoshop 中，每个原色通道都是描述该原色的一幅灰度图像。当图像模式为 8 位/通道时，用 8 位，即 256 个灰度表示该原色的明暗变化。对 RGB 模式的图像，原色通道较亮的部分表示该原色用量大，而较暗的部分表示该原色用量小。而对 CMYK 模式图像却相反，原色通道较亮的部分表示该原色用量小，而较暗的部分表示该原色用量大。所有原色通道混合在一起，便形成了图像的彩色效果，也就是图像的彩色复合通道，如图 2.9.2 所示。

(a)RGB 模式的颜色通道

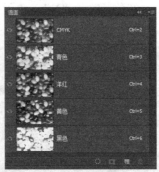
(b)CMYK 模式颜色通道

(c)灰度模式颜色通道

图 2.9.1　颜色通道示例

(a)CMYK 彩色复合通道

(b)C-通道

(c)M-通道

(d)Y-通道

(e)K-通道

图 2.9.2　CMYK 图像的原色通道

图 2.9.3　减少青色的彩色效果

由于每个通道都是一个独立的灰度图像，可以使用许多命令和工具，分别对各个通道进行编辑，进行相应的色彩校正。例如一幅在阴天拍摄的图像，颜色明显偏青。我们可选择 CMYK 模式，在其青色通道中减少青色的用量，即可赶走乌云，达到调节图像色彩的目的。图 2.9.3 就是减少青色的效果。

（2）专色通道

除了原色通道外，Photoshop 5.0 以后版本增加了专色通道。这是由于在印刷时为了保证较高的印刷质量，或者经常希望在印刷品上增加金色、银色等颜色，需要定义一些专门的颜色。这些颜色专门占用一个通道，称为专色通道。专色通道可以理解为原色（黄、品、青、黑或红、绿、蓝）以外的其他印刷颜色。对于 4 种原色油墨来讲，它们的颜色都有严格的规定。而专色油墨的颜色却可以根据用户的需要随意地调配，没有任何限制，使用专色油墨会比四原色叠印效果更平实，更鲜艳。

使用"通道"调节面板菜单中的"新建专色通道"命令，可在图像中建立一个专色通道，在弹出的"新建专色通道"对话框中（如图 2.9.4 所示）可以设定专色名称、颜色和密度。

单击对话框中的小"颜色"块，可设定专色颜色。用户可以直接在"拾色器"中选定专色颜色，也可以在"拾色器"上按"颜色库"按钮，然后在弹出的"颜色库"对话框中（如图 2.9.5 所示）的颜色色谱中选定需要的专色。

图 2.9.4 "新建专色通道"对话

专色通道只能用于专色油墨印刷的附加印版。专色按照"通道"调节面板中颜色的顺序由上到下压印。要注意，专色不能应用于单个图层。

（3）Alpha 通道

通道还提供一种保存选区的方法，即将选区保存到 Alpha 通道中，作为蒙版来使用。Alpha 通道将选区存储为灰度图像，用于创建、编辑、删除及存储图像中的选区，而不会对图像产生影响。

图像的选区如果不进行存储，只是一个暂时的对象。建立新选区时，前一次的选区就会消失。在系统标准编辑状态下选区以虚线框表示时，若前次选区需要保存，可选择"选择｜存储选区"菜单命令，将此选区存储为一个永久性通道。此时，"通道"调节面板会出现一个新的图标，这就是"选区通道"或 Alpha 通道，如图 2.9.6 所示。

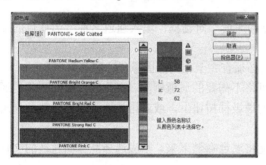

图 2.9.5 "颜色库"对话框

图 2.9.6 "通道"面板中 Alpha 通道

和其他通道一样，当图像为 8 位/通道时，Alpha 通道也有 256 个灰度级，默认情况下，白色表示被选择的区域，黑色表示被屏蔽的区域，灰色为半透明的区域。

Alpha 通道是三种通道类型中变化较丰富的一种，许多图像特殊效果的制作都可以使用 Alpha 通道来完成。

2.9.2 通道的基本操作

1."通道"调节面板

创建、管理和使用通道可以通过"通道"调节面板，或用"窗口｜通道"菜单命令显示"通道"调节面板，"通道"调节面板如图 2.9.6 所示。

① 显示图标。以眼睛图标 表示该控制通道处于显示状态，否则表示该通道为隐藏状态。

② 缩略图标。表示通道的状态。若需同时操作多个通道，应按下 Shift 键再进行选择。

③ 控制按钮。在通道调节面板的下端，有一排 4 个控制用按钮 。它们依次是：将通道作为选区载入、将选区存储为通道、创建新通道、删除当前通道。

④ 扩展菜单。单击调节面板右上角的扩展菜单按钮，即弹出通道的扩展菜单，扩展菜单中包含操作通道的各种命令，如图 2.9.6 所示。

2. 创建、复制、删除和存储通道

（1）创建新通道。按下 Alt 键并单击"通道"调节面板的"创建新通道"按钮▦或在扩展菜单中选择"新建通道"命令，弹出"新建通道"对话框，如图 2.9.7 所示。

在"新建通道"对话框中设置如下参数：

① 名称。填入新通道名称。默认为 Alpha1、Alpha2 等。

② 色彩指示。选择"被蒙版区域"单选钮时，新通道图像中不透明区域为被蒙版遮盖部分，透明区域为被选择的区域。若选取"所选区域"单选钮则反之，透明区域为被蒙版遮盖部分，不透明区域为被选择部分。

图 2.9.7 "新建通道"对话框

③ 颜色。设置蒙版的颜色和不透明度，蒙版颜色可在颜色"拾取器"中选取，其不透明度可直接输入。默认值为 50%不透明的红色。

单击"确定"按钮后，在"通道"调节面板底部会出现新创建的一个 8 位灰度通道。

（2）复制通道。若需要在同一图像或在不同图像间复制通道，有如下两种方法：

① 选用通道，如将"Alpha1"直接拖放到"通道"调节面板的"创建新通道"按钮上，则出现"Alpha1 副本"新通道。若要复制该通道到另一个图像上，打开该图像文件，直接将通道拖到目标图像窗口即可。

② 选择"复制通道"菜单命令，弹出"复制通道"对话框，填入通道名称，选择目的文件名即可。

注意若要在图像之间复制通道，Alpha 通道必须有完全相同的图像尺寸和分辨率。

（3）删除通道。为了避免通道占用空间，可将不需要的通道删除。操作时，将要删除的通道拖放到"通道"调节面板下端的"删除通道"的垃圾桶按钮上，或者用扩展菜单的"删除通道"命令来完成。

（4）存储通道。若希望在存储图像的同时能将通道存储下来，则应选择能存储通道的文件格式，如 PSD、DCS、PICT、TIFF 等。

3. 通道与选区的转换

① 将选区存为通道。在图像中创建一个选区后，单击"通道"调节面板下端的"将选区存储为通道"按钮，选区即被存为 Alpha 通道。原来选区内的部分在 Alpha 通道中以白色表示，选区外区域以黑色表示。如图 2.9.8 所示，若选区中有一定的透明度，则通道中会出现灰色层次，表示选区中透明度的变化。

(a)选区　　　　　(b)将选区存为通道

图 2.9.8 通道与选区转换示例

使用"选择 | 存储选区"菜单命令，也可将现有选区存为一个通道。如果图像中已存有其他 Alpha 通道或专色通道时，如图 2.9.9 所示，在弹出的"存储选区"对话框中，可设定当前选区与

现有通道的运算关系，指定通道名称，或将选区存储为新通道等。

② 将通道载入选区。在需要将 Alpha 通道转换成图像上的选区时，只需将选定的通道拖放到"通道"调节面板下方的"将通道作为选区载入"按钮  上，或者使用"选择｜载入选区"菜单命令，弹出"载入选区"对话框，如图 2.9.10 所示。如果图像中已存在另一选区，则要在该对话框中设定通道所代表选区与当前选区的运算关系。

图 2.9.9　"存储选区"对话框　　　　图 2.9.10　"载入选区"对话框

在选区存为通道或将通道载入选区时，均可实现通道与选区间的加、减运算。只是在选区存为通道时，运算的结果以通道形式表现，而载入通道选区时，运算的结果就是生成的综合选区。

4. 通道的分离与合并

在彩色套印之前，可以将彩色图像按通道分离，然后取其中的一个或几个通道置于组版软件之中，并设置相应的颜色进行印刷。有时图像文件过大而无法保存时，也可以将图像各通道进行分离而分别保存。一张彩色图像如图 2.9.11 所示，选择"通道"调节面板"分离通道"菜单命令，即可将图像分离成几幅独立的图像，每个单独窗口显示为灰度图像，并以源文件名加_红、_绿、_蓝后缀命名新文件。如果图像中有选区通道或专色通道，则生成的灰度图像会多于 3 个。如果是 CMYK 模式的图像，通道分离后生成 4 个灰度图像和文件，并以_青色、_洋红、_黄色、_黑色后缀命名。

(a)原图　　　　　　　　(b)分离的 R 通道

(c)分离的 G 通道　　　　(d)分离的 B 通道

图 2.9.11　分离的通道示例

图像经过通道分离后，才能激活"合并通道"菜单命令。该命令可以将分离的通道合并为具有完整颜色模式的彩色图像。合并时，"合并通道"对话框会提示我们选择颜色模式和通道数目，如图 2.9.12 所示，并要求我们选择哪些通道文件作为合并通道时的源通道文件，如图 2.9.13 所示是"合并 RGB 通道"对话框。合并时并不一定非要选择原先分离的灰度文件，只要文件尺寸及分辨率相同，并都是灰度图像，就可以用来合并成一个文件。

图 2.9.12　"合并通道"对话框

图 2.9.13　"合并 RGB 通道"对话框

2.9.3　通道的综合应用

通道可以分别存储和修改图像的颜色和选区信息，因此在图像的深度处理中有许多突出的功能。例如，利用通道工具，可以抠取边缘复杂的图像；基于通道的"应用图像"和"计算"功能，可使图像更好地混合，达到理想的效果。

（1）利用通道工具抠取边缘复杂的图像

① 打开"蜘蛛网"文件，如图 2.9.14 所示。在通道蒙版中，选择对比度较大的"蓝"通道，复制它得到"蓝副本"通道，如图 2.9.15 所示。

图 2.9.14　原图

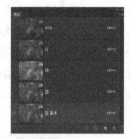

图 2.9.15　"蓝副本"通道

② 在"蓝副本"通道中选择"图像 | 调整 | 亮度/对比度"菜单命令。在打开的"亮度/对比度"对话框中调整亮度和对比度，加大图像的对比度，使蜘蛛网尽量突出。用魔棒选取黑色背景区，可多次选取。然后使用"选择 | 反向"命令反选白色蜘蛛网部分。

③ 存储选区到通道。回到"图层"调节面板，载入选区，抠取的蜘蛛网如图 2.9.16 所示。

④ 打开文件"蜘蛛"，用移动工具将"蜘蛛网"文件的选区拖放到蜘蛛图中，形成图层 1。图层样式为"变亮"。

⑤ 在图层 1 中，增加图层蒙版，并使用"径向"渐变，适当地编辑，效果如图 2.9.17 所示。

图 2.9.16　抠取的蜘蛛网

图 2.9.17　作品效果

（2）应用图像

在 Photoshop 中图像的合成可以通过多个图层和通道之间进行运算来完成，它可以通过"应用图像"及"计算"命令来完成。

"应用图像"命令将"源"图像的图层或通道与"目标"图像进行合成，以达到图像的特殊混合效果。但是要注意，进行混合的文件必须是相同色彩模式和相同大小的图像。

选择"图像｜应用图像"菜单命令，打开"应用图像"对话框，如图 2.9.18 所示，该对话框主要由两部分组成。

图 2.9.18　"应用图像"对话框

上面为源文件部分。在"源"选择框中，设置与目标文件进行混合的文件；在"图层"和"通道"框中，设置进行混合的图层和应用的通道；"反相"复选框主要应用于通道。

下面为目标文件及混合参数部分。可在"混合"和"不透明度"框中设置图像混合时的混合模式及源通道的透明度。选择不同的混合模式对图像混合效果有明显的影响，可以尝试着选择不同的混合模式，在预览中观看效果，以便选择较理想的图像。"保留透明区域"复选框表示效果只应用于目标图层的不透明区域，而不影响其透明区域。如果图像只有背景图层或目标图层而无透明部分，则该选项不可用。

如果勾选了"蒙版"复选框，则打开"应用图像"对话框的第三部分，"蒙版"部分设置作为蒙版的"图像"，"图层"和"通道"。同样，"反相"只作用于"通道"。

例如，分别打开两个或三个图像文件作为"目标"文件、"源"文件和"蒙版"文件，也可以没有"蒙版"文件，如图 2.9.19 所示。操作前应使三个文件具有同样大小和颜色模式（如 RGB 或 CMYK）。此时，执行"图像｜应用图像"菜单命令，在"应用图像"对话框中设置参数，如图 2.9.18 中分别将三文件设置为"源"文件、"目标"文件和"蒙版"文件。在"源"文件和"蒙版"文件中选择图层和通道，在"混合"项中选择合成模式和不透明度，通过"预览"观看混合效果，满意后按"确定"按钮，即得到合成效果图，如图 2.9.20 所示。

(a)目标图像文件

(b)源图像文件

(c)蒙版图像文件

图 2.9.19　打开三个图像文件

(a)"叠加"模式

(b)线性减淡模式且没有蒙版

(c)添加了蒙版

图 2.9.20　图像合成效果

（3）计算

"计算"命令可以将一幅或多幅图像中的两个通道以多种方式合成，并将合成的结果（选区或通道）应用到当前图像的新通道中。"计算"命令可以看成是"应用图像"命令的延伸，但"计算"命令不能合成复合通道。

执行"计算"时需打开一幅或多幅图像。同样，进行"计算"的图像的尺寸和分辨率必须相同。例如打开与"应用图像"时相同的(a)、(b)两个文件，见图 2.9.19。执行"图像 | 计算"菜单命令后，弹出"计算"对话框，如图 2.9.21 所示。

在源 1 和源 2 图像文件中，设置要混合的"图层"和"通道"，并在"混合"项中选择"混合"模式及"不透明度"。在"结果"框中选择如何应用合成结果，可以形成一个新建文档、新建通道或一个选区，如选"新建通道"是把合成的结果作为一个新的 Alpha 通道加载到当前图像文件中。其效果如图 2.9.22 所示。

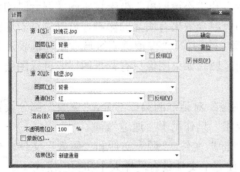

图 2.9.21　"计算"对话框　　　　　图 2.9.22　"计算"新建通道的效果

2.9.4　蒙版及快速蒙版

（1）蒙版

蒙版（Mask）是 Photoshop 的重要工具。在图像处理中应用蒙版可以对图像的某个区域进行保护。此时在处理其他区域的图像时，被蒙版保护的区域就不会被修改。

蒙版是选区的另一种表现方式。选区是图像编辑时被修改的部分，而蒙版是图像编辑时被遮盖且不被修改的部分。蒙版就像图像（或图层）上一个透明度可调的遮盖板，对应于选择的图像部分，遮盖板被挖掉，用户可任意编辑其中图像的形状和颜色，而被蒙版遮盖的部分却丝毫不受影响。

蒙版实际上也是一个独立的灰度图，所以要改变遮盖区域的大小或性能，只需用处理灰度图的绘图工具，如画笔、橡皮擦、部分滤镜等，在蒙版上涂抹或改变它的透明度即可，因而蒙版能很方便地处理复杂的图像，功能极其强大。Photoshop 中的蒙版是以一个独立通道的形式来存放的。

（2）快速蒙版

快速蒙版可以在不使用通道的形式下，快速地将一个选区变成蒙版。在一幅图像上，选区是以一圈闪动的虚线框表示的，如果在图像中任意制作一个选区，如图 2.9.23 所示。然后，单击工具箱上的快速蒙版和标准编辑状态切换按钮，即将图像由标准编辑状态进入快速蒙版编辑状态。此时原先选区的虚线框消失，而选区与非选区由"遮板"的方式区分开；选区部分不变，而非选区部分则由红色透明的遮板遮盖，这就是蒙版。图像的标题栏也会显示出"快速蒙版"字样，如图 2.9.24 所示。同时，在"通道"调节面板中会多出一个"快速蒙版"通道。

通常蒙版以透明度为 50%的红颜色来表示，即图像的非选择部分会用一种红颜色遮盖起来。但是，当我们要编辑的图像是以红色为主体时，红色蒙版很容易与图像编辑部分相混淆，此时可以双击工具箱中的快速蒙版按钮 ，调出"快速蒙版选项"对话框，如图 2.9.25 所示，可在其中设定蒙版的颜色和不透明度。

图 2.9.23　制作一个选区　　　　图 2.9.24　快速蒙版　　　　图 2.9.25　"快速蒙版选项"对话框

通常快速蒙版遮盖的部分表示图像编辑的非选区，而未遮盖的透明部分为图像编辑的选区。因而，蒙版的遮盖区域和形状也就决定了选区的形状。我们可以通过对蒙版区域形状的修改来制订和修改所需的编辑选区。

对蒙版形状的修改可以使用任何编辑工具及滤镜操作，可以使用各种绘图工具，如画笔、喷枪等在蒙版上涂抹，以减小选区的范围；或使用橡皮擦工具擦除蒙版上的颜色，以扩大选区；还可以使用渐变工具，作出一个透明度由大到小的选区。但是特别要注意，这些编辑工作只能影响蒙版的形状和透明程度。当切换到标准编辑状态时，它只影响选区的形状，而不对图像本身产生任何作用。

在快速蒙版状态下编辑完毕，单击工具箱中的"标准编辑状态"和"快速蒙版编辑"切换按钮 ，即可退出快速蒙版，回到标准编辑状态。

从理论上来说，运用快速蒙版是 Photoshop 制作选区最精确的工具。可以把图像的显示比例设置得很大，而将绘图工具的笔形设置得很小，以像素为单位来精确地修正蒙版的形状，但是以这种方式制作选区往往很费时费力。

2.9.5　图层蒙版

图层蒙版是 Photoshop 中图层与蒙版功能相结合的有用工具。图层蒙版用于显示或隐藏图层的部分内容，而且可以随时调整部分蒙版的透明度，操作起来十分方便。除背景图层外，其他图层均可创建图层蒙版。

图层蒙版是用灰度区域来划分颜色。通过灰度分布来确定图像的不透明度。在图层蒙版上，黑色区域为蒙版的遮盖区，而白色区域为图层显示区，灰色区域则为有一定透明度的蒙版。

可为整个图层或某个选区创建图层蒙版。

① 创建整个图层的蒙版就是创建一个使当前图层具有显示或遮挡效果的蒙版。打开两个文件分别置于背景和图层 1 中，执行"图层 | 图层蒙版 | 显示全部"菜单命令，或单击"图层"调节面板下方的"添加图层蒙版"按钮 ，在当前图层就会出现一个白色蒙版。当前图层中的图像会全部显示出来，蒙版为透明状态，如图 2.9.26 所示。执行"图层 | 图层蒙版 | 隐藏全部"菜单命令，或按住 Alt 键单击"图层"调节面板下方的"添加图层蒙版"按钮 ，在当前图层就会出现一个黑色蒙版。图层中的图像会全部隐藏起来，蒙版为不透明状态，如图 2.9.27 所示。

图 2.9.26　创建透明图层蒙版

图 2.9.27　创建不透明图层蒙版

②　创建选区蒙版就是创建一个使当前图层中选区具有显示或遮挡效果的蒙版。如果图层中有选区，执行"图层｜图层蒙版｜显示选区"菜单命令，或单击"图层"调节面板下方的"添加图层蒙版"按钮，在当前图层选区中就会出现一个白色蒙版。选区中的图像会全部显示出来，如图 2.9.28 所示。执行"图层｜图层蒙版｜隐藏选区"菜单命令，或按住 Alt 键单击图层面板下方的"添加图层蒙版"按钮，在当前图层选区就会出现一个黑色蒙版，选区中的图像会全部隐藏起来，如图 2.9.29 所示。

图 2.9.28　创建选区透明蒙版

图 2.9.29　创建选区不透明蒙版

可以单击"图层"和"图层蒙版"图标来进行图层与"图层蒙版"之间的切换，并进行各自的编辑。图层与"图层蒙版"默认是链接的，可在二者之间看到链接图标。此时移动图像，蒙版会跟随移动。单击该链接图标可取消两者的链接关系。

若想隐藏和停用图层蒙版，可执行"图层丨图层蒙版丨停用"菜单命令，"图层蒙版"上出现一个大红叉，如图 2.9.30 所示，表示图层蒙版已停用。选择"图层丨图层蒙版丨启用"菜单命令可重新启用"图层蒙版"。

选择"图层丨图层蒙版丨删除"菜单命令，即将图层蒙版从图层中删除。选择"图层丨图层蒙版丨应用"菜单命令，使当前蒙版效果直接与图像结合。

右击图层蒙版的缩略图，弹出"图层"调节面板的快捷菜单，如图 2.9.31 所示。上述对图层蒙版的停用、删除、应用及蒙版与选区计算等操作均可以用快捷菜单完成。

图 2.9.30　停用图层蒙版

图 2.9.31　图层蒙版快捷菜单

2.9.6　"蒙版"属性调节面板

"蒙版"属性调节面板可以对创建的蒙版进行十分细致的像素级的调整，称为"像素蒙版"。正确的使用"蒙版"属性调节面板将使图像合成更加细致，处理操作更加方便。

创建蒙版后，双击图层蒙版缩略图，将打开"蒙版"属性调节面板，如图 2.9.32 所示。在"蒙版"属性调节面板上各项参数及按钮含义如下。

① 选择图层蒙版按钮█：显示了在"图层"面板中选择的蒙版类型。

② 添加矢量蒙版按钮█：为图层创建矢量蒙版。

图 2.9.32　"蒙版"调节面板及应用效果

③ 浓度：设置蒙版中黑色区域的透明程度，数值越大，蒙版越透明。

④ 羽化：设置蒙版边缘的柔和程度，与选区的羽化功能类似。

⑤ 蒙版边缘按钮 █ 蒙版边缘 ... █：为了更加细致地调整蒙版的边缘，单击该按钮将打开"调整蒙版"对话框，如图 2.9.33 所示，设置各项参数即可详细调整蒙版的边缘。

⑥ 颜色范围按钮 颜色范围... ：重新设置蒙版的效果。单击该按钮将打开"色彩范围"对话框，如图 2.9.34 所示。具体使用方法与前面讲过的"色彩范围"对话框相同。

⑦ 反相按钮 反相 ：将蒙版中的白色和黑色部分对换。

⑧ 创建选区按钮：将当前蒙版中的白色部分创建为选区。

图 2.9.33 "调整蒙版"对话框   图 2.9.34 "色彩范围"对话框

⑨ 应用蒙版按钮：将图层中的图像与蒙版合成，其效果与"图层｜图层蒙版｜应用"菜单命令相同。

⑩ 启用和停用蒙版按钮：可以将蒙版在使用和停用间切换。

⑪ 删除蒙版按钮：将当前图层中选择的蒙版从"蒙版"调节面板中删除。

2.9.7 矢量蒙版和剪贴蒙版

（1）矢量蒙版

矢量蒙版的作用与图层蒙版相似，矢量蒙版和图层蒙版的操作方法基本相同，只是创建或编辑矢量蒙版时要使用钢笔工具或形状工具。而选区、画笔、渐变工具等都不能编辑矢量蒙版。

执行"图层｜矢量蒙版｜显示全部"，或"图层｜矢量蒙版｜隐藏全部"菜单命令，可以创建白色和黑色蒙版，其效果与图层蒙版相同。

在当前图层中建立路径后，执行"图层｜矢量蒙版｜当前路径"菜单命令，或者按住 Ctrl 键单击图层面板中的"添加图层蒙版"按钮，就可以在路径中建立矢量蒙版，如图 2.9.35 所示。

图 2.9.35 "矢量蒙版"及其效果

（2）剪贴蒙版

剪贴蒙版是用下方图层的图像形状来决定上面图层的显示区域。

如图 2.9.36 所示，在图层 1 下方创建一个形状图层"形状 1"，执行"图层 | 创建剪贴蒙版"菜单命令，或按住 Alt 键在相邻的两图层间单击，就为图层 1 添加了剪贴蒙版。图层 1 显示的图像部分完全由下方的图层形状决定。同时蒙版图层 1 出现符号 ，而下方图层的名称出现下划线。

执行"图层 | 释放剪贴蒙版"菜单命令，即为图层取消剪贴蒙版。

图 2.9.36　"剪贴蒙版"及其效果

剪贴蒙版也经常与"调整"图层和"填充"图层配合使用。当使用剪贴蒙版时，"调整"图层和"填充"图层的效果只影响下一个图层。

2.9.8　图层蒙版的修饰

图层蒙版可以用画笔、橡皮擦、选区等工具来修改和调整。例如在图 2.9.37 中，打开两个图像文件，并将图像 2 置于背景图像 1 之上的图层 1 中。在图层 1 中添加白色透明图层蒙版，背景被图层 1 遮挡。

图 2.9.37　用"画笔"修饰图层蒙版

① 用画笔。前景色设为"黑色"；选择画笔工具，设置"主直径"、"硬度"和"模式"等参数后，用画笔在图层 1 蒙版中涂抹，即可修饰调整蒙版的遮挡区域，如图 2.9.37 所示。

② 用橡皮擦。背景色设为"黑色"；选择橡皮擦工具，设置"主直径"、"硬度"和"模式"等参数后，用橡皮擦在图层 1 蒙版中涂抹，同样可修饰调整蒙版的遮挡区域，如图 2.9.38 所示。

③ 用选区。在背景层上使用魔棒工具选择花朵之外的背景。在图层 1 蒙版中将选区填充黑色。如图 2.9.39 所示。反向选择，取消蒙版和图层的链接关系，对蒙版按 Ctrl+T 适当变换并移动位置，效果如图 2.9.40 所示。

图 2.9.38 用"橡皮擦"修饰图层蒙版

图 2.9.39 用"选区"修饰图层蒙版

图 2.9.40 适当变换图层蒙版

④ 用渐变工具。选用渐变工具████，设置渐变样式为"线性渐变"，渐变类型为"黑白渐变"。在图层 1 蒙版中使用该渐变工具，从左到右拖动，为图层修改显示区域并添加渐变效果，如图 2.9.41 所示。

图 2.9.41 用"渐变"工具修饰图层蒙版

2.9.9 通道与蒙版应用举例——制作浮雕文字与杂志彩色插页

【实例 2.9.1】 应用通道制作浮雕文字效果。

① 打开背景文件图 1，如图 2.9.42 所示。

② 在通道面板，点击"新建通道"按钮，创建一个 Alpha 1 通道，同时显示 RGB 通道。选择横排文字工具，方正舒体，250 点，白色，在两个苹果上分别输入文字"福"、"寿"，，删除选区，如图 2.9.43 所示。

图 2.9.42 原图　　　　图 2.9.43 Alpha 1 通道效果

③ 将 Alpha 1 通道作为选区载入，回到 RGB 通道，选择"图像 | 调整 | 亮度/对比度"命令，将亮度调高 50，效果如图 2.9.44 所示。删除选区。

④ 在通道面板，选择 Alpha 1 通道，执行"滤镜 | 风格化 | 浮雕效果"命令，设置高度为 8 个像素，效果如图 2.9.45 所示。

图 2.9.44　原图

图 2.9.45　Alpha 1 通道效果

⑤ 将"Alpha 1"通道拖动到"通道"调节面板底部的"创建新通道"按钮上进行复制，生成新通道"Alpha 1 副本"，如图 2.9.46 所示。

⑥ 选择 Alpha 1 通道，执行"图像 | 调整 | 色阶"菜单命令，打开"色阶"对话框，选择对话框中的设置黑场的"吸管"工具，在图像灰色背景上单击，使其变为黑色，如图 2.9.47 所示。

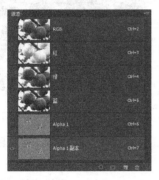
图 2.9.46　通道面板

图 2.9.47　色阶调整效果

⑦ 将 Alpha 1 通道作为选区载入，回到 RGB 通道，选择"图像 | 调整 | 亮度/对比度"命令，将亮度调高 70，删除选区，效果如图 2.9.48 所示。

⑧ 选中"Alpha 1 副本"通道，执行"图像 | 调整 | 色阶"菜单命令，选择对话框中的设置白场的"吸管"工具，在图像灰色背景上单击，使其变为白色，如图 2.9.49 所示。

图 2.9.48　调整高光区域效果

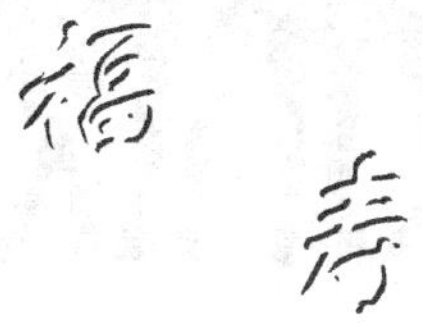

图 2.9.49　色阶调整效果

⑨ 将 Alpha 1 通道作为选区载入，回到 RGB 通道，选择"选择 | 反向"命令。选择"图像 | 调整 | 亮度/对比度"命令，将亮度降低 50，删除选区，最终效果如图 2.9.50 所示。

【实例 2.9.2】 应用剪贴蒙版制作杂志彩色插页。

① 新建一个空白文件，30 厘米宽，20 厘米高，白色，RGB 模式，命名为"pretty girls"。

② 打开图像文件"girls"，复制到空白文件的图层 1。调整其位置和大小，放在图像的左侧，如图 2.9.51 所示。

③ 复制"图层 1"，得"图层 1 副本"，拖曳"图层 1 副本"到图像的右侧，如图 2.9.52 所示。适当调整两图层的位置使它们有一定的重叠。

图 2.9.50 图像最终效果

④ 按 Shift 键，同时选取"图层 1"和"图层 1 副本"，执行"合并图层"扩展菜单命令或按 Ctrl+Alt+E 键盖印图层，得到"图层 1 副本（合并）"，用高斯模糊或修复画笔工具适当消除两图层连接处的痕迹，如图 2.9.53 所示。

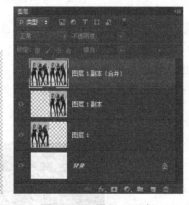

图 2.9.51 打开的文件　　　　图 2.9.52 图层 1 副本　　　　图 2.9.53 合并图层

⑤ 在"图层 1 副本（合并）"图层上，用快速选取工具选取背景，然后执行"选择 | 反向"命令，将女孩图像部分选取出来并复制。

⑥ 新建图层 2，将选取的女孩图像部分粘贴过来，如图 2.9.54 所示，同样用快速选取工具，将女孩的黑色衣服选择并复制。

⑦ 新建图层 3，将选择的女孩的黑色衣服粘贴过来，如图 2.9.55 所示。

图 2.9.54 选取女孩　　　　　　　　图 2.9.55 选取女孩衣服

⑧ 将"黄花"文件打开，用矩形选框选取适当位置的图像，并复制，如图 2.9.56 所示。

⑨ 在原文件中，新建图层 4，并将选取的"黄花"粘贴过来。执行"编辑 | 自由变换"菜单命令，将图层 4 变换并拖放到合适的位置，如图 2.9.57 所示。

图 2.9.56　打开"黄花"文件

图 2.9.57　粘贴"黄花"

⑩ 执行"图层｜创建剪贴蒙版"菜单命令，或按 Ctrl+Alt+G 键，将图层 3 作为图层 4 的剪贴蒙版，效果如图 2.9.58 所示。

⑪ 使图层"图层 1 副本（合并）"可见，并选取它，在其上方新建"图层 5"。

⑫ 在图层 5 中，按 Ctrl 键的同时单击"图层 2"缩略图，载入女孩选区，填充灰蓝色。

⑬ 在图层 5 中，选取"编辑｜变换｜扭曲"菜单命令，或按 Ctrl+T 键，将图层 5 中的灰色图像斜拖成人影，如图 2.9.59 所示。

图 2.9.58　剪贴蒙版

图 2.9.59　制作人影效果

⑭ 选取横排文字工具，设置为"Bookman Old Style"字体，36 点，红色，在图像上方输入"Pretty Girls"字样，最终效果如图 2.9.60 所示。

图 2.9.60　杂志插页最终效果

2.10　滤镜

滤镜是一组包含多种算法和数据的、完成特定视觉效果的程序。通过适当地改变程序中的控制参数，就可以得到不同程度的特技效果。

Photoshop 的早期版本就具有强大的滤镜功能。它能对图像进行各种特效处理，创建出各种各样精彩的图像。各种滤镜进行组合后，更能产生出令人赞叹的图像效果。Photoshop 的滤镜具有如下特点：

① 简单易用。Photoshop 将各种特效滤镜分组排列在"滤镜"菜单下，如图 2.10.1 所示。用户可根据需要方便地选择不同的滤镜。

② 特效效果的程度可调。使用各种滤镜时，通过调整滤镜的不同控制参数可调整特效效果的作用程度。

③ 可组合重叠使用。对同一幅图像，可多次施加不同效果的滤镜，从而创造出复杂的、令人惊奇的效果。

④ 使用灵活。滤镜可对整个图像或选区产生效果。如果选区是某一图层或某一通道，则只对该图层或通道起作用。

⑤ 与图像分辨率有关。滤镜的处理对象是每一个像素，所以滤镜的处理效果与图像的分辨率有关。用相同的参数来处理不同分辨率像素的图像，效果是不同的。

图 2.10.1　"滤镜"菜单

⑥ 可增添外挂效果滤镜。除了自带的滤镜外，还可安装和使用第三方软件公司的外挂滤镜。

⑦ 滤镜效果有很多的不同。某些校正性滤镜只在较小的范围内校正图像，对图像的作用较小，不易察觉，如锐化、杂色、其他等。而某些滤镜对图像的改变却很明显，用来创造特殊的艺术效果。

2.10.1　使用滤镜的基本方法

Photoshop 提供了近百种滤镜，这些滤镜的使用方法基本相同，使用滤镜一般有以下步骤：

① 选择要使用滤镜效果的图像、图层、通道和选区。

② 在"滤镜"菜单下，选择所需要的滤镜命令，如液化、风格化、模糊、光照效果等。

③ 在各种"滤镜效果"对话框中设置参数，如图 2.10.2 所示，参数的设置有两种方法：拖动滑块并随时观察预览效果；直接输入数值得到较精确的结果。

④ 预览图像效果。大多数滤镜在预览框中可直接看到图像处理后的效果。可用"+"和"−"按钮放大或缩小预览图像，也可用鼠标拖动预览图像的位置。

⑤ 调整好各参数后，单击"确定"按钮执行此滤镜命令，单击"取消"按钮则不执行此命令，按住 Alt 键，则"取消"按钮变为"复位"按钮，单击它，参数会恢复到上一次设置的状态。

图 2.10.2　"动感模糊""滤镜效果"对话框

滤镜种类很多，可调节参数的数量和名称也不同，效果各异，使用滤镜有如下基本技巧：

① 使用滤镜处理图像时，要注意图层与通道的使用，在许多情况下，可先对单独的图层或通道进行滤镜处理，然后再把它们合成起来。

② 在某一选区执行"滤镜"命令前，最好先对该选区执行"羽化"命令，这样使经过滤镜处理后的选区内的图像能较好地融合到图像中。

③ 为能观察滤镜执行的效果，可在执行滤镜命令后，通过快捷键 Ctrl+Z 不断切换，以观察使用滤镜前后的图像效果。

④ 使用快捷键 Ctrl+F 可重复执行刚使用过的滤镜命令，但参数不能再调整。使用 Ctrl+Alt+F 快捷键，可再次打开上次使用滤镜对话框，并可再次调整参数。

⑤ 可综合使用多个滤镜，将常用的多个滤镜组合录制成一个"动作"，以后就可像使用单个滤镜一样使用该组合滤镜了。

⑥ 在"位图"和"索引颜色"色彩模式下不能使用滤镜。不同的色彩模式下可供使用的滤镜范围也不同。例如，一些滤镜只能在 RGB 模式下使用，不可使用的滤镜在菜单上呈灰色显示。

优秀的 Photoshop 作品大都会用到滤镜，因此应该了解和掌握滤镜的效果和巧妙之处。这里介绍一些主要的滤镜产生的效果。滤镜在图像处理时的实际应用需要反复练习、认真琢磨才能逐渐领会和掌握，达到得心应手的目的。

2.10.2　智能滤镜

智能滤镜是一种非破坏性滤镜，可以在不破坏图像本身像素的条件下为图层添加滤镜效果。在普通图层中应用智能滤镜，图层将转变为智能对象，此时应用滤镜，将不破坏图像本身的像素，在"图层"调节面板中可以看到该滤镜显示在智能滤镜的下方，如图 2.10.3(a)所示。

单击所有滤镜前面的眼睛图标，可以设置滤镜效果的显示和隐藏👁。在所用滤镜的 按钮上双击鼠标，打开"混合选项"对话框，可在图层中设置混合模式和不透明度，如图 2.10.3(b)所示。在 图标上右击，弹出"智能滤镜"扩展菜单，可实现停用、删除、编辑智能滤镜操作，如图 2.10.3(c)所示。

在智能滤镜蒙版图标 上右击鼠标，弹出"智能滤镜蒙版"扩展菜单，可实现停用、删除智能滤镜蒙版，或其他滤镜蒙版操作，如图 2.10.3(d)所示。

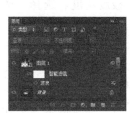
(a)创建智能滤镜

(b)"混合选项"对话框

(c)"智能滤镜"扩展菜单

(d)"智能滤镜蒙版"扩展菜单

图 2.10.3　智能滤镜的用法

2.10.3　特殊功能滤镜的使用

"自适应广角"、"镜头校正"、"液化"、"油画"和"消失点"滤镜是具有鲜明特点的独立滤镜，它们不归入任何滤镜组。

（1）"自适应广角"滤镜

"自适应广角"滤镜是 Photoshop CS6 新增的一个强大的滤镜命令。通过它可以快速拉直在全景图或采用鱼眼镜头和广角镜头拍摄的照片中看起来弯曲的线条，校正由于使用广角镜头而造成的镜头扭曲。例如，建筑物在使用广角镜头拍摄时会看起来向内倾斜。

选择"滤镜|自适应广角"命令，打开"自适应广角"对话框，滤镜可以检测相机和镜头型号，并使用镜头特性拉直图像，如图2.10.4所示，当前图像使用的相机型号是 Canon PowerShot A2000 IS，镜头类型是 6.0-10.2mm。对话框左侧是"自适应广角"滤镜可使用的工具：

图2.10.4 "自适应广角"对话框

① 约束工具：单击图像或拖动端点，可以添加或编辑约束线，按住 Shift 键可以添加或编辑约束线，按住 Alt 键单击可删除约束线。

② 多边形约束工具：单击图像或拖动端点，可以添加或编辑多边形约束线，按住 Alt 键单击可删除约束线。

③ 移动工具：可以移动对话框中的图像。

④ 抓手工具：单击放大窗口的显示比例后，可以用该工具移动画面。

⑤ 缩放工具：单击可放大窗口的显示比例。

对话框右侧，是"自适应广角"滤镜的校正选项。

① 校正：选择校正类型。选择"鱼眼"，校正由鱼眼镜头所引起的极度弯度。选择"透视"校正由视角和相机倾斜角所引起的会聚线。选择"完整球面"校正 360 度全景图，全景图的长宽比必须为 2:1。选择"自动"自动地检测合适的校正。

② 缩放：指定值以缩放图像。使用此值最小化在应用滤镜之后引入的空白区域。

③ 焦距：指定镜头的焦距。如果在照片中检测到透镜信息，则此值会自动填充。

④ 裁剪因子：指定值以确定如何裁剪最终图像。将此值结合"缩放"一起使用可以补偿在应用此滤镜时导致的任何空白区域。

⑤ 原照设置：启用此选项以使用镜头配置文件中定义的值。如果没有找到镜头信息，则禁用此选项。

图 2.10.5(a)就是由于相机拍摄时引起的建筑物弯曲。选择"透视"校正，使用约束工具创建如图 2.10.5(b)所示的约束线，可以看到图像有了一个自动校正的效果，如果对此效果不满意，可将鼠标移动到中间圆圈两端的调整点上，单击右键在快捷菜单中继续选择调整命令，或者当鼠标变成带两个方向箭头时，直接按住鼠标左键拖动调整。调整完成后，适当缩放。最终的调整效果如图 2.10.5(c)所示。

(a)原图 　　　　　　　　　(b)创建约束线 　　　　　　　　(c)最终调整效果

图 2.10.5　　"自适应广角"滤镜校正图像

（2）"镜头校正"滤镜

"镜头校正"滤镜可以修复由数码相机镜头缺陷而导致的照片中出现桶形或枕形变形、色差以及晕影等问题，还可以用来校正倾斜的照片，或修复由相机垂直或水平倾斜而导致的图像透视现象。

选择"滤镜│镜头校正"命令即可打开"镜头校正"对话框，如图 2.10.6 所示。在"自动校正"选项卡的搜索条件部分设置所用相机和镜头型号，Photoshop 就会自动校正图像中出现的失真色差等。

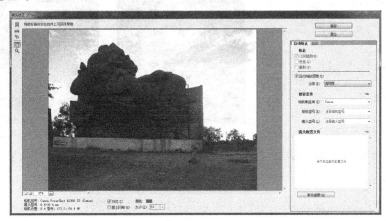

图 2.10.6　　"镜头校正"对话框

对话框左侧是"镜头校正"滤镜的校正工具。

① 移去扭曲工具 ：按住鼠标左键向中心拖动或者脱离中心以校正失真。

② 拉直工具 ：绘制一条线将图像拉直到新的横轴或纵轴。图 2.10.7 为使用拉直工具校正图像的效果。

③ 移动网格工具 ：鼠标拖动以移动对齐网格。

④ 抓手工具 ：鼠标拖动移动图像。

⑤ 缩放工具 ：缩放图像。

在对话框右侧选择"自定"标签，如图 2.10.8 所示，可以自定义镜头校正的参数。

⊙ 几何扭曲：校正图像的桶状或枕状变形。

⊙ 色差：修复图像边缘产生的边缘色差。

⊙ 晕影：校正图像边角产生的晕影。

⊙ 变换：修复由于相机垂直或水平倾斜导致的图像透视现象，如图 2.10.9 所示。

(a)原图

(b)拉直工具校正效果

图 2.10.7　"拉直工具"校正效果

图 2.10.8　"镜头校正"自定选项

(a)原图　　　　　　(b)透视校正效果

图 2.10.9　"镜头校正"透视校正效果

（3）液化滤镜

液化滤镜使图像产生液体流动的效果，可以进行局部推拉、旋转、扭曲、放大、缩小等操作，以产生特殊的效果。

图 2.10.10(b)是"液化"滤镜的对话框，勾选右侧的"高级模式"会显示更多的工具和设置选项。其左上方是"液化"工具栏，如图 2.10.10(a)所示，从上到下的工具栏按钮的含义如下：

① 向前变形工具： 分别为：向前变形工具、重建工具（使变形恢复的工具）。

② 变形工具： 分别为：顺时针旋转扭曲工具、褶皱工具、膨胀工具、左推工具，它们使图像产生各种变形。

③ 蒙版工具： 分别为创建和解除图像的蒙版保护区。

④ 一般工具： 分别为：抓手工具和放大镜工具。

其右上方是工具选项，如图 2.10.10(c)所示。可分别设置画笔的大小、密度、压力、速率以及重建选项和蒙版选项。

使用液化滤镜时，首先确定图像中需要保持不变的部分，用冻结蒙版工具 涂抹该保护部分。然后，选取变形工具，设置好选项参数，即可在图像上实施液化变形路径。其效果如图 2.10.11所示。

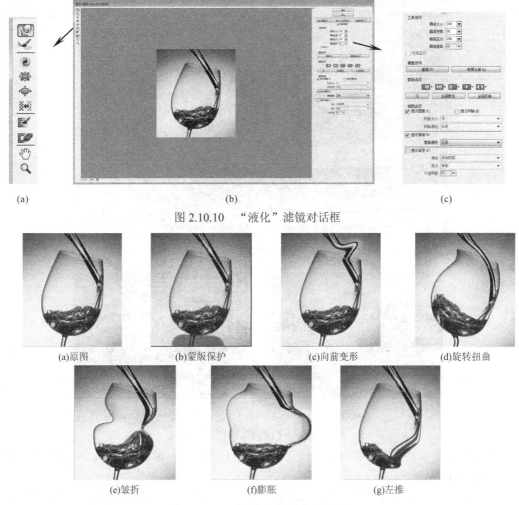

(a)　　　　　　　　　　(b)　　　　　　　　　　(c)

图 2.10.10　　"液化"滤镜对话框

(a)原图　　　　　(b)蒙版保护　　　　　(c)向前变形　　　　　(d)旋转扭曲

(e)皱折　　　　　(f)膨胀　　　　　(g)左推

图 2.10.11　　"液化"滤镜效果示例

（4）"油画"滤镜

"油画"滤镜是 Photoshop CS6 新增的功能。它使用 Mercury 图形引擎作为支持，能够快速的让图像呈现油画效果。图 2.10.12 是"油画"滤镜对话框，右窗格是使用画笔和光照效果的设置选项。

- ⊙　样式化：调整画笔笔触样式。
- ⊙　清洁度：设置纹理的柔化程度。
- ⊙　缩放：对纹理进行缩放。
- ⊙　硬毛刷细节：用来设置画笔细节的丰富程度，该值越高，毛刷纹理越清晰。
- ⊙　角方向：设置光线的照射角度。
- ⊙　闪亮：提高纹理的清晰度，产生锐化效果。

（5）"消失点"滤镜

"消失点"滤镜是自动应用透视原理，在图像透视平面的选区中进行粘贴、克隆、喷绘等操作。这些操作会自动应用透视原理，按照透视的比例和角度进行计算，使图像自动形成透视效果。"消失点"滤镜大大节约了我们计算和设计的时间。下面举例说明其使用方法。

图 2.10.12 "油画"滤镜对话框

(a)原图 (b)油画效果

图 2.10.13 "油画"滤镜效果示例

① 打开两个文件,最好在目标文件建立一个空白图层 1,源文件 2 被全选并复制,如图 2.10.14(a)、(b)所示。

② 在目标文件 1 中应用"消失点"滤镜,图 2.10.14(c)是"消失点"滤镜工具栏,用它的建立平面工具 沿广告牌的平面,建立透视平面及网格,如图 2.10.15 所示。

(a)目标文件 1 (b)源文件 2 (c)"消失点"滤镜工具栏

图 2.10.14 打开两个文件

③ 将文件 2 粘贴到文件 1 的图层 1 中,用变换工具 拖移到透视平面中并进行缩放等变换,使粘贴的图像的四角与透视平面吻合,如图 2.10.16 所示。

④ "消失点"滤镜帮助我们得到奇妙的透视效果,如图 2.10.17 所示。

图 2.10.15　透视平面

图 2.10.16　粘贴的图像

图 2.10.17　"消失点"滤镜效果

2.10.4　滤镜库

使用"滤镜库"可以同时给图像应用多种滤镜，也可以给图像多次应用同一滤镜或者替换原有的滤镜，操作方便，效果直观。滤镜库中整合了"风格化"、"画笔描边"、"扭曲"、"纹理"、"素描"等多个滤镜组的滤镜。选择"滤镜｜滤镜库"命令，打开滤镜库对话框，如图 2.10.18 所示。对话框左侧为图像效果预览区，中间为滤镜选择区，右侧为滤镜参数设置区。

图 2.10.18　"滤镜库"对话框

对话框右下角为效果图层。效果图层以滤镜名字命名，要对一副图像应用多个滤镜，需创建多个效果图层。比如想对图像应用"纹理化"和"水彩画纸"两个滤镜，其操作步骤如下：

① 选择"滤镜｜滤镜库"命令，打开滤镜库对话框。

② 在滤镜选择区选择"纹理｜纹理化"，预览区显示应用滤镜后的效果，如图 2.10.19(b)所示。

③ 单击"新建效果图层"按钮 ，新建一个效果图层，在滤镜选择区选择"素描｜水彩画纸"，预览区显示两个滤镜命令叠加的效果，如图 2.10.19(c)所示。

效果图层与图层的编辑方法相同，单击 图标可以设置显示或隐藏，按住鼠标上下拖动效果图层可以调整它们的堆叠顺序，滤镜效果也会发生改变。

(a)原图   (b)"纹理化"滤镜效果   (c)"纹理化"和"水彩画纸"叠加效果

图 2.10.19   "滤镜库"应用示例

2.10.5 滤镜组滤镜的使用

（1）"风格化"滤镜组

"风格化"滤镜组通过置换像素，或查找和增加图像中的对比度，产生各种风格化效果的作品。"风格化"滤镜有 9 种，其中"照亮边缘"在滤镜库中。这里简单介绍常用的 4 种，如图 2.10.20 所示。

(a)原图   (b)查找边缘   (c)浮雕   (d)风   (e)照亮边缘

图 2.10.20   "风格化"滤镜效果示例

① 查找边缘。它自动搜索图像中颜色色素对比度变化强烈的边界，勾画出图像的边界轮廓。

② 浮雕。它通过勾绘图像边缘和降低周围色值来产生浮雕效果。

③ 风。它通过在图像中增加一些细小的水平线生成起风的效果。

④ 照亮边缘。它描绘图的轮廓，加强过渡像素，从而产生轮廓发光的效果。

（2）"画笔描边"滤镜组

"画笔描边"滤镜组是利用不同类型的油墨和画笔来勾画图像，从而产生不同笔触和笔锋的艺术效果。"画笔描边"滤镜组的滤镜命令可通过滤镜库来使用。下面简单介绍 5 种画笔描边滤镜，其中三种效果如图 2.10.21 所示。

（1）成角的线条：使图像产生倾斜成角度的笔锋效果。

（2）墨水轮廓：使图像具有用墨水笔勾绘的图像轮廓，模仿粗糙的油墨印刷效果。

（3）"喷溅"和"喷色描边"：让图像产生色彩向四周喷溅的效果。

（4）强化边缘：用来突出图像不同颜色边缘，使图像的边缘清晰可见。

（5）阴影线：使图像产生十字交叉网络线风格，类似在粗糙的画布上作画的效果。

(a)原图 　　　　(b)成角的线条 　　　　(c)墨水轮廓 　　　　(d)喷溅

图 2.10.21 　"画笔描边"滤镜组效果示例

（3）"模糊"滤镜组

"模糊"滤镜组包括 14 种滤镜，主要修饰边缘过于清晰或对比度过于强烈的图像或选区，达到柔化图像或模糊图像的效果。这里介绍主要的四种模糊滤镜，其中两种效果如图 2.10.22 所示。

① 动感模糊：它利用像素在某一方向上的线性移动来产生物体沿某一方向运动的模糊效果，如同拍摄物体运动的照片。

② 镜头模糊：它模拟现实世界拍照时物体透过相机透镜孔产生的视觉模糊现象，并可透过 Alpha 通道或蒙版使图像产生接近真实拍摄的效果。

③ 径向模糊：产生旋转模糊或放射模糊的效果，类似于摄影中的动态镜头。

④ 高斯模糊：产生强烈的模糊效果。它利用高斯曲线的分布模式，有选择地模糊图像。高斯曲线是钟形曲线，其特点是中间高，两边低，呈尖锋状。高斯模糊是实际工作中应用较广泛的模糊滤镜，因为该滤镜可以让用户自由地控制其模糊程度。

(a)原图 　　　　　　(b)动感模糊 　　　　　　(c)径向模糊

图 2.10.22 　"模糊"滤镜组效果示例

（4）"扭曲"滤镜组

"扭曲"滤镜组应用广泛。它可对图像进行各种扭曲和变形处理，从而产生模拟水波、镜面反射和火光等自然效果。"扭曲"滤镜组共 12 种滤镜，其中"玻璃"、"海洋波纹"、"扩散亮光"在滤镜库中。常用的 10 种效果如下：

① 波浪：用不同的波长产生不同的波浪，使图像有歪曲摇荡的效果，如同水中的倒影。

② 波纹：可产生水波涟漪的效果。

③ 玻璃：产生透过不同种类玻璃观看图片的效果。

④ 水波：产生的效果就像透过具有阵阵波纹的湖面的图像。

⑤ 挤压：可将图像或选区中的图像向内或向外挤出，产生挤压效果。"球面化"滤镜与挤压滤镜的效果很相似

⑥ 极坐标：将图像坐标由平面坐标转化为极坐标，或由极坐标转化为平面坐标。

⑦ 旋转扭曲：使图像产生旋转的风轮效果。

⑧ 切变：按用户设定的弯曲路径来扭曲一幅图像。

⑨ 扩散亮光：可使图像产生漫射的亮光效果。

⑩ 海洋波纹：模拟海洋表面的波纹效果，波纹细小，边缘有较多抖动。

图 2.10.23 是几种"扭曲"滤镜的效果。

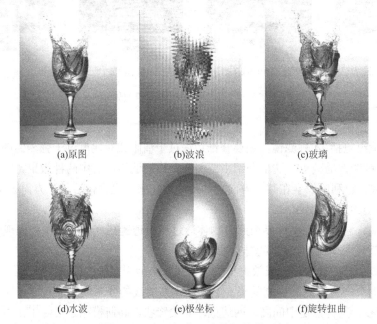

图 2.10.23 "扭曲"滤镜组效果示例

（5）"锐化"滤镜组

"锐化"滤镜组通过增强相邻像素的对比度达到使图像清晰的目的。它常用来改善由于摄影和扫描所造成的图像模糊。

① USM 锐化：它是在边缘的侧面制作一条对比度很强的边线，从而使图像更清晰。

② 锐化边缘：它通过系统自动分析颜色，只锐化边缘的对比度，使颜色之间的分界变得更加明显。

③ 进一步锐化/锐化：对图像自动进行锐化处理，提高图像的清晰度。

④ 智能锐化：与 USM 锐化类似，但它提供了独特的锐化控制选项，可以设置锐化算法、控制阴影和高光区域的锐化量。

图 2.10.24 是使用"USM 锐化"处理过的一幅模糊图像的效果。

(a)原图　　　　　　　　　(b)USM 锐化处理后

图 2.10.24 "锐化"滤镜组处理模糊图像的效果示例

（6）"视频"滤镜组

"视频"滤镜组处理从摄像机输入的图像和为图像输出到录像带上做准备。视频滤镜包括"NTSC 颜色"和"逐行"两个滤镜。

① NTSC 颜色：用来使图像的色域能适应电视的需要。因为 NTSC 制式的电视信号所能表现的色域比 RGB 图像的色域窄。如果不经过"NTSC 颜色"滤镜的处理，在输出时会发生溢色问题。

② 逐行：用来去除视频图像中的奇数或偶数交错行，使图像清晰平滑。

（7）"素描"滤镜组

"素描"滤镜组主要用来模拟素描、速写等手工绘制图像的艺术效果，还可以在图像中增加纹理、底纹等来产生三维效果。"素描"滤镜组中的一些滤镜需要使用图像的前景色和背景色，因此前景和背景色的设置对这些滤镜的效果起到很大的作用。"画笔描边"滤镜组的滤镜命令可通过滤镜库来使用。这组滤镜很多，这里介绍 10 种滤镜，其中 4 种滤镜的效果如图 2.10.25 所示。

(a)原图　　　　(b)半调图案　　　　(c)便条纸　　　　(d)绘图笔　　　　(f)图章

图 2.10.25　　"素描"滤镜组效果示例

① 半调图案：模仿报纸的印刷效果。

② 便条纸：在制作报纸风格印刷品时，需要比较单一的简单素材，它使图像变成相当于在便条簿上快速、随意涂抹的图片。

③ 炭笔："炭笔"和"绘画笔"滤镜都产生一种手工绘图的效果。它可产生素描效果，它使用前景色的墨水颜色。

④ 铬黄渐变：产生液态金属的效果。

⑤ 基底凸现：用来制造粗糙的浮雕式效果。

⑥ 撕边：产生一种撕纸的效果。它同样使用设定的前景色。

⑦ 石膏效果：按 3D 效果塑造图像。

⑧ 影印：用图像的明暗关系分离出图像的影印轮廓。轮廓使用设定的前景色。

⑨ 绘画笔：模仿铅笔线条的效果。它使用的彩色铅笔的颜色也是前景色。

⑩ 图章：它用图像的轮廓制作出雕刻图章的效果，非常简洁。

（8）"纹理"滤镜组

"纹理"滤镜组主要是给图像加入各种纹理，制作出深度感和材质感较强的效果，如图 2.10.26 所示。

① 龟裂缝：它以随机方式在图像上生成龟裂纹，产生凹凸不平的皱纹效果，并有一定的浮雕效果。

② 颗粒：可在图像中随机加入不规则的颗粒，形成颗粒纹理。

(a)原图　　　　　　(b)龟裂缝　　　　　　(c)马赛克拼贴　　　　　(d)染色玻璃

图 2.10.26　"纹理"滤镜组效果示例

③ 马赛克拼贴：可使图像产生由小片马赛克拼贴墙壁的效果。

④ 拼缀图：可将图像转化成由规则排列的小方块拼成的图像，每个小方块的颜色取自块中像素颜色的平均值，从而产生拼贴画的效果。

⑤ 染色玻璃：使图像转化成由不规则分离的彩色玻璃格组成，如同教堂中的彩色玻璃窗。玻璃格的颜色也由格中像素颜色的平均值决定。

⑥ 纹理化：它是在图像中加入各种纹理，以模拟各种材质。

（9）"像素化"滤镜组

"像素化"滤镜组主要用来将图像分块和将图像平面化，即将图像中颜色值相似的像素组成块单元，使图像看起来像由小点块组成，其效果如图 2.10.27 所示。

(a)原图　　　　　　(b)马赛克　　　　　　(c)点状化　　　　　　(d)铜板雕刻

图 2.10.27　"像素化"滤镜组效果示例

① 彩块化：使纯色或相近颜色的像素结成像素块。使图像看起来像手绘的图像。

② 彩色半调：可模拟铜版画的效果。

③ 马赛克：将相似颜色的像素填充到小方块中以形成类似马赛克的效果。

④ 点状化：将相近颜色的像素合成更大的方块，模拟不规则的点状组合效果。

⑤ 晶格化：将周边相近颜色的像素集中到一个多边形晶格中。

⑥ 铜板雕刻：可在图像中随机生成各种不规则的直线、曲线和斑点，使图像产生年代久远的金属板效果。

（10）"渲染"滤镜组

"渲染"滤镜组可以对图像进行光照效果、镜头光晕、云彩、分层云彩等效果处理，其效果如图 2.10.28 所示。

① 光照效果：包含 3 种光源，17 种光照样式，用来在图像上设置各种光照效果。其参数设置比较复杂。

② 镜头光晕：用来模拟相机的眩光效果。

③ 云彩：利用图像的前景色、背景色之间的随机值来产生云彩的效果。

④ 分层云彩：将图像加以"云彩"滤镜效果后再进行反白的图像。

⑤ 纤维：用前景色和背景色随机创建编织纤维的效果。

(a)原图　　　　　　　(b)光照效果　　　　　　　(c)分层云彩

图 2.10.28　"渲染"滤镜组效果示例

（11）"艺术效果"滤镜组

"艺术效果"滤镜组包括 15 种滤镜，可以对图像进行各种艺术处理，达到水彩、油画、蜡笔、木刻等效果。这里简单介绍 6 种滤镜，其中 5 种滤镜的效果如图 2.10.29 所示。

(a)原图　　　　　　　(b)壁画　　　　　　　(c)彩色铅笔

(d)海报边缘　　　　　　　(e)木刻　　　　　　　(f)塑料包装

图 2.10.29　"艺术效果"滤镜组效果示例

① 壁画：使图像具有古代壁画的效果。

② 彩色铅笔：可模拟彩色铅笔绘制的美术作品。

③ 干画笔：模拟不饱和的干枯画笔涂抹的油画效果。

④ 海报边缘：根据海报特点，减少图像的颜色，并将自动查找图像的边缘，在图像边缘中填入黑色阴影。

⑤ 木刻：模拟木刻版画的逼真效果。

⑥ 塑料包装：经过它的处理，图像外面类似包了一层薄膜塑料。

（12）"杂色"滤镜组

"杂色"滤镜组属于校正型滤镜，它在图像中随机地添加或减少噪声。其中"添加杂色"给图像中添加一些颗粒状的像素。其他滤镜主要用来去除图像中的杂色，如"蒙层和划痕""中间值""去斑"均可用来除去扫描图像中常有的斑点或折痕。"杂色"滤镜组的效果如图2.10.30所示。

(a)有瑕疵的原图　　　　　　　(b)使用"蒙层和划痕"　　　　　　(c)使用"添加杂色"

图2.10.30　"杂色"滤镜组效果示例

（13）"其他"滤镜组

"其他"滤镜组包含一些具有独特效果的滤镜，其效果如图2.10.31所示。

(a)原图　　　　　　　　　　(b)最大值　　　　　　　　　(c)最小值

图2.10.31　"其他"滤镜组效果示例

① 高反差保留：在有强烈颜色转变发生的地方按指定的半径保留边缘细节，并且不显示图像的其余部分。

② 位移：用来偏移图像。

③ 最大值：放大图像中的明亮区，削减黑暗区，产生模糊效果。

④ 最小值：放大图像中的黑暗区，削减明亮区。

⑤ 自定义：可随意定义滤镜，其对话框中的参数随设计者自己的选择设定。

2.10.6　外挂滤镜与增效工具

外挂滤镜是由第三方厂商开发的滤镜，Photoshop 提供了一个开放的平台，允许用户将这些滤镜以插件的形式安装在 Photoshop 中。外挂滤镜必须安装在 Photoshop CS6 安装目录中的 Plug-ins 目录下。重启 Photoshop，即可在滤镜菜单中看到新安装的滤镜命令。

增效工具也叫做"插件"，是一种遵循一定接口规范的应用程序编写出来的程序文件。在 Photoshop CS6 中，增效工具是可选安装内容。用户可以登录到 Adobe 的官方网站上下载可用的增效工具。下载完成后将其拷贝到 Photoshop CS6 安装目录中的 Plug-ins 目录下。

2.10.7　滤镜应用举例——制作水中倒影效果

【实例 2.10.1】　应用模糊、扭曲等滤镜命令制作水中倒影效果。

① 打开一幅彩色照片，如图 2.10.32 所示。

② 在图层面板，复制背景图层，得到"背景副本"图层；选择"图像｜画布大小"命令，调整画布，使图像的高度变为接近原来的 2 倍，如图 2.10.33（a）所示，扩展画布后的图像效果如图 2.10.33（b）所示；

　　　　　　　　　　　　　　　　　　(a)"画布大小"对话框　　　　(b)扩大画布效果

图 2.10.32　彩色照片素材　　　　　　　　图 2.10.33　扩大画布效果

③ 选择"背景副本"图层，执行"编辑｜变换｜垂直翻转"命令，使用移动工具移动到图像下面的空白处，并进一步变换大小，使其刚好填充满白色区域部分，效果如图 2.10.34 所示。

④ 执行"滤镜｜模糊｜高斯模糊"命令，对"背景副本"图层适当模糊，如图 2.10.35 所示；

　　　　　　　　　　　　　　　　(a)"高斯模糊"对话框　　　　　(b)模糊效果

图 2.10.34　"背景副本"变换之后的效果　　图 2.10.35　高斯模糊效果

⑤ 执行"滤镜｜扭曲｜波纹"命令，对倒影添加一些水中波纹效果，如图 2.10.36 所示；按住 Ctrl 键单击"背景副本"图层缩略图载入选区，执行"滤镜｜扭曲｜水波"命令，添加水波效果，如图 2.10.37 所示。

（6）选择"背景"图层，使用模糊工具对其与倒影的交界处，适当模糊，最终效果如图 2.10.38 所示。

图 2.10.36　添加波纹效果　　　　图 2.10.37　添加水波效果　　　　图 2.10.38　最终图像效果

2.11　动作与自动化

在图像处理中，有时需要对大量的图像文件执行相同操作的情况。为了便于操作，Photoshop CS6 中提供了对重复执行的任务自动化处理的功能。

2.11.1　动作

动作是指在单个文件或一批文件上执行的一系列任务，如菜单命令、面板选项、工具动作等。Photoshop 可以将动作中执行的一系列命令记录下来，以后对其他图像进行同样处理时，执行该动作就可以自动完成操作任务。动作是快捷批处理的基础。

（1）"动作"面板

Photoshop 中提供了"动作"面板用于创建、播放、修改和删除动作，如图 2.11.1 所示。面板中显示了 Photoshop 中的默认预设动作。

图 2.11.1　"动作"面板

切换项目开/关■按钮：如果有"✓"，并呈黑色，表示该动作组（包含所有动作和命令）可以执行，如果呈红色，表示该组中的部分动作或命令不能执行。如果没有打"✓"，表示组中的所有动作都不能执行。

切换对话开/关■按钮：出现■图标，表示在执行动作的过程中会暂停，只有在对话框中单击"确定"后才能继续。没有出现■，表示动作会顺序执行。如果■成红色，表示动作中的部分命令设置了暂停操作。

停止播放/记录按钮■：停止当前的播放或记录操作。

展开按钮■：可展开查看动作组或动作。

开始记录■：用于记录一个新动作。当处于记录状态时，该按钮呈红色显示。

播放选定动作■：执行当前选定的动作。

创建新组■：创建一个新的动作组，以便存放新的动作。

创建新动作■：创建一个新的动作。点击会弹出新建动作对话框。

删除按钮■：删除选定的命令、动作、序列。

点击面板右上角的按钮，打开调板菜单，选择其中的命令，可以载入 Photoshop 中预设的其他动作序列，如图 2.11.2 所示。

（2）创建动作组

在"动作"面板，点击"创建新组"按钮，打开"新建组"对话框，如图 2.11.3 所示。输入新组的名称，如"自定义动作"，单击"确定"按钮即可创建一个新的动作组。新组出现在动作面板中。

（3）创建新动作

以将 PNG 格式图像转换为 JPEG 格式并保存的动作为例，来讲解动作的创建。

① 打开一幅 PNG 格式的图像

② 在动作面板，点击"创建新动作"按钮，打开"新建动作"对话框，如图 2.11.4 所示。输入新动作的名称"PNG转 JPEG"，点击"记录"按钮。此时开始记录变红，动作进入录制状态。

③ 选择"文件｜存储为"命令，在保存格式里选择"JPEG"格式，点击"确定"，在弹出的 JPEG 选项对话框中再次点击"确定"。

④ 关闭文件。

⑤ 点击停止播放/记录按钮，结束动作的录制。录制的动作已出现在动作面板中。如图 2.11.5 所示。

图 2.11.2　"动作"调板菜单

图 2.11.3　"新建组"对话框　图 2.11.4　"新建动作"对话框　图 2.11.5　新录制的动作

（4）动作的修改

在动作创建完成后，可以对其进行修改。

① 重命名动作：在动作面板双击该动作名称，会进入名称的编辑状态，输入新名称即可。也可按住 ALT 键双击该动作名称，会弹出动作选项对话框，在对话框中进行设置，如图 2.11.6 所示。

② 复制动作：选中要复制的动作，将其拖动到"创建新动作"按钮，即可得到相应的动作副本。

③ 移动动作：将动作拖动到适当位置后释放鼠标即可。

④ 删除动作：选中要删除的动作，将其拖动到删除按钮即可。

⑤ 修改动作内容：使用面板菜单中的命令可以修改动作内容（见图 2.11.2）。选择"开始记录"，可以在当前动作添加记录动作。选择"再次记录"命令，可以从当前动作重新记

录。选择"插入菜单项目"，会弹出相应对话框，如图 2.11.7 所示，可在动作中插入想要执行的菜单命令。选择"插入停止"，可在动作中插入一个暂停设置。

图 2.11.6 "动作选项"对话框

图 2.11.7 "插入菜单项目"对话框

（5）动作的执行

动作的执行非常简单，打开要执行动作的图像，在"动作"面板中选择要执行的动作，如"PNG 转 JPEG"，点击播放选定动作，该动作的编辑就应用到图像了。

（6）动作的存储和载入

动作创建后会暂时的保留在 Photoshop CS6 中，即使重新启动 Photoshop，也仍然存在。但如果重新安装了 Photoshop，这些记录的动作就会被删除。为了能够在重新安装 Photoshop 后继续使用这些动作，可以将它们保存起来。

选择要保存的动作组，在"动作"面板菜单中选择"存储动作"命令，打开保存对话框，如图 2.11.8 所示。设置文件名和保存位置，单击"保存"就完成了动作的存储。存储的动作文件扩展名为".ATN"。

对已保存的动作可以方便的载入，选择"动作"面板菜单中的"载入动作"命令，找到要载入的动作文件，单击"载入"即可，如图 2.11.9 所示。

图 2.11.8 "存储"动作对话框

图 2.11.9 "载入"动作对话框

2.11.2 批处理

批处理可以对多个图像文件执行同一个动作的操作，从而实现操作的自动化。批处理可以帮助用户完成大量的、重复性的操作，节省时间，提高工作效率。

要使用批处理前，必须先要录制好要使用得动作。以上节中创建的"PNG 转 JPEG"动作为例，来讲解如何在 Photoshop 中创建一个批处理，实现把一批 PNG 格式的图像统一自动转换成 JPEG 格式。

① 准备好要进行批处理的素材。要处理的素材要放在同一文件夹下。

② 选择"文件|自动|批处理"命令，打开批处理对话框，如图 2.11.10 所示。

③ 在组的下拉列表中要使用的动作所在的组，在动作的下拉列表中选中要使用的动作"PNG 转 JPEG"。

④ 设置源：设置应用批处理的图像来源，可以来源于"文件夹"、"导入"、"打开的文件"、"Bridge"。在本例中选择"文件夹"，然后单击"选择"按钮，浏览找到素材所在文件夹。

⑤ 设置目标：设置动作执行后文件的保存位置。可以保存在"文件夹"或者直接存储并关闭。在本例中选择"文件夹"，点击"选择"按钮，浏览指定一个存储结果的文件夹。并勾选"覆盖动作中的"存储为"命令"选项。

⑥ 在文件命名区域可以指定文件名的组合方式。本例中采用默认。

⑦ 错误：用于指定批处理出现错误时的操作。本例选择"由于错误而停止"。

⑧ 点击"确定"按钮，批处理进入执行阶段。执行效果如图 2.11.11 所示。

图 2.11.10　　"批处理"对话框

图 2.11.11　　批处理执行效果

2.11.3　脚本

Photoshop 通过脚本支持外部自动化。在 Windows 中可以使用支持 COM 自动化的脚本语言，如 VB Script。在 Mac OS 中可以使用允许发送 Apple 事件的语言，例如 AppleScript。这些语言不是跨平台的，但可以控制多个应用程序，如 Adobe Photoshop、Adobe Illustrator 和 Microsoft Office。

与动作相比，脚本提供了更多的可能性。在"文件｜脚本"的下拉菜单中包含了各种脚本命令，如图 2.11.12 所示。

图 2.11.12　　"脚本"下拉菜单

- ⊙ 图像处理器：可以使用图像处理器转换和处理多个文件，与"批处理"不同的是，使用图像处理器不需要创建动作。
- ⊙ 删除所有空图层：删除不需要的空图层，减小图像文件大小。
- ⊙ 将图层复合导出到文件：可以将图层复合导出到单独的文件中。
- ⊙ 将图层导出到文件：可以将图层作为单个文件导出和存储。
- ⊙ 脚本事件管理器：可以将脚本和动作设置为自动运行，即使用事件（如在 Photoshop 中打开、存储或导出文件）来触发 Photoshop 动作或脚本。
- ⊙ 将文件载入堆栈：可以使用脚本将多个图像载入到图层中。

⊙ 统计：可以使用统计脚本自动创建和渲染图形堆栈。
⊙ 浏览：运行存储在其他位置的脚本。

2.12 综合应用举例

2.12.1 制作宣传屏幕

【实例 2.12.1】 利用图层和变形命令完成"锦绣中华"宣传屏幕。

① 打开一幅风景图片作为背景图片，图片的上部有蓝天、白云，如图 2.12.1 所示。

② 打开三幅典型的中国风景图片，如图 2.12.2 所示。

③ 选择"图像|图像大小"菜单命令，打开"图像大小"对话框，如图 2.12.3 所示。设置三幅图像为同样大小，如 800 像素宽，600 像素高。

图 2.12.1 背景图片

图 2.12.2 打开三幅风景图片

图 2.12.3 "图像大小"对话框

④ 参考第 2.3.6 节使用选取工具制作分格效果的方法，给三幅风景图片制作分格效果，如图 2.12.4 所示。

⑤ 分别将三个分格后的图像复制到大背景图的不同图层中。此时"图层"调节面板中共有 4 个图层。

⑥ 选中图层 1，选择"编辑|变换|缩放"菜单命令，适当变换，按 Enter 键确定。效果如图 2.12.5 所示。

⑦ 选中图层 2，选择"编辑|变换|扭曲"菜单命令，用鼠标拖动当前层图像角上的小方块，使它贴近中间图像的左上角，如图 2.12.6 所示。再用鼠标拖动当前层图像的另一角上的小方块，使它贴近中间图像的左下角，如图 2.12.7 所示。

图 2.12.4 三幅风景图片的分格效果

图 2.12.5 "编辑|变换|缩放"后

图 2.12.6 "编辑|变换|扭曲"拖动上角　　　图 2.12.7 "编辑|变换|扭曲"拖动下角

⑧ 用同样的方法处理图层 3，其效果如图 2.12.8 所示。

⑨ 打开大地风景图片，裁剪掉图像的上面部分，如图 2.12.9 所示。选择"图像|图像大小"菜单命令，打开"图像大小"对话框，同样设置图像大小为 800 像素宽，600 像素高。复制此图像到原有文件的图层 4。

图 2.12.8 扭曲图层 3　　　　　　　　图 2.12.9 大地风景图片

⑩ 选中图层 4，选择"编辑|变换|扭曲"菜单命令，用鼠标拖动当前层图像 4 个角上的小方块，如图 2.12.10 所示，使它上边缘贴近中间图像的下边缘，而它的下边缘贴近其他两图像的下边缘，如图 2.12.11 所示。

图 2.12.10 拖动上边缘　　　　　　　图 2.12.11 拖动下边缘

⑪ 使用文字工具，选择合适的字型、字号、文字属性，如图 2.12.12 所示。输入"锦绣中华"字样，如图 2.12.13 所示。

T ▾ | T 方正舒体 ▾ | T 48 点 ▾ | ³₂ 锐利 ▾ | ☰ ☰ ☰ | ☐ | ⌐ | ☐

图 2.12.12　设置文字属性

⑫ 选择"图层 | 拼合图像"菜单命令，合并图层。

⑬ 选择"滤镜 | 渲染 | 镜头光晕"菜单命令，打开"镜头光晕"对话框，选择 50～300 毫米变焦，亮度为 135%。

⑭ 选择适当的位置和强度给图像增加炫光效果，最后效果如图 2.12.14 所示。

图 2.12.13　输入文字　　　　　　　　　　图 2.12.14　最后效果

2.12.2　制作生日贺卡

【实例 2.12.2】　贺卡和请帖的设计风格大都非常喜庆、热闹，其形式多种多样，力求给人以强烈的感染力。该贺卡主要运用高斯模糊、纹理化、文字变形、路径等方法来制作。

（1）制作贺卡的底纹

① 打开一幅色彩鲜艳、喜庆的图片，如图 2.12.15 所示。注意图像格式为 RGB 模式。

② 选择"滤镜 | 模糊 | 高斯模糊"菜单命令，打开"高斯模糊"对话框，设置半径为 8.0，其模糊效果如图 2.12.16 所示。

图 2.12.15　背景图片　　　　　　　　　图 2.12.16　高斯模糊效果

③ 选择"滤镜 | 滤镜库"菜单命令，选择"纹理化"滤镜，设置纹理为"粗麻布"，缩放为100%，凸现为 10，光照为"上"，如图 2.12.17 所示。其处理效果如图 2.12.18 所示。

④ 使用矩形选框工具，制作图像四周边缘的选区。

⑤ 选择"选择 | 修改 | 羽化"菜单命令，在"羽化选区"对话框中设置"羽化半径"为 15像素。其羽化效果如图 2.12.19 所示。

图 2.12.17 "纹理化"设置选项

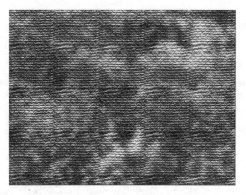

图 2.12.18 "纹理化"处理后

⑥ 设置前景色是白色，按 Ctrl+X 键将选区内部的内容删除，形成白色羽化边缘，如图 2.12.20 所示。按 Ctrl+D 键取消选区。

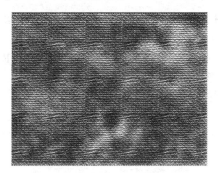

图 2.12.19 羽化效果

图 2.12.20 白色羽化边缘

（2）制作文字

① 将前景色设置为白色，选择横排文字，设置文字属性，如图 2.12.21 所示。输入"生日快乐"字样，并将文字拖放到合适的位置。

图 2.12.21 设置文字属性

② 单击工具栏上的文字样式按钮，在"变形文字"对话框中设置样式为"扇形"，弯曲 50%，如图 2.12.22 所示。文字的变形效果如图 2.12.23 所示。

图 2.12.22 "变形文字"对话框

图 2.12.23 文字变形的效果

③ 在"图层"控制面板单击"添加图层样式"按钮 *fx*，选择"渐变叠加"菜单命令，在对话框中选择"色谱"渐变，如图 2.12.24 所示。

④ 单击"图层样式"对话框左侧样式中的"斜面和浮雕"命令，在对话框中设置"样式"为"外斜面"，"深度"为 350%，"方法"为"平滑"，如图 2.12.25 所示。其效果如图 2.12.26 所示。

图 2.12.24　选择颜色填充文字　图 2.12.25　"斜面和浮雕"样式设置　图 2.12.26　"斜面和浮雕"效果

（3）制作蜡烛

① 新建图层 1，选取矩形选框工具，设置羽化为 4 像素，在图像中画一长方形选区，如图 2.12.27 所示。

② 选择渐变工具，打开"渐变编辑器"对话框，如图 2.12.28 所示设置渐变色为（由 R 156,G 156,B 156 到白色）"线性渐变"，从左到右填充长方形蜡烛选区。

图 2.12.27　长方形选区　　　　　图 2.12.28　设置渐变色

③ 选择"图像｜调整｜变化"菜单命令，在对话框中单击"加深黄色"两次，"较亮"三次，使蜡烛颜色变亮，如图 2.12.29 所示。

④ 新建图层 2，用钢笔工具绘制蜡烛火苗，如图 2.12.30 所示。

图 2.12.29　蜡烛颜色变亮　　　　　图 2.12.30　绘制蜡烛火苗

⑤ 单击"路径"调节面板中的按钮，将路径载入选区，设前景色为 R 238,G 157,B 2 的橘黄色，用前景色填充火苗。

⑥ 选择"选择｜修改｜收缩"菜单命令，在对话框中设置收缩量为 2 像素。再用"选择｜变换选区"菜单命令，将选区向下移动，如图 2.12.31 所示。

⑦ 设置前景色为红色，以前景色填充选区。蜡烛火苗的效果如图 2.12.32 所示。

图 2.12.31　选区收缩和向下移动

图 2.12.32　蜡烛火苗的效果

（4）制作心形

① 打开包含鲜花的文件，如图 2.12.33 所示。

② 用钢笔工具在图像上绘制一个心形路径，如图 2.12.34 所示。

图 2.12.33　打开包含鲜花的文件

图 2.12.34　心形路径

③ 利用工具栏中的工具对心形结点进行修正，调整成较圆滑的形状，并将心形路径载入选区，如图 2.12.35 所示。

④ 用心形选区复制到当前文件中，如图 2.12.36 所示。

图 2.12.35　心形路径载入选区

图 2.12.36　心形选区

⑤ 并用"编辑｜自由变换"命令旋转和缩小。在当前图层中使用"图层｜图层样式｜斜面和浮雕"命令，在对话框中设置参数，如图 2.12.37 所示。浮雕效果如图 2.12.38 所示。

⑥ 再次复制心形选区，适当变换，对复制的心形设置同样的样式。

（5）制作边框

① 回到背景层，选取白色边框部分。

② 使用"滤镜｜滤镜库"菜单命令，选择"玻璃"滤镜，设置扭曲度 12，平滑度 5，纹理

为小镜头，如图 2.12.39 所示。

图 2.12.37 "斜面和浮雕"对话框

图 2.12.38 浮雕效果

③ 取消选区，最终的生日贺卡如图 2.12.40 所示。

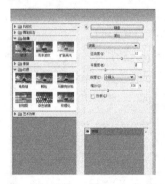

图 2.12.39 "扭曲丨玻璃"对话框设置

图 2.12.40 生日贺卡

习题 2

一、填充题

1. Photoshop 是由美国＿＿＿＿＿＿公司推出的专用于图像处理的软件。

2. Photoshop 所特有的一种能保存图层信息的图像文件格式是＿＿＿＿＿＿。

3. 矩形选区工具栏的左端有 4 个按钮 它们代表了选区的 4 种运算，分别是＿＿＿＿＿＿、＿＿＿＿＿＿、
＿＿＿＿＿＿和＿＿＿＿＿＿。

4. 形状工具有哪三种绘图模式＿＿＿＿、＿＿＿＿＿＿和＿＿＿＿＿＿。

5. 在 Photoshop 中常用的自动色彩调整命令有＿＿＿＿＿＿、＿＿＿＿＿＿、＿＿＿＿＿＿等。

二、问答题

1. Photoshop 的界面由哪几部分组成？

2. 选区的作用和目的是什么？如何存储和载入选区？

3. 路径的作用是什么？路径和形状有什么区别？

4. 什么是图层、图层样式、图层混合模式和图层蒙版？它们各有什么用途？

5. Photoshop 有哪几种通道？它们各自存储什么信息？

6. 滤镜在图像处理中有什么作用？Photoshop 有哪些主要滤镜组？

三、练习题

1. 以棕榈树.jpg 图片为背景，制作一幅雨后彩虹图片。

2. 以鲜花.jpg 图片为素材，设计一本书籍的封面。

第3章 数字音频技术基础与应用

3.1 数字音频技术基础

声音是人类进行交流和认识自然的主要媒体形式，语言、音乐和自然之声构成了声音的丰富内涵，人类一直被包围在丰富多彩的声音世界当中。

声音是携带信息的重要媒体，而多媒体技术的一个主要分支便是多媒体音频技术。多媒体音频技术的重要内容之一是数字音频信号的处理。数字音频信号的处理主要表现在数据采样和编辑加工两个方面。其中，数据采样的作用：自然声转换成计算机能够处理的数据音频信号；对数字音频信号的编辑加工则主要包括编辑、合成、静音、增加混响、调整频率等方面。

3.1.1 音频概述

1. 基本概念

（1）模拟音频

声音是通过一定介质（如空气、水等）传播的连续波，在物理学中称为声波。声音的强弱体现在声波的振幅上，音调的高低体现在声波的周期或频率上。声波是随时间连续变化的模拟量，它有 3 个重要指标：

① 振幅（Amplitude）。声波的振幅通常是指音量，它是声波波形的高低幅度，表示声音信号的强弱程度。

② 周期（Period）。声音信号的周期是指两个相邻声波之间的时间长度，即重复出现的时间间隔，以秒（s）为单位。

③ 频率（Frequency）。声音信号的频率是指每秒钟信号变化的次数，即为周期的倒数，以赫兹（Hz）为单位。

（2）数字音频

由于模拟音频信号是一种连续变化的模拟信号，而计算机只能处理和存储二进制的数字信号。因此，由自然音源而得的音频信号必须经过一定的变化和处理，转化成二进制数据后才能送到计算机进行再编辑和存储。转换后的音频信号称为数字音频信号。

模拟音频和数字音频在声音的录制、保存、处理和播放有很大不同。模拟声音的录制是将代表声音波形的电信号经转换存储到不同的介质（磁带、唱片）上。在播放时将记录在介质上的信号还原为声音波形，经功率放大后输出。数字音频是将模拟的声音信号变换（离散化处理）为计算机可以识别的二进制数据然后进行加工处理。播放时首先将数字信号还原为模拟信号，再经放大后输出。

2. 声音的基本特点

（1）声音的传播与可听域

声音依靠介质的振动进行传播。声源实际上是一个振动源，它使周围的介质（空气、液体、固体）产生振动，并以波的形式进行传播，人耳如果感觉到这种传播过来的振动，再反映到大脑，就意味着听到了声音。声音在不同介质中的传播速度和衰减率是不一样的，这两个因素导致了声音在不同介质中传播的距离不同。声音按频率可分为 3 种：次声波、可听声波和超声波。人类听觉的声音频率范围为 20Hz～20kHz，低于 20Hz 的为次声波，高于 20kHz 的为超声波。人说话的声音信号频率通常为 80Hz～3kHz，我们把在这种频率范围内的信号称为语音信号。频率范围又叫"频域"或"频带"，不同种类的声源其频带也不同，表 3.1.1 列出了部分常见声源的频带宽度。

表 3.1.1　部分常见声源的频带宽度

声源类型	频带宽度（Hz）
男声	100~9000
女声	150~10000
电话声音	200~3400
电台调幅广播（AM）	50~7000
电台调频广播（FM）	20~15000
高级音响设备声音	20~20000
宽带音响设备声音	10~40000

从表 3.1.1 中看出，不同声源的频带宽度差异很大。一般而言，声源的频带越宽则表现力越好，层次越丰富。例如，调频广播的声音比调幅广播好、宽带音响设备的重放声音质量（10～40000Hz）比高级音响设备好，尽管宽带音响设备的频带已经超出人耳可听域，但正是因为这一点，能够将人们的感觉和听觉充分调动起来，产生极佳的声音效果。

（2）声音的方向

声音以振动波的形式从声源向四周传播，人类在辨别声源位置时，首先依靠声音到达左、右两耳的微小时间差和强度差异进行辨别，然后经过大脑综合分析而判断出声音来自何方。从声源直接到达人类听觉器官的声音叫做"直达声"，直达声的方向辨别最容易。但是，在现实生活中，森林、建筑、各种地貌和景物存在于我们周围，声音从声源发出后，须经过多次反射才能被人们听到，这就是"反射声"。就理论而言，反射声在很大程度上影响了方向的准确辨别。但令人惊讶的是，这种反射声不会使人类丧失方向感，在这里起关键作用的是人类大脑的综合分析能力。经过大脑的分析，不仅可以辨别声音的来源，还能丰富声音的层次，感觉声音的厚度和空间效果。

3. 声音的三要素

声音的三要素是音调、音色和音强。就听觉特性而言，声音质量的高低主要取决于该三要素。

① 音调——代表了声音频率的高低。音调与频率有关，频率越高，音调越高，反之亦然。人们都有这样的经验，提高电唱机的转速时，唱盘旋转加快，声音信号的频率提高，其唱盘上声音的音调也提高了。同样，在使用音频处理软件对声音的频率进行调整时，也可明显感到音调随之而产生的变化。各种不同的声源具有自己特定的音调，如果改变了某种声源的音调，则声音会发生质的转变，使人们无法辨别声源本来的面目。

② 音色——具有特色的声音。声音分纯音和复音两种类型。所谓纯音，是指振幅和周期均为常数的声音，复音则是具有不同频率和不同振幅的混合声音，大自然中的声音大部分是复音。在复音中，最低频率的声音是"基音"，它是声音的基调。其他频率的声音称为"谐音"，也叫泛音。基音和谐音是构成声音音色的重要因素。

各种声源都具有自己独特的音色，例如各种乐器的声音、每个人的声音、各种生物的声音等，人们就是依据音色来辨别声源种类的。

③ 音强——声音的强度。音强也被称为声音的响度，常说的"音量"也是指音强。音强与声波的振幅成正比，振幅越大，强度越大。唱盘、CD 激光盘以及其他形式声音载体中的声音强度是一定的，通过播放设备的音量控制，可改变聆听时的响度。如果要改变原始声音的音强，可以在把声音数字化以后，使用音频处理软件提高音强。

4．声音的频谱

声音的频谱有线性频谱和连续频谱之分。线性频谱是具有周期性的单一频率声波；连续频谱是具有非周期性的带有一定频带所有频率分量的声波。纯粹的单一频率的声波只能在专门的设备中创造出来，声音效果单调而乏味。自然界中的声音几乎全部属于非周期性声波，该声波具有广泛的频率分量，听起来声音饱满、音色多样、具有生气。

5．声音的质量

声音的质量简称"音质"，音质的好坏与音色和频率范围有关。悦耳的音色、宽广的频率范围，能够获得非常好的音质。影响音质的因素还有很多，常见的有：

① 对于数字音频信号，音质的好坏与数据采样频率和数据位数有关。采样频率越低，位数越少，音质越差。

② 音质与声音还原设备有关。音响放大器和扬声器的质量能够直接影响重放的音质。

③ 音质与信号噪声比有关。在录制声音时，音频信号幅度与噪声幅度的比值越大越好，否则声音被噪声干扰，会影响音质。

6．声音的连续性

声音在时间轴上是连续信号，具有连续性和过程性，属于连续性媒体形式。构成声音的数据前后之间具有强烈的相关性。除此之外，声音还具有实时性，对处理声音的硬件和软件提出了很高的要求。

3.1.2 声音的数字化

（1）声音的数字化过程

声音是具有一定的振幅和频率且随时间变化的声波，通过话筒等转化装置可将其变成相应的电信号，但这种电信号是随时间连续变化的模拟信号，不能由计算机直接处理，必须先对其进行数字化，即将模拟的声音信号经过模数转换器（A/D）转换成计算机所能处理的数字声音信号，然后利用计算机进行存储、编辑或处理。现在几乎所有的专业化声音录制、编辑都是数字的。在数字声音回放时，由数模转换器（D/A）将数字声音信号转换为实际的模拟声波信号，经放大由扬声器播出，其过程如图 3.1.1 所示。

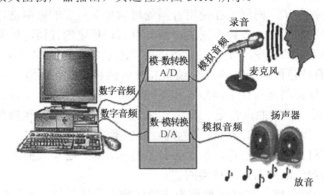

图 3.1.1　声音数字化过程

把模拟声音信号转变为数字声音信号的过程称为声音的数字化，它是通过对声音信号进行采样、量化和编码来实现的，如图 3.1.2 所示。

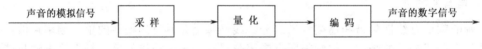

图 3.1.2　声音的数字化过程

① 采样：在时间轴上对信号数字化。图 3.1.3 为声音的采样过程。

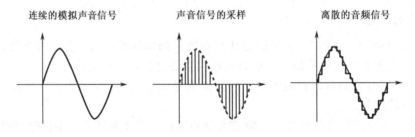

图 3.1.3　声音采样过程

② 量化：在幅度轴上对信号数字化。

③ 编码：按一定格式记录采样和量化后的数字数据。

2. 声音数字化的主要技术指标

① 采样频率。采样频率又称取样频率，它是指将模拟声音波形转换为数字音频时，每秒钟所抽取声波幅度样本的次数。采样频率越高，则经过离散数字化的声波越接近于其原始的波形，也就意味着声音的保真度越高，声音特征复原就越好。当然所需要的信息存储空间也越多。

② 量化位数。量化位数又称取样大小，它是每个采样点能够表示的数据范围。量化位数的大小决定了声音的动态范围，即被记录和重放的声音最高与最低之间的差值。当然，量化位数越高，声音还原的层次就越丰富，表现力越强，音质越好，但数据量也越大。例如，16 位量化，即是在最高音和最低音之间有 65536 个不同的量化值，如表 3.1.2 所示。

表 3.1.2 量化位数和声音的动态范围

量 化 位 数	量 化 值	动态范围（dB）	应 用
8	256	48~50	数字电话
16	65536	96~100	CD-DA

③ 声道数。声道数是指所使用的声音通道的个数，它表明声音记录只产生一个波形（即单音或单声道）还是两个波形（即立体声或双声道）。当然立体声听起来要比单音丰满优美，更能反映人的听觉感受，但需要两倍于单音的存储空间。

3.1.3 数字音频的质量与数据量

通过对上述影响声音数字化质量的技术指标进行分析，可以得出声音数字化数据量的计算公式：数据率（bit/s）=采样频率（Hz）×量化位数（bit）×声道数

根据上述公式，可以计算出不同的采样频率、量化位数和声道数的各种组合情况下的数据量，如表 3.1.3 所示。

表 3.1.3 声音质量和数字音频参数的关系

采样频率（kHz）	数据位数丨bit	声道形式	数据量（KB/s）	音频质量
8	8	单声道	8	一般质量
	8	立体声	16	
	16	单声道	16	
	16	立体声	31	
11.025	8	单声道	11	电话质量
	8	立体声	22	
	16	单声道	22	
	16	立体声	43	
22.05	8	单声道	22	收音质量
	8	立体声	43	
	16	单声道	43	
	16	立体声	86	
44.1	8	单声道	43	
	8	立体声	86	
	16	单声道	86	
	16	立体声	172	CD 质量

由上表可看出，音质越好，音频文件的数据量越大。音频文件的数据量不容忽视，为了节省存储空间，通常在保证基本音质的前提下，尽量采用较低的采样频率。

3.1.4 数字音频压缩标准

（1）数字音频压缩编码概述

将量化后的数字声音信息直接存入计算机将会占用大量的存储空间，所以在进行音频信

号处理时，一般需要对数字化后的声音信号进行压缩编码，使其成为具有一定字长的二进制数字序列，以减少音频的数据量，并以这种形式在计算机内传输和存储。在播放时要经解码器将二进制编码恢复成原来的声音信号播放。

因为声音信号中存在着很大的冗余度，通过识别和去除这些冗余度，便能达到压缩的目的。音频信号的压缩编码主要分为有损压缩编码和无损压缩编码两大类，其中无损编码包括各种熵编码，它不会造成数据的失真；有损编码可分为3类，即波形编码、参数编码和混合型编码。

① 熵编码。熵编码即编码过程中按熵原理不丢失任何信息的编码。信息熵为信源的平均信息量（不确定性的度量）。常见的熵编码有：行程编码、哈夫曼(Huffman)编码和算术编码(Arithmetic Coding)。

② 波形编码。这种方法主要利用音频采样值的幅度分布规律和相邻采样值间的相关性进行压缩，目标是力图使重构的声音信号的各个样本尽可能地接近于原始声音的采样值。这种编码保留了信号原始采样值的细节变化，即保留了信号的各种过渡特征，因而复原的声音质量较高。波形编码技术有脉冲编码调制（PCM）、自适应增量调制（ADM）和自适应差分脉冲编码调制（ADPCM）等。

③ 参数编码。参数编码是一种对语音参数进行分析合成的方法。语音的基本参数是基音周期、共振峰、语音谱、声强等，如能得到这些语音基本参数，就可以不对语音的波形进行编码，而只要记录和传输这些参数就能实现声音数据的压缩。这些语音基本参数可以通过分析人的发音器官的结构及语音生成的原理，建立语音生成的物理或数学模型通过实验获得。得到语音参数后，就可以对其进行线性预测编码（Linear Predictive Coding，LPC）。

④ 混合型编码。混合型编码是一种在保留参数编码技术的基础上，引用波形编码准则去优化、激励源信号的方案。混合型编码充分利用了线性预测技术和综合分析技术，其典型算法有：码本激励线性预测（CELP）、多脉冲线性预测（MP-LPC）、矢量和激励线性预测（VSELP）等。

（2）音频编码标准

① 电话质量的音频压缩编码技术标准。电话质量语音信号频率规定在 200Hz~3.4kHz，采用标准的脉冲编码调制 PCM。当采样频率为 8kHz，进行 8bit 量化时，所得数据速率为 64kbps。1972 年，CCITT 制定了 PCM 标准 G.711，速率为 64kbps，采用非线性量化，其质量相当于 12bit 线性量化。此后制定了一系列语音压缩编码标准，如表 3.1.4 所示。

表 3.1.4　语音压缩编码标准

标　　准	说　　明
G.711	采用 PCM 编码，采样频率 8kHz，量化位数 8 位，速率为 64kbps
G.721	自适应差分脉冲编码调制 ADPCM 标准 G.721，速率为 32kbps
G.723	基于 ADPCM 的有损压缩标准，速率为 24 kbps
G.728	短时延码本激励线性预测编码 LD-CELP 标准，速率 16kbps

② 调幅广播质量的音频压缩编码技术标准。调幅广播质量音频信号的频率在 50Hz～7kHz 范围。CCITT 在 1988 年制定了 G.722 标准。G.722 标准是采用 16kHz 采样，14bit 量化，信号数据速率为 224kbps，信号速率可被压缩成 64kbps。因此，利用 G.722 标准可以在窄带综合服务数据网 N-ISDN 中的一个 B 信道上传送调幅广播质量的音频信号。

③ 高保真度立体声音频压缩编码技术标准。高保真立体声音频信号频率范围是 50Hz～

20kHz，采用 44.1kHz 采样频率，16bit 量化进行数字化转换，其数据速率每声道达 705kbps。

1991 年，国际标准化组织 ISO 和 CCITT 开始联合制定 MPEG 标准，"MPEG 音频标准"成为国际上公认的高保真立体声音频压缩标准。MPEG 音频标准提供了三个独立的压缩层次：第一层编码器的输出数率为 384kbps，主要用于小型数字合成式磁带；第二层编码器的输出数率为 192～256kbps，主要用于数字广播、数字音乐、CD-I 以及 VCD 等；第三层编码器的输出数率为 64kbps，主要用于 ISDN 上的声音传播。

3.1.5 数字音频文件的保存格式

数字音频数据是以文件的形式保存在计算机里。数字音频的文件格式主要有 WAVE、MP3、WMA、MIDI 等。专业数字音乐工作者一般都使用非压缩的 WAVE 格式进行操作，而普通用户更乐于接受压缩率高、文件容量相对较小的 MP3 或 WMA 格式。

（1）WAVE 格式

这是 Microsoft 公司和 IBM 公司共同开发的 PC 标准声音格式。由于没有采用压缩算法，因此无论进行多少次修改和剪辑都不会失真，而且处理速度也相对较快。这类文件最典型的代表就是 PC 上的 Windows PCM 格式文件，它是 Windows 操作系统专用的数字音频文件格式，扩展名为".wav"，即波形文件。

标准的 Windows PCM 波形文件包含 PCM 编码数据，这是一种未经压缩的脉冲编码调制数据，是对声波信号数字化的直接表示形式，主要用于自然声音的保存与重放。其特点是：声音层次丰富、还原性好、表现力强，如果使用足够高的采样频率，其音质极佳。对波形文件的支持是迄今为止最为广泛的，几乎所有的播放器都能播放 WAVE 格式的音频文件，而电子幻灯片、各种算法语言、多媒体工具软件都能直接使用。Windows 系统下录音机程序录制的声音就是这种格式。但是，波形文件的数据量比较大，其数据量的大小直接与采样频率、量化位数和声道数成正比。

（2）MP3 格式

MP3（MPEG Audio Layer 3）文件是按 MPEG 标准的音频压缩技术制作的数字音频文件，它是一种有损压缩，该压缩方式是利用人耳对高频声音信号不敏感的特性，将时域波形信号转换成频域信号，并划分成多个频段，对不同的频段使用不同的压缩率，对高频加大压缩比（甚至忽略信号），对低频信号使用小压缩比，保证信号不失真。这样一来就相当于抛弃人耳基本听不到的高频声音，只保留能听到的低频部分，从而将声音用 1:10 甚至 1:12 的压缩率压缩。由于这种压缩方式的全称叫 MPEG Audio Layer3，所以人们把它简称为 MP3。用 MP3 形式存储的音乐就叫作 MP3 音乐，能播放 MP3 音乐的机器就叫作 MP3 播放器。MP3 Pro 是 MP3 编码格式的升级版本，在保持相同的音质下可以把声音文件的文件量压缩到原有 MP3 格式的一半大小，它能够在用较低的比特率压缩音频文件的情况下，最大程度地保持压缩前的音质。

（3）WMA 格式

WMA 文件是 Windows Media 格式中的一个子集，而 Windows Media 格式是 Microsoft Windows Media 技术使用的格式，包括音频、视频或脚本数据文件，可用于创作、存储、编辑、分发、流式处理或播放基于时间线的内容。WMA 是 Windows Media Audio 的缩写，表示是 Windows Media 音频格式。WMA 文件可以在保证只有 MP3 文件一半大小的前提下，保持相同的音质。现在的大多数 MP3 播放器都支持 WMA 文件。

（4）MIDI 格式

严格地说，MIDI 与上面提到的声音格式不是同一族，因为它不是真正的数字化声音，是一种计算机数字音乐接口生成的数字描述音频文件，扩展名是".mid"。该格式文件本身并不记载声音的波形数据，而是将声音的特征用数字形式记录下来，是一系列指令。MIDI 音频文件主要用于电脑声音的重放和处理，其特点是数据量小。

（5）RA 格式

RA 格式是 Real Audio 的简称，是 Real Network 公司推出的一种音频压缩格式，它的压缩比可达 96∶1。经过压缩的音乐文件可以在速率为 14.4kbps 的用 Modem 上网的计算机中流畅回放。其最大特点是可以采用流媒体的方式实现网上实时播放。

（6）CD 格式

CD 也是一种音质较好的音频格式，其文件后缀为".CDA"。标准 CD 格式使用 44.1kHz的采样频率，速率 88.2kBps，16 位量化位数。因为 CD 音轨可以说是近似无损的，因此它的声音基本上是忠于原声的，CD 光盘可以在 CD 唱机中播放，也能用计算机中的各种播放软件来重放。一个 CD 音频文件是一个*.cda 文件，这只是一个索引信息，并不是真正的包含声音信息，所以不论 CD 音乐的长短，在计算机中看到的"*.cda 文件"都是 44 字节长。

3.1.6 合成音乐和 MIDI

多媒体音频数据的一个重要来源是 MIDI（Musical Instrument Digital Interface 乐器数字接口）。从 20 世纪 80 年代初期开始，MIDI 逐步为音乐界广泛接受和使用。MIDI 是乐器和计算机之间通信的协议规范，是一套指令（即命令）的约定，它指示乐器（即 MIDI 设备）要做什么，怎么做。如演奏音符、加大音量、生成音响效果等。MIDI 不是声音信号，它传送的是发给 MIDI 设备或其他装置让其产生声音或执行某个动作的指令。作为数字音乐的一个国际标准，MIDI 规定了电子乐器与计算机之间传送数据的通信协议等规范。MIDI 标准使不同厂家生产的电子合成乐器可以互相发送和接收音乐数据。随着 MIDI 标准的施行，计算机已经成为电子合成乐器间的控制环节，出现了大量可进行记录、存储、编辑和播放乐谱（音符表或音符序列）的计算机软件。

1. MIDI 的基本概念

MIDI 不是把音乐的波形进行数字化采样和编码，而是将数字式电子乐器的弹奏过程记录下来，如按了哪一个键、力度多大、时间多长等等。当需要播放这首乐曲时，根据记录的乐谱指令，通过音乐合成器生成音乐声波，经放大后由扬声器播出。MIDI 中的常用术语主要有以下几种。

① MIDI 文件。记录 MIDI 信息的标准文件格式。MIDI 文件中包含音符、定时和多达16 个通道的乐器定义。文件中记录了 MIDI 消息。

② 音乐合成器（Musical Synthesizer）。音乐合成器是由数字信号处理器（DSP）和其他集成电路芯片构成的电子设备，用来产生并修改正弦波形，然后通过声音产生器和扬声器发出特定的声音。不同的合成器根据 MIDI 乐谱指令产生的音色和音质都可不同，其发声的质量和声部取决于合成器能够同时播放的独立波形的个数、控制软件的能力，以及合成器电路中的存储空间大小。

③ 复调（Polyphony）。复调简称复音，指合成器同时演奏若干音符时发出的声音。如钢

琴、吉他等乐器可以同时演奏几种音符，而双簧管就不能。复调着重于同时演奏的音符数，如钢琴的合弦音符。

④ 多音色（Timbre）。多音色指同时演奏几种不同乐器时发出的声音。它着重于同时演奏的乐器数。例如，具有 6 音符复音的 4 种乐器合成器，可以同时演奏 4 种不同声音的 6 个音符，如 3 个钢琴的合弦音符、一个长笛、一个小提琴和一个萨克斯管的音符。要改善合成音乐的真实感，必须把许多合成器连接起来，以产生复调声音和多音色声音。

在使用合成器初期，由于没有控制合成器的统一标准，获得较高质量的复调音和多音色音比较困难。1982 年 Dave Smith 开发了原始的通用合成器接口（Universal Synthesizer Interface）。后来，美国和日本的合成器制造商利用 Dave Smith 提议的标准，将其重新命名为乐器数字接口（MIDI），于 1983 年正式制定了数字音乐的国际标准，使得电子乐器工业发生了深刻的革命。

MIDI 标准有关的术语主要有以下几种。

① MIDI 电子乐器。它是能产生特定声音的合成器，如电子键盘、吉他、萨克斯管等；它们相互间的数据传送符合 MIDI 的通信约定。

② MIDI 消息（Message）或指令。MIDI 软件通信协议，实际上是用数字指令描述的音乐乐谱，其中包含音符、强度、定时及乐器的指派等。

③ MIDI 接口（Interface）。MIDI 硬件通信协议，可使电子乐器互连或与计算机硬件端口相连，可发送和接收 MIDI 消息。

④ MIDI 通道（Channel）。MIDI 标准提供了 16 个通道，每种通道对应一种逻辑的合成器，即对应一种乐器的合成。

⑤ 音序器（Sequencer）。它指可用来记录、编辑和播放 MIDI 文件的计算机程序。

2．MIDI 的技术规范

1988 年，MIDI 制造商协会正式颁布 MIDI 技术规范，作为数字式音乐的国际标准，它的内容主要包括：

① 接收器和发送器。每一种 MIDI 装置都由一个接收器和一个发送器组成（个别特殊的也可能只有发送器或接收器）。发送器生成符合 MIDI 格式的消息并向外发送，接收器接收 MIDI 格式的消息并执行 MIDI 命令。MIDI 收发器可以用一种通用的异步收发器互相连接。数据传输速率为 31250bps，每个数据位的前后有一个起始位和停止位。

② 端口。MIDI 设备有 3 种端口。MIDI 输入口，用来接收从其他 MIDI 设备发送过来的 MIDI 消息；MIDI 输出口，用来发送本设备产生的原始 MIDI 消息；MIDI 转送口，用来在 MIDI 设备之间进行消息传送。MIDI 设备至少应具备其中一种端口，但也可以同时具有两种端口或 3 种端口。

③ 键盘。MIDI 键盘为 128 键（比标准 88 键钢琴多 21 个低音符和 19 个高音符），偏号为 0～127。MIDI 消息可以描述每个音符的信息，包括对应按键的键号、持续时间、音量和力度。

④ 通道。MIDI 接收器中有 16 个通道，可以同时向声音合成器传送 16 路不同的声音，好像指挥 16 个乐器演奏一样。MIDI 消息可以指定什么音符发给哪个通道，并对各通道进行各种控制。通道编号为 1～16，它在 MIDI 消息中的编号为 0～15。0 通道也称为基本通道。每一个通道分别对应着一个逻辑合成器，该合成器可以产生 128 种不同乐器的声音，也称为

不同合成器的"程序"。要为某个通道选择某种乐器，就必须预先为其设定对应的程序号。哪种乐器使用何种程序可以自行定义，因此，同一个 MIDI 文件使用不同的合成器播放时可能产生不同的效果。

⑤ 消息。MIDI 文件中包含了一连串的 MIDI 消息，每一个 MIDI 消息由若干字节组成，通常第一个字节为状态字节，其后则为一个或两个数据字节。状态字节的特征是最高位为"Ⅰ，用来指出紧随其后的数据字节的用途和含义；数据字节的特征是最高位为"0"，表示它们是一条 MIDI 消息的信息内容。

⑥ 合成器。合成器可以使用单音方式工作，也可以使用复音方式工作（多个音符），每个声道选择什么工作模式，则需要使用"选择声道模式"消息来进行控制。合成器有基本型和扩展型两种，它们能演奏的乐器数目及复音数有所区别。

3．计算机上 MIDI 音乐的产生过程

MIDI 电子乐器通过声卡的 MIDI 接口与计算机相连。这样，计算机可通过音序器软件来采集 MIDI 电子乐器发出的一系列指令。这一系列指令将记录到以".mid"为扩展名的 MIDI 文件中。在计算机上音序器可对 MIDI 文件进行编辑和修改。最后，将 MIDI 指令送往音乐合成器，由合成器对 MIDI 指令符号进行解释并产生波形，然后通过声音发生器送往扬声器播放出来。图 3.1.4 说明了 MIDI 音乐产生的过程。

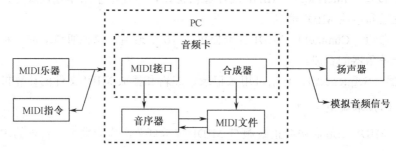

图 3.1.4　MIDI 音乐产生的过程

4．两种音频文件的比较

WAVE 文件和 MIDI 文件是目前计算机上最常用的两种音频数据文件，通过实例比较，可以看出它们各有不同的特点和用途，如表 3.1.5 所示。

表 3.1.5　WAVE 和 MIDI 格式的比较

	MIDI	WAVE
文件内容	MIDI 指令	数字音频数据
音源	MIDI 乐器	Mic，磁带
容量	小	与音质成正比
效果	与声卡质量有关	与编码指标有关
适用性	易编辑、声源受限、数据量小	不易编辑、声源不限、数据量大

3.2　Adobe Audition 简介

Adobe Audition 是一个专业音频编辑软件。2003 年 Adobe 公司收购了 Syntrillium 公司的专业级音频后期编辑软件 Cool Edit Pro，并将其更名为 Audition。之后不断进行版本的升级，包括 Adobe Audition1.5、Adobe Audition2.0、Adobe Audition3.0。Adobe Audition 的最新版本是 Adobe Audition CS6。Adobe Audition 易学易用，控制灵活，提供了编辑、控制、效果处理和音频混合等功能，同时 Adobe Audition CS6 还完善了各种音频编码格式接口。

3.2.1　Adobe Audition CS6 的新功能以及系统要求

（1）Adobe Audition CS6 的新功能

⊙ 更高效的工作面板，参数自动化，支持直接导入高清视频播放。

⊙ 强大的音高修正功能，可以手动或自动修正音频错误。

⊙ 更多新效果，通过新的效果，如 Pitch Bender, Generate Noise, Tone Generator, Graphic Phase Shifter 和 Doppler Shifter 等进行音效设计。

⊙ 时间伸缩工具可实时剪辑伸展，实时无损伸展剪辑使得音质更好。

⊙ 功能完备的音频分析工具。

（2）Adobe Audition CS6 系统要求

Adobe Audition CS6 对系统的运行环境有一定的要求，在安装前应先检查计算机系统的配置情况。

① 处理器。Intel Pentium 4（DV 需要 1.4GHz 处理器，HDV 需要 3.4GHz 处理器）；Intel Centrino； Intel Xeon（HD 需要双 Xeon2.8GHz 处理器）；或 Intel 双核或兼容处理器（AMD 系统需要支持 SSE2 的处理器）。

② 操作系统。Microsoft Windows XP Professional 或 Home Edition（Service Pack 2），Windows Vista Home Premium、Business、Ultimate 或 Enterprise，或 Windows 7（支持 32 位版并兼容 64 位版）。

③ 1GB 以上内存。2GB 可用硬盘空间。

④ 1280×800 监视器分辨率，具有 32 位视频卡和 16MB VRAM。

⑤ Microsoft DirectX 或 ASIO 兼容声卡。

⑥ 其他要求：使用 QuickTime 功能需要 QuickTime 7.6.6 支持。

3.2.2　Adobe Audition CS6 的界面环境

启动 Adobe Audition CS6，打开 Adobe Audition CS6 的工作界面，如图 3.2.1 所示。

图 3.2.1　Adobe Audition CS6 的工作界面

（1）Adobe Audition CS6 的三种视图模式

① 波形视图。该视图是为编辑单轨波形文件设置的界面，利用该视图可以处理单个的音频文件。图 3.2.1 就是"波形视图"下的工作区界面显示。

② 多轨混音视图。该视图可以对多个音频文件进行混音，来创作复杂的音乐或制作视

频音轨，如图 3.2.2 所示。

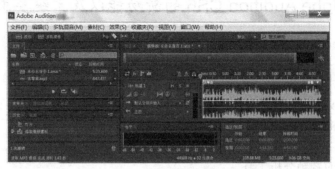

图 3.2.2　"多轨混音视图"界面

③ CD 视图。该视图可以集合音频文件，并将其转化为 CD 音轨，该视图主要用于刻录数字音频 CD，如图 3.2.3 所示。

（2）常用的工作面板

① "文件"面板：用于对"打开"或"导入"的文件进行管理，如图 3.2.4 所示。"文件"面板上的主要按钮的名称和作用，如表 3.2.1 所示。

图 3.2.3　"CD 视图"界面

图 3.2.4　"文件"面板

表 3.2.1　"文件"面板按钮说明

序　号	图　标	名　称	作　用
1		打开文件	打开"打开文件"对话框，将文件导入并在"编辑"窗口将其打开
2		导入文件	打开"导入"对话框，导入一个或多个素材文件
3		新建文件	新建音频文件、多轨混音或 CD 布局
4		插入进多轨会话	将选中的文件按顺序加入到多轨编辑窗口的轨道中
5		关闭文件	关闭选中的文件
6		播放文件	播放选中的文件
7		循环播放	循环播放选中文件
8		自动播放	自动播放选中文件

② "效果"面板：列出了所有可以使用的音频特效。面板底端有两个分类按钮，可以对效果进行不同的分类编组，如图 3.2.5 所示。

③ "历史"面板：使用"历史"面板可以方便地进行操作过程的恢复，如图 3.2.5 所示。

图 3.2.5 "效果"面板

图 3.2.6 "历史"面板

④ "编辑器"面板:它是 Audition 的主要工作面板,在该面板中可以对文件以不同的形式进行编辑处理。单击"视图"菜单下的"频谱显示"、"显示频谱音调"等命令,在"编辑器"面板中将以不同的形式显示文件内容。"编辑"菜单上方的矩形长条是显示范围区,矩形框表示声音波形的时间总长,透明条表示当前显示在波形显示区的波形在整个声音波形中的位置和长度。可以使用水平缩放工具或右键单击绿条来改变透明条的长度,也就改变了波形显示的范围。在"编辑器"面板的下方是播放点时间显示设置按钮以及一组

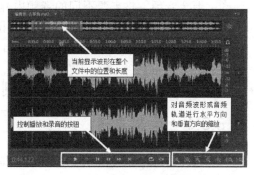

图 3.2.7 "编辑器"面板的波形显示区域

控制播放和录音的按钮,还有一组用来对音频波形或音频轨道进行水平方向和垂直方向的缩放的按钮,如图 3.2.7 所示。

⑤ "选区 | 视图"控制面板:该面板可以精确地选择或查看音频或音轨的开始位置、结束位置以及长度,如图 3.2.8 所示。图 3.2.8(a)是根据需要设置的选择和查看范围,图 3.2.8(b)是编辑中的相应波形显示。

(a)设置查看范围

(b)编辑中的波形

图 3.2.8 "选区 | 视图控制"面板

⑥ "电平"面板:显示当前正在播放或记录文件的波形峰值,下方是音量的显示轴,以绝对分贝数度量,最大值规定为绝对 0dB,如图 3.2.9 所示。

图 3.2.9 "电平"面板

⑦ 状态栏:在窗口的底端,用来显示文件的采样频率、量化位数、声道数、未压缩音频文件大小、持续时间、剩余空间等信息,如图 3.2.10 所示。

| 正在播放 | | 44100 Hz • 32 位 (浮点) • 立体声 | 96.72 MB | 4:47.477 | 8.96 GB 空闲 |

图 3.2.10 状态栏

3.2.3　Adobe Audition CS6 基本工作流程

Adobe Audition CS6 的工作流程可以分以下几个步骤：

① 新建或打开文件。启动 Adobe Audition CS6 后，选择"新建音频文件"或"新建多轨混音项目"；或者选择"打开音频文件"或"打开多轨混音项目"。

② 录音。

③ 编辑处理音频文件。根据需要切换到不同的视图模式下进行音频文件的编辑和处理。

④ 添加音频特效。通过添加音频特效更好地渲染音频内容。

⑤ 混合音频。将来源不同的音频内容进行混合，对各个音频轨道上的音频片段进行位置、均衡等方面的处理，使所有声效达到和谐统一。

⑥ 导出音频。将合成的音频内容导出为指定的音频文件格式。

3.3　Adobe Audition 录制音频文件

3.3.1　录制声音

在 Adobe Audition CS6 中进行录音，既可以在"波形视图"模式下进行单轨录音，也可以在"多轨混音视图"模式下通过多轨录音来完成。

（1）检查音频硬件设置

启动 Adobe Audition CS6，单击菜单"编辑 | 首选项 | 音频硬件"命令，打开"音频硬件"对话框，如图 3.3.1 所示，图中的默认输入和输出项已被激活，说明硬件已经准备好，可以录音了。

在录音的过程中，若要调整音频电平的高低，可以在 Windows 7 操作系统下从"控制面板"中启用"Realtek 高清音频管理器"来调整各项录音来源的电平高低，如图 3.3.2 所示。

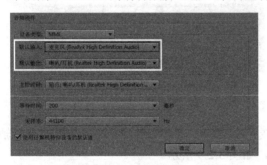

图 3.3.1　"音频硬件设置"对话框

图 3.3.2　"Realtek 高清音频管理器"

（2）在"波形视图"模式下进行单轨录音

图 3.3.3　"新建音频文件"对话框

① 新建文件。将麦克风与计算机声卡的 Microphone 接口相连接。单击工具栏上的"波形视图"模式按钮，或者直接单击键盘上的数字 9，也可以使用命令"文件 | 新建 | 音频文件"，在"新建波形"对话框中选择文件的名称、采样频率、通道类型（声道数）以及位深度（量化位数）等信息，单击"确定"按钮，如图 3.3.3 所示。

② 开始录音。单击"编辑器"面板上的"录音"按钮，开始录音。录音结束后单击"编辑器"面板上的"停止"按钮。录制好的音频文件将自动添加到"文件"面板中。如图 3.3.4 所示。单击菜单"文件｜另存为"命令，指定文件的保存路径和名称，将新建的声音文件进行保存。

（3）在"多轨混音视图"模式下进行多轨录音

多轨录音常用在录制配音、配唱等场合，要求一边播放一边录音。可以先将要播放的内容放置在一个音频轨道上，然后选择另外一个音频轨道进行录音。

① 新建文件。启动 Adobe Audition CS6，将麦克风与计算机声卡的 Microphone 接口相连接。单击工具栏上的"多轨混音"模式按钮，或者直接单击键盘上的数字 0，也可以使用命令"文件｜新建｜多轨混音项目"，在"新建多轨混音"对话框中选择混音项目的名称、位置、模板、采样频率、位深度以及主控音频类型等信息，单击"确定"按钮，如图 3.3.5 所示。

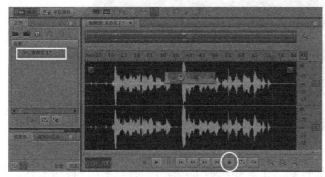

图 3.3.4 "波形视图"模式下的录音 图 3.3.5 "新建多轨混音"对话框

② 开始录音。在"编辑器"面板选取某个录音轨道，单击某音频轨道的"录制准备"按钮 R，然后单击面板下方"录制"按钮开始录音。录音结束后，单击"编辑器"面板上的"停止"按钮。录制好的音频文件将自动添加到"文件"面板中，如图 3.3.6 所示。录制好的文件将自动添加到"文件"面板中，同时被保存到与项目文件同目录的名为"XXX_Recorded"文件夹中。

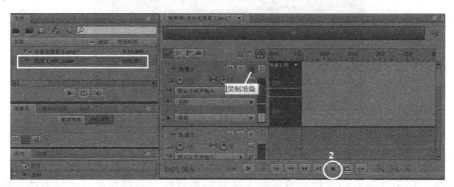

图 3.3.6 "多轨混音视图"模式下的录音

3.3.2 循环录音

循环录音是指在可视范围内或指定的范围内进行循环的录音方式，每次录音都将自动产生一个音频文件。录制好的文件将自动添加到"文件"面板中，同时被保存到与项目文件同目录的名为"XXX_Recorded"的文件夹中。循环录音只能在"多轨混音视图"下完成。

① 选择录音轨道，单击工具栏上的"时间选区工具"  ，选取一段要循环录音的区域，或者在"选区|视图"面板上输入选择区域的精确位置，如图3.3.7所示。

② 选择录音轨道的"录制准备"按钮和"独奏"按钮准备录音。

③ 单击"编辑器"面板上的"循环播放"按钮和"录制"按钮开始录音。

当录音结束后，播放线的位置重新回到选区的起始位置，再次单击"录制"按钮开始下一次录音。系统不断重复在选定的区域进行录音。每次录音的结果都会出现在"文件"面板中，如图3.3.7所示。并保存到项目文件同目录的名为"XXX_Recorded"的文件夹中。

图3.3.7　循环录音

所有录制的音频文件都被自动放置到一个音频轨道上，单击工具栏上的"移动工具" ，将它们移动到不同的音频轨道上。单击"编辑器"面板中的"循环播放" 按钮，分别单击每个轨道的"独奏" 按钮，试听选出满意的录音文件，如图3.3.8所示。

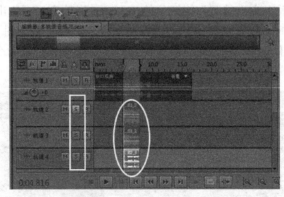

图3.3.8　试听各个录音片段

3.3.3　穿插录音

穿插录音用于在已有的文件中重新插入新录制的片断。系统只是将选区内的内容进行重新录制，选区外的部分只作播放处理。穿插录音同循环录音一样也要求在"多轨混音视图"模式下完成。

① 单击工具栏上的"时间选区工具" ，选取一段要补录的录音区域，或者在"选区|

视图"面板上输入选择区域的精确位置。单击轨道的"录制准备"按钮。

② 将选择指针的位置拖动到音频文件的开始位置,单击"编辑器"面板上的"录制"按钮  开始录音。当选择指针经过选区时进行的是录音操作,当选择指针离开选区时进行的是播放操作,如图 3.3.9 所示。

图 3.3.9 穿插录音

③ 若音频文件的其他位置还需要补录的话,继续上面的操作,不断完成穿插录音。

3.3.4 应用实例——配乐诗朗诵

【案例 3.3.1】 制作配乐诗涌,包括录音及插入背景音乐。

① 启动 Adobe Audition CS6,单击键盘上的数字 0 进入"多轨混音视图"模式。设置项目名称、保存位置、采样频率、位深度以及主控类型等参数,如图 3.3.10 所示。

② 单击菜单"文件 | 导入 | 文件"导入"古筝曲.mp3"文件。将"文件"面板中的"古筝曲.mp3"插入到"音轨 1"轨道的零点处,如图 3.3.11 所示。

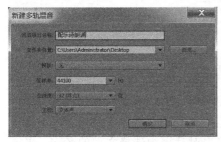

图 3.3.10 新建项目

图 3.3.11 "古筝曲.mp3"插入到"音轨 1"轨道

③ 在"音轨 2"中单击"录制准备"按钮 ,观察"监视输入"按钮 ,对着麦克风讲话同时观测"电平表"的电平显示。根据实际情况调整麦克风的音量大小。

④ 单击"编辑器"面板上的"录制"按钮 ,可以一边播放音乐一边录制声音。录制完成后单击"编辑器"面板上的"停止"按钮 ,同时,录制的文件自动添加到"文件"面板中,如图 3.3.12 所示。

图 3.3.12 开始录音

⑤ 单击菜单"文件 | 导出 | 多轨缩混 | 完整混音"命令,在打开的"导出多轨缩混"对话框中选择文件的保存位置和设置文件名称,并选择文件的保存类型。单击"保存"按钮将混音后的文件保存,如图 3.3.13 所示。

⑥ 混音处理结束后,混音的文件自动添加到"文件"面板中。

图 3.3.13　保存缩混后的音频文件

3.4　Adobe Audition 波形视图模式下音频文件的编辑

Adobe Audition CS6 的"波形视图"模式是一个单轨编辑界面，本节将介绍"波形视图"模式下的文件处理和编辑。

3.4.1　波形视图模式下基本文件操作

图 3.4.1　"新建波形"对话框

（1）新建文件

单击工具栏上的"波形视图"模式按钮，或者直接单击键盘上的数字 9，也可以使用命令"文件｜新建｜音频文件"，在"新建波形"对话框中选择文件的名称、采样频率、声道类型（声道数）以及位深度（量化位数）等信息，单击"确定"按钮，如图 3.4.1 所示。

（2）打开文件

在文件菜单中提供了多种打开文件的方式。

① 单击菜单"文件｜打开"命令。单击菜单"文件｜打开"命令，显示"打开"对话框，选择要打开的文件。

单击第一个文件后按住 Shift 键，再单击最后一个文件可以选择多个连续文件；按住 Ctrl 键逐个单击要打开的文件可以选中多个不连续的文件。然后单击"打开"按钮，打开的文件自动添加到"文件"面板中。

② 单击菜单"文件｜追加打开"命令。"追加打开"有两种方式，一种是追加打开"为新建"命令，这是指在一个新建立的文件中打开某文件；另一种是追加打开"到当前"命令，这是指在已经打开的音频文件尾部再追加一个音频文件。

③ 单击菜单"文件｜打开最近使用的文件"命令。可把最近使用的音频文件打开进行编辑。

④ 单击菜单"文件｜从 CD 中提取音频"命令。在"从 CD 中提取音频"对话框中选择 CD 上的一个或多个音频文件，如图 3.4.2 所示，单击"确定"按钮。

图 3.4.2　从 CD 中提取音频

经过一个提取过程，选中的文件将被导入到"文件"面板。

（3）保存文件

文件菜单中提供了"存储"、"另存为"、"存储所选择为"、"全部存储"以及"所有音频存储为批处理"等五种保存命令。

（4）关闭文件

文件菜单中提供了"关闭"、"全部关闭"、"关闭未使用的媒体"等三种关闭命令。

3.4.2 波形视图模式下音频文件的编辑

本节将介绍在波形视图模式下对音频文件进行编辑的基本操作。

（1）选取波形

在 Adobe Audition CS6 中，要对一个音频文件的部分内容进行编辑处理，应先选中这部分内容再做处理。可以直接用鼠标拖动出选择区域，也可以在"选区 | 视图"面板中输入精确的选区位置以及要查看的区间位置，如图 3.4.3 所示。

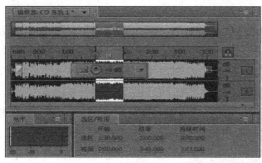

图 3.4.3　选取波形范围

若要选取立体声文件中的一个声道，可以单击轨道右侧的"声道激活状态开关"。其中"L"为左声道开关，"R"为右声道开关。如图 3.4.4 所示，选中了右声道的部分内容。

若要选取整个波形，可以使用快捷键"Ctrl+A"。Adobe Audition CS6 还提供了一些选择特殊范围的菜单命令。单击菜单"编辑 | 零交叉"可以将选区的起点和终点移动到最近的零交叉点处；"编辑 | 选择"菜单还提供了多种选择编辑范围的命令，如图 3.4.5 所示。

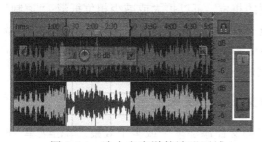

图 3.4.4　选中右声道的波形区域

图 3.4.5　多种选择编辑范围命令

（2）删除波形

选取波形后，按键盘上的 Delete 键，或者利用菜单"编辑 | 删除"命令进行删除操作。

（3）裁剪波形

裁剪波形是将选区内的内容保留，而将其他部分删除。选取波形后，单击菜单"编辑 |

裁剪"命令或利用快捷键"Ctrl+T"。

（4）Adobe Audition CS6 的剪贴板

Adobe Audition CS6 中有五个剪贴板可以使用，单击菜单"编辑｜设置当前剪贴板"命令选中一个剪贴板作为当前剪贴板。五个内置的剪贴板可以在 Audition 中使用。若 Audition 中的文件要和外部程序交换数据，可以使用 Windows 剪贴板。注意：Windows 剪贴板只有一个，用户每次进行剪切｜复制或粘贴操作时，始终是针对当前剪贴板的。

（5）剪切波形

选取波形后，单击菜单"编辑｜剪切"或利用快捷键"Ctrl+X"，将波形移动至当前剪贴板中。

（6）复制波形

选取波形后，单击菜单"编辑｜复制"或利用快捷键"Ctrl+C"，将波形复制至当前剪贴板中。

若单击菜单"编辑｜复制为新文件"命令，则将所复制的波形生成新的文件。

（7）粘贴波形

编辑菜单的粘贴命令有三个：粘贴、粘贴到新文件、混合式粘贴。

① "粘贴"命令。作完剪切或复制操作后，在目标位置设置插入点（也就是选择指针的位置），单击菜单"编辑｜粘贴"或利用快捷键"Ctrl+V"，或单击常用工具栏上的"粘贴"按钮。这样剪贴板的波形就粘贴到新的区域了。

② "粘贴到新文件"命令。单击菜单"编辑｜粘贴到新的"命令或利用快捷键"Ctrl+Alt+V"，将剪贴板中的内容创建为一个新的文件。

图 3.4.6　"混合式粘贴"对话框

③ "混合式粘贴"命令。混合粘贴可以将两个波形区域的内容进行混音。单击菜单"编辑｜混合式粘贴"或利用快捷键 Ctrl+Shift+ V，将打开"混合粘贴"对话框，如图 3.4.6 所示。

其中"已复制的音频"和"现有音频"表示用来调整复制的和现有的音频的百分比音量；"反转已复制的音频"指如果现有音频包含类似内容，反转所复制音频的相位，可以扩大或减少相位抵消；"调制"选项是指剪贴板中的内容在选择指针处插入，选择指针后的波形文件内容与被粘贴的内容混合起来，并且将作调制处理；"淡化"选项是将交叉淡化应用到所粘贴的音频的两端，从而生成更平稳的过渡，指定淡出长度以毫秒为单位。

3.4.3　波形视图模式下音频文件的效果

Adobe Audition CS6 中可以方便地为音频文件添加一个或多个效果。单击菜单"窗口｜效果夹"命令可以打开"效果"面板使用其中的效果，或者单击"效果"菜单中的命令添加效果。

1. 添加效果的步骤

① 选择要应用效果的波形区域，若不选区域则将对整个文件应用效果。

② 单击"效果"菜单中的相应效果命令，或者在"效果夹"面板中添加相应效果命令，

在打开的对话框中进行参数的设置。

③ 在对话框中预览效果并确定。

Adobe Audition CS6 中可以一次同时添加多个效果，如图 3.4.7 所示。

图 3.4.7 "效果夹"面板

2．常用的音频特效

通过为音频文件添加特效，可以增加音乐的感染力，改善音乐品质。

① 改变音量大小

改变音量大小可以通过下面的方法：

① 在选中波形区域后，可以直接拖动"编辑器"面板上出现的浮动的音量调节按钮，如图 3.4.8 所示。

② 利用菜单"效果｜振幅与压限｜标准化（处理）"命令，打开"标准化"对话框进行设置，如图 3.4.9 所示。其中"标准化到"的值为 100%时，使得声音电平的峰值达到 100%，得到最大的动态范围。当选择"分贝格式"复选框时，"标准化为"的值为分贝数，此时 100% 标准化对应 0 分贝。"平均标准化所有声道"可以使左右声道达到最大音频峰值。

图 3.4.8 音量调节

图 3.4.9 "标准化"对话框

③ 利用菜单"效果｜振幅与压限｜增幅"命令，打开"增幅"对话框进行设置，如图 3.4.10 所示。在"预设"中可以选择已有的预设值；单击右侧的"保存一个新的预设"按钮也可以将自己设置的参数值保存为新的预设效果；单击"删除预设"按钮可以删除某预设；使用"存储当前效果设置为一个收藏效果"，可以将当前设置好的效果放置到"收藏夹"菜单中。也可以不使用预设的效果，直接改变"左｜右声道增益的值"，正数表示加大音量，负数表示减小音量。

很多效果对话框中都有"状态开关" ⏻ 按钮，它用来启用或去除效果；"预览播放｜停止"按钮 ▶ ，用来预听效果。

（2）淡化效果

在乐曲的开头和结尾处常常要做淡入和淡出的效果，可利用菜单"效果｜振幅与压限"中的"淡化包络"命令来制作，打开"淡化包络"对话框，在"预设"下拉列表中进行设置。下面制作一段乐曲的淡出效果。

首先选择一段结尾处的音频区域，利用菜单"效果｜振幅与压限"中的"淡化包络"命令，打开"淡化包络"对话框，如图 3.4.11 所示。在"预设"下拉列表中的右侧"预设"里选中"线性淡出"效果。

使用效果前后的波形对比图，如图 3.4.12 所示。

图 3.4.10　"效果-增幅"对话框　　　　图 3.4.11　"淡化包络"对话框

图 3.4.12　"淡出"效果对比图

也可以用鼠标拖动的方式完成淡入淡出效果。在波形图的左上角或右上角，拖动渐变控制图标■或■，通过向内拖动设置渐变的长度、向上向下拖动设置渐变的曲线，如图 3.4.13 所示。

图 3.4.13　拖动渐变控制图标完成的淡入淡出效果

也可以选择"收藏夹"中的"淡入|淡出"命令完成淡入淡出效果。

（3）降噪处理

录制音频文件时，由于受外界环境的影响，在没有发音时也会产生一个振幅不大的噪声。使用降噪处理可以降低或减少这部分噪声。在菜单"效果"菜单的"降噪/恢复"子菜单中包含了针对不同类型的噪声的降噪处理命令。

这里只介绍其中几个命令。

① 降噪（处理）。在开始位置选中一段噪声波形，如图 3.4.14 所示。

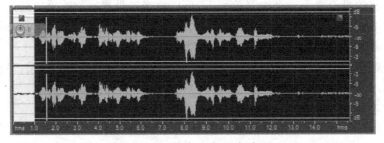

图 3.4.14　选中一段噪声波形

然后单击"效果"菜单"降噪/恢复"中的"降噪（处理）"命令，打开"降噪"对话框，如图 3.4.15 所示。单击"捕捉噪声样本"按钮，经过一段时间的处理后，将显示出所选波形的噪声样本示意图以及其他一些相关的参数值，如图 3.4.16 所示

单击"预演播放|停止"按钮，若效果不满意可继续调整参数值。若试听的效果很好，单击"降噪"对话框中的"选择完整文件"按钮，并单击"确定"按钮。降噪效果前后对比

图如图 3.4.17 所示。

图 3.4.15　降噪对话框

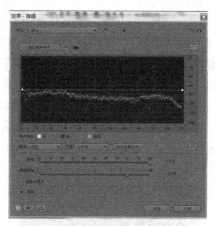

图 3.4.16　降噪器

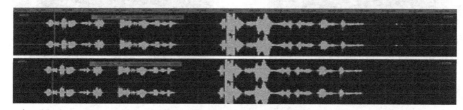

图 3.4.17　降噪前后对比图

② 自适应降噪。单击"效果"菜单"降噪/恢复"中的"自适应降噪"命令，打开"自适应降噪"对话框，如图 3.4.18 所示，在"预设"下拉列表中可以选择"弱降噪"和"强降噪"快速消除风声、电流声以及持续的嘶嘶声和嗡嗡声等。

其中："降噪依据"用来确定降噪水平；"噪声量"表示原始音频包含噪声量的水平；"微调噪声基准"用来手动调节基于自动计算的噪声层次；"信号阈值"用于调节音频信号阈值；"频谱衰减率"在进行大幅降噪的同时尽可能的降低人为操作的痕迹；"宽频保留"用于指定要保留的频率宽带；"FFT 大小"用来指定要分析频带的数量。

③ 消除嘶声。选取一段有嘶声的区域，单击"效果"菜单"降噪/恢复"中的"降低嘶声"命令，打开"降低嘶声"对话框，如图 3.4.19 所示。可以使用预设内容，也可以自行设置。单击"捕获噪声基准"按钮，示意图将显示分析结果。单击"预演播放｜停止"按钮，若有过分降噪现象可以手动调整曲线。

图 3.4.18　自适应降噪

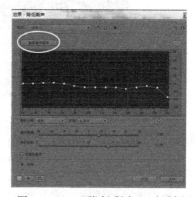

图 3.4.19　"降低嘶声"对话框

（4）延迟与回声

① 延迟。设置声道的简单延迟效果。选中要添加延迟效果的一段区域，单击菜单"效果｜延迟与回声｜延迟"，在打开的"延迟"对话框中设置参数，如图 3.4.20 所示。可以使用"预设"的参数值，也可以分别设置左右声道的延迟时间。"混合百分比"用来设置混合的干湿比，其中干声表示未施加效果的声音，湿声是施加效果后的声音。

② 模拟延迟。用于模拟老式的硬件延迟效果器的声音。选中要添加延迟效果的一段区域，单击菜单"效果｜延迟与回声｜模拟延迟"，在打开的"模拟延迟"对话框中设置参数，如图 3.4.21 所示。可以使用"预设"的参数值，也可自行设置参数值。

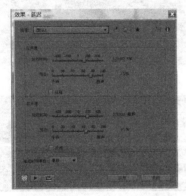

图 3.4.20　"延迟"对话框　　　　　图 3.4.21　"模拟延迟"对话框

其中："模式"用来指定模拟类型是磁带、电子管以及模拟器；"干输出"设置未处理的音频音量；"湿输出"设置延时后的音频音量；"延迟长度"单位是毫秒；"反馈"用于重新发送延迟的音频，创建重复的回声；"松散"提高低频并增加失真效果；"扩散"设置延迟信号的立体声宽度。

③ 回声。回声是多个延迟效果叠加而成的。选中要添加回声效果的一段区域，单击菜单"效果｜延迟与回声｜回声"，在打开的"回声"对话框中设置参数，如图 3.4.22 所示。可以使用"预设"的参数值，也可自行设置参数值。

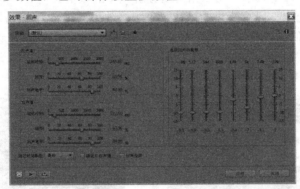

图 3.4.22　"回声"对话框

可设置左右声道的延迟时间和回馈量，"回声电平"的值越大，回声重复次数越多。"连续回声均衡器"可以对回声进行快速滤波，当滑块向上拖动表示该频段的声音衰减较大。

（5）时间与变调

变速用于改变声音的速度。单击"效果｜时间与变调｜伸缩与变调"命令。打开"伸缩与变调"对话框，可以在"预设"内选中变速或者变调设置，再进行参数的调整。如图 3.4.23 所示。其中"算法"包括"iZotope 半径"算法和"Audition"算法，"iZotope 半径"算法产生的人为修改痕迹较少但所用时间较长；"持续时间"中的"当前持续时间"表示处理前的波形时间长度，"新的持续时间"表示处理后的波形时间长度；"伸缩与变调"中的"伸缩"表示处理后波形是原始长度的百分之几，大于 100%表示波形持续时间变长速度变慢；"变调"用于音高的转换，大于 0 表示音高的升高。

（6）中置声道提取

用来消除部分人声，制作伴奏音乐。单击菜单"效果｜立体声声像｜中置声道提取"命令，打开"中置声道提取"对话框，在"预设"中选择"人声移除"命令，如图 3.4.24 所示。这里也可以选择"预设"中的"卡拉 OK"选项。边预听边调节"中置声道电平"和"侧边声道电平"的参数。在"频率范围"中可以选择"男生"、"女生"等选项。

图 3.4.23　"伸缩与变调"对话框　　　　图 3.4.24　"中置声道提取"对话框

（7）其他效果

① 静音：单击"效果｜静默"，可以为所选波形设置静音效果；

② 滤波和均衡：单击"效果｜滤波与均衡"，可以对不同的音频频率段进行增益或衰减的操作。

③ 特殊效果：单击"效果｜特殊效果"，可以对音频文件整体或吉他声音进行优化处理，可以添加回声和失真效果等。

④ 调制：单击"效果｜调制"，可以添加合声效果、移动的相位效果以及制作带有声音起伏感的"镶边"效果等。

3.4.4　应用实例——动感音乐伴奏

【实例 3.4.1】　通过为已有的音频文件添加音频特效，制作动感音乐伴奏曲。

① 启动 Adobe Audition CS6，进入"波形视图"模式。

② 单击菜单"文件｜打开"打开一个自己喜欢的音乐文件，如图 3.4.25 所示。

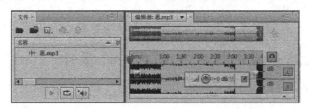

图 3.4.25　"编辑器"面板中打开音乐文件

图 3.4.26 　"标准化"对话框

③ 单击菜单"效果｜振幅与压限｜标准化（处理）"命令，在打开的"标准化"对话框中根据实际情况给出具体的值，并单击"确定"按钮，如图 3.4.26 所示。

④ 单击菜单"效果｜立体声声像｜中置声道提取"命令，打开"中置声道提取"对话框，在"预设"中选择消除人声，如图 3.4.27 所示，将音乐文件中的人声部分去掉。

⑤ 单击菜单"效果｜时间与变调｜伸缩与变调"命令，进行加速处理，如图 3.4.28 所示，使得音乐播放速度变快，动感十足。

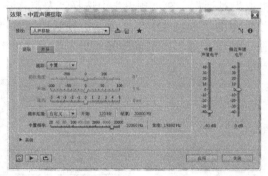

图 3.4.27 　消除人声

⑥ 单击菜单"文件｜保存为"命令，选择文件的保存位置、设置文件的名称以及文件的类型。如图 3.4.29 所示。

图 3.4.28 　"伸缩与变调"对话框

图 3.4.29 　保存文件

3.5 　Adobe Audition 多轨混音视图模式下音频文件的编辑

Adobe Audition CS6 的"多轨混音视图"模式是一个多轨道音频编辑界面，常用于多个音频轨道的内容进行混音的操作。本节将介绍"多轨混音视图"模式下的文件处理和编辑。

3.5.1 　多轨混音视图模式下基本文件操作

（1）导入文件

启动 Adobe Audition CS6，单击工具栏上的"多轨混音"模式按钮，或者直接单击键盘上的数字 0，进入"新建多轨混音视图"对话框界面。对项目的各参数进行设置，如图 3.5.1 所示。

单击"文件"菜单中的"导入 | 文件"命令，在"导入"对话框中选择一个或多个文件，单击"打开"按钮。导入的文件将出现在"文件"面板中，如图 3.5.2 所示。

图 3.5.1　导入文件　　　　　　　图 3.5.2　"文件"面板

在多轨混音视图模式下包括了多条轨道，每条轨道中可以设置一个或多个剪辑（即音频块），每个剪辑都可以进行独立的操作，如进行剪辑的编辑、添加各种音频特效等。

当对所有剪辑的整体效果满意后，既可以将它们导出为一个混缩音频文件，也可以将其保存为项目文件。混缩音频文件是一个独立的音频文件。而多轨混音项目文件保存的是指向源文件的链接和混音时的各种参数，它并不保存实际的音频文件的内容。所以多轨混音项目文件所占空间相对较小。

多轨混音项目文件是一类".sesx"的文件。多轨混音视图模式下可以利用"文件"菜单新建、打开、关闭、以及保存多轨混音项目文件。

在保存多轨项目文件时，最好将项目中所用到的源文件与项目文件保存在一个单独的文件夹中，这样在进行项目文件移植时，源文件也将被一同移植到同一个目录中，无需重新链接源文件。

（2）导出文件

① 导出混缩音频文件。当对所有剪辑的整体效果满意后，单击菜单"文件 | 导出 | 多轨缩混 | 完整混音"命令，在打开的"导出多轨缩混"对话框中，设置文件的存储位置和名称，单击"保存类型"下拉列表，选择要输出的音频文件格式，如图 3.5.3 所示。

② 导出多轨混音项目文件。单击菜单"文件 | 导出 | 混音"命令，弹出"导出混音项目"对话框，如图 3.5.4 所示。

图 3.5.3　将混缩后的文件保存为指定的格式　　　图 3.5.4　"导出混音项目"对话框

3.5.2 多轨混音视图模式下的轨道操作

（1）轨道的类型

Adobe Audition CS6 的轨道类型包括下面几种。

① 音频轨道。可以放置音频文件或剪辑。包括"单声道音轨"、"立体声音轨"和"5.1 声道音轨"。

② 视频轨道。视频轨道可以显示视频的缩略图，它总是在其他轨道的最上方，如图 3.5.5 所示。若要观看其画面，单击菜单"窗口 | 视频"，在"视频"面板中可以看到视频播放画面。

③ 总线轨道。

可以将多个音频轨道的内容输出到总线轨道，再由总线轨道统一对它们进行设置，如图 3.5.6 所示。

④ 主控轨道。可以将多轨道的内容或多总线的内容进行集中输出，如图 3.5.7 所示。

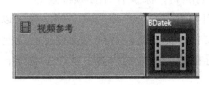

图 3.5.5　视频轨道　　　　图 3.5.6　总线轨道　　　　图 3.5.7　主控轨道

（2）轨道操作

① 添加轨道。利用菜单"多轨混音 | 轨道"中的相应命令完成轨道的添加，如图 3.5.8 所示。

也可以在任意轨道的放置波形区域单击鼠标右键，在快捷菜单中选择"轨道"命令，在其子菜单中选择一种要添加的轨道类型。

② 删除轨道。选中要删除的轨道后，利用其快捷菜单中的"轨道 | 删除已选择轨道"命令，或选择菜单"多轨混音 | 轨道 | 删除所选择轨道"命令。

③ 移动轨道。移动鼠标到轨道名称的位置 ，如图 3.5.9 中的左上角的位置，这时鼠标变成一个小手的形状，按住鼠标拖动即可移动轨道。

图 3.5.8　添加轨道命令　　　　　图 3.5.9　移动轨道

④ 轨道设置窗口组成。这里以音频轨道为例，介绍"多轨混音视图"模式下"编辑"窗口组成，如图 3.5.10 所示。可以为每个轨道设置"输入 | 输出"、"效果"、"发送"、"均衡"等参数。

在"多轨混音视图"模式下，设置轨道的参数既可以在"编辑器"面板中设置，也可以在"混音器"面板中设置。单击菜单"窗口 | 混音器"打开"混音器"面板，如图 3.5.11 所

示。"混音器"中可以显示和编辑轨道的参数。

⑤ 将相同设置应用于全部轨道。按住"Ctrl+Shift"组合键，再执行某操作。如：将全部轨道静音。

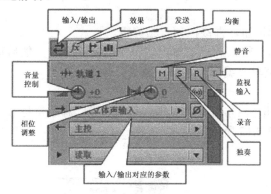

图 3.5.10　设置轨道的参数

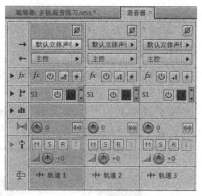

图 3.5.11　"混音器"窗口

3.5.3　多轨混音视图模式下音频剪辑的处理

在多轨混音视图模式下，可以对音频剪辑进行非破坏性的处理，而不会破坏原始的音频文件。多轨混音视图模式提供了多条轨道，每条轨道都可以进行独立操作。

1．将文件插入到多轨混音视图模式下的轨道中

① 在多轨混音视图模式下，可以先将文件导入到"文件"面板中，选中文件后，单击鼠标右键，在快捷菜单中选择"插入到多轨混音"中的相应命令，将其插入到当前轨道的选择指针之后的位置。

② 直接将"文件"面板中的文件选中，按住鼠标左键将其拖放至目标轨道的目标位置处。

③ 选中轨道并设置插入点位置，选择"多轨混音|插入文件"命令，在"导入文件"对话框中选择要插入的音频文件，单击"打开"按钮，音频文件就插入到指定轨道的指定位置了。

2．编辑音频剪辑

插入到轨道中的音频块称为音频剪辑，系统菜单中的"素材"菜单，包含了剪辑处理的大部分命令。下面介绍音频剪辑的基本编辑处理操作。

（1）选择音频剪辑

选择工具栏上的"移动工具"　按钮，单击轨道上的音频剪辑，将其全部选中，如图 3.5.12 所示。

选择工具栏上的"时间选择工具"　按钮，在音频剪辑上拖动，可以选中一段波形区域，如图 3.5.13 所示。

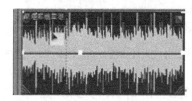

图 3.5.12　选中音频剪辑以及选中波形区域

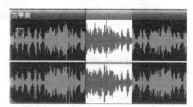

图 3.5.13　选中一段波形

选择"移动工具"  按钮，然后按住 Ctrl 键逐个单击音频剪辑，可以选择多个剪辑；或者选择工具栏上的"移动|复制剪辑工具" 按钮，拖动绘制一个矩形选框，选择框所包含的剪辑都将被选中，如图 3.5.14 所示。

（2）移动音频剪辑

① 选择工具栏上的"移动工具" 按钮，直接拖动音频剪辑。

② 利用菜单命令。选中要移动的音频剪辑，选择菜单"编辑|剪切"命令，然后选中目标轨道，设置好选择指针的位置，选择菜单"编辑|粘贴"命令。

（3）复制音频剪辑

选择工具栏上的"移动工具" 按钮，右击并拖动剪辑到目标位置，释放鼠标右键并在弹出菜单上选择相应的复制命令，如图 3.5.15 所示。

图 3.5.14　选取多个音频剪辑

图 3.5.15　复制/移动音频剪辑

若选择"复制到这里"，将复制一个剪辑到目标位置，选择的音频剪辑和复制的音频剪辑拥有同一个原始音频文件。

若选择"复制唯一到这里"，将复制一个独立的音频剪辑，并且在"文件"面板中会生成一个新的文件。选择"移动到这里"，将作剪辑的移动操作。

具体操作方法：

① 利用菜单命令。选中要复制的音频剪辑，选择菜单"编辑|复制"命令，然后选中目标轨道，设置好选择指针的位置，选择菜单"编辑|粘贴"命令。

② 选中剪辑后，单击菜单"素材|转换为唯一复制"命令，将音频剪辑转换为独立的音频文件，并在"文件"面板中显示。

（4）剪辑编组与取消编组

选中多个音频剪辑后，单击菜单"素材|编组|编组素材"，或使用快捷键"Ctrl+G"，或快捷菜单中的"编组|编组素材"命令，将多个剪辑组合起来，如图 3.5.16 所示。再次使用这些命令将取消编组状态。单击菜单"素材|素材色"，可以修改剪辑的颜色。

（5）裁切音频剪辑

可以使用下列方法进行操作：

① 利用鼠标拖动裁切音频剪辑。在音轨上选中某音频剪辑后，移动鼠标至音频剪辑的左右边界处，当鼠标变为拖拽标志后 ，拖动鼠标。裁切前后对比图如图 3.5.17 所示。

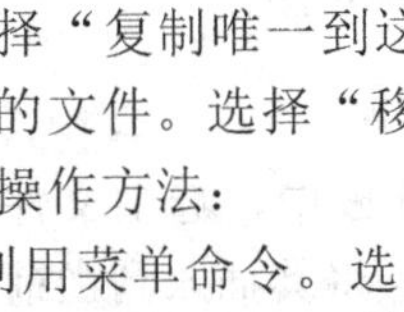

图 3.5.16　剪辑编组

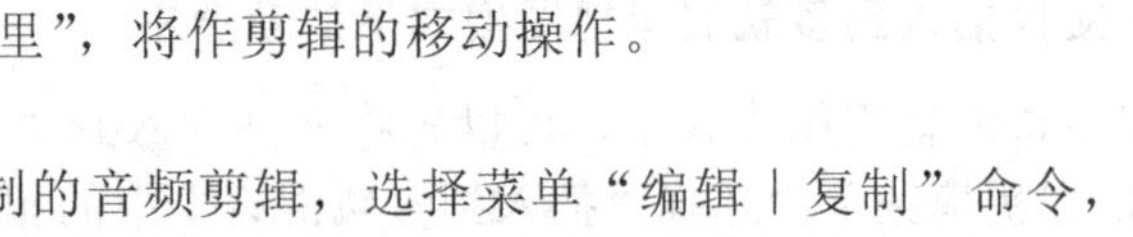

图 3.5.17　裁切音频剪辑

② 保留选取区域内部的音频剪辑。选中一段要保留的波形区域，单击菜单"素材|修剪时间选区"命令，将选择区域之外的内容删除。

若要将选区内的内容删除，先选中要删除的区域如图 3.5.18 所示，然后使用菜单"编辑|删除"命令或"编辑|波纹删除"子菜单中的命令，如图 3.5.19 所示。

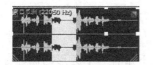

图 3.5.18　选择要删除的波形区域

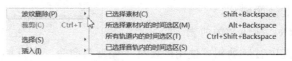

图 3.5.19　波纹删除

若使用"删除"命令，删除之后的内容显示为一段空白区域，如图 3.5.20(a)所示；若使用"波纹删除"命令，删除区域右侧的其他内容将自动左移，如图 3.5.20(b)所示。

(a)"删除"效果

(b)"波纹删除"效果

图 3.5.20　"删除"与"波纹删除"命令

③ 剪辑的切分。将剪辑切分为不同部分后，可以对各个部分进行独立的操作。先选中剪辑，然后设置选择指针的位置（即切分点的位置），单击菜单"素材 | 拆分"，或使用快捷键 Ctrl+K，将剪辑切分为两个相对独立的部分。注意：如果是先选中了一段波形区域，然后再使用菜单"素材 | 拆分"命令，那么将把剪辑划分为三个相对独立的部分。

（6）音频剪辑的时间伸缩

多轨混音视图模式下可以很方便地对音频剪辑进行时间的伸缩处理，达到声音的快放或慢放的效果。

① 利用鼠标拖动完成。选中音频剪辑，单击菜单"窗口 | 属性"命令，将"属性"面板打开，在"属性"面板中有"伸缩"控制项。如图 3.5.21 所示，其中"模式"中选择"关闭"时伸缩参数将不能调整，波形速度和音高将恢复原样；"实时"模式修改完参数后可直接播放，但效果不好；"渲染（高品质）"模式修改完参数后会进行渲染，所以处理的时间较长，但音质效果好。"音调"可调节音频剪辑的音调的高低。当选中"渲染"模式时，在对话框的"高级"选项中还可设置其"精度"值，分别为高、中、低。

② 利用菜单命令。单击菜单中"素材 | 伸缩 | 启用全局素材伸缩"命令，在所有轨道上的音频剪辑的左上角和右上角都会出现三角形的伸缩标记，如图 3.5.22 所示。当鼠标移动到伸缩标记时,鼠标指针变为秒表图标，按住鼠标进行拖动可以快速拉长或者缩短音频剪辑。

图 3.5.21　"属性"面板

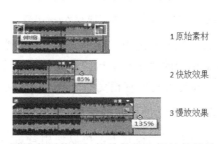

1 原始素材

2 快放效果

3 慢放效果

图 3.5.22　原始音频剪辑与快放效果和慢放效果的对比图

（7）锁定音频剪辑

选中音频剪辑，利用快捷菜单的"锁定时间"或"素材 | 锁定时间"命令，可将音频剪辑锁定。锁定后的音频剪辑不能改变其在时间轴上的位置，但可以在不同的轨道上下移动或

者做其他的操作。

（8）循环音频剪辑

选中音频剪辑，使用"素材 | 循环"命令，在音频剪辑的左下角有一个圆形的循环标识，表示当前已经进入循环模式了，如图 3.5.23 所示。在音频剪辑的右端按住鼠标进行拖动，新的波形就会出现且与原始波形一致，只要一直拖动，波形就会不断产生。每两段循环波形之间有一条白色虚线是循环的分界线，如图 3.5.24 所示。

图 3.5.23　循环模式　　　　　　　　　　图 3.5.24　循环音频剪辑

3.5.4　多轨混音视图模式下的混音处理

在多轨混音视图模式下可以很方便地进行混音处理。下面介绍在多轨混音视图模式下为音频剪辑添加渐变效果、使用包络曲线以及在多轨混音视图模式下为轨道添加音频效果等。

1．在多轨混音视图模式下为音频剪辑添加渐变效果

（1）为一个音频剪辑添加渐变效果

可以用鼠标拖动的方式完成淡入/淡出效果。在波形图的左上角或右上角，拖动渐变控制图标■或■，通过向内拖动设置渐变的长度、向上向下拖动设置渐变的曲线，如图 3.5.25 所示。

也可以使用鼠标右键单击渐变控制图标，在快捷菜单中设置渐变类型，如图 3.5.26 所示。还可以使用"素材 | 淡入、淡出"中的相应命令。

图 3.5.25　鼠标拖动完成淡入/淡出效果　　　图 3.5.26　剪辑淡化命令

（2）为在同一轨道中重叠的音频剪辑设置交叉渐变效果

先将菜单中的"素材 | 启用自动淡化"命令选中，然后将两个音频剪辑放置到同一个音频轨道上，并使得它们有相交的区域，在相交处将自动产生交叉淡化效果，如图 3.5.27 所示。

2．音频剪辑包络曲线的使用

在多轨混音视图模式下，可以使用音量包络曲线和声相包络曲线对音频剪辑进行音量和声相的动态调节。包络的编辑是非破坏性的，并不改变原始音频文件的内容。

（1）显示与隐藏包络曲线

① 显示与隐藏音量包络：单击菜单"视图 | 显示素材音量包络"命令。音量包络线是一条黄绿色的线条，如图 3.5.28 所示。

② 显示与隐藏声像包络：单击菜单"视图 | 显示素材声像包络"命令。声像包络线是一条蓝色的线条，如图3.5.29所示。

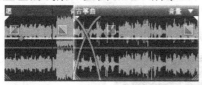
图3.5.27　交叉淡化效果

图3.5.28　音量包络线

图3.5.29　声像包络线

（2）编辑音频剪辑包络曲线

① 编辑音频剪辑音量包络曲线：将鼠标移动到音量包络曲线上时，鼠标变为一个带加号的指针，单击鼠标可以添加音量的控制关键帧。单击关键帧并向左右拖动，可以改变节点的时间位置；单击关键帧并向上下移动，可以改变关键帧处的音量大小，向上拖动加大音量，向下拖动减小音量，如图3.5.30所示。

若要删除多余的关键帧，可以直接将关键帧向上或向下拖出当前音轨外。用鼠标右键单击关键帧，打开其快捷菜单，如图3.5.31所示，在快捷菜单中选择"曲线"命令，可以使音量包络曲线变得平滑，如图3.5.32所示。

图3.5.30　编辑音量包络曲线

图3.5.31　"曲线"命令

图3.5.32　平滑的音量包络曲线

② 编辑音频剪辑声像包络曲线：将鼠标移动到声像包络曲线上时，鼠标变为一个带加号的手形指针，单击鼠标可以添加声像的控制关键帧。单击关键帧并向左右拖动，可以改变关键帧的时间位置；单击关键帧并向上下移动，可以改变关键帧处的声相位置，向上拖动至顶端表示声像为左，向下拖动至底端表示声像为右，如图3.5.33所示。

图3.5.33　编辑声像包络曲线

其他操作与编辑音量包络曲线相似，这里就不再介绍了。

3．轨道包络线的使用

音频剪辑包络线是对音频剪辑进行的实时调整，而轨道包络线是对整个音频轨道进行的实时调整。在"编辑器"面板的轨道左侧控制区，单击"读取"前面的小三角按钮，轨道将被展开，在轨道上将显示轨道包络线，单击"显示包络"右侧的三角按钮，打开菜单可以在菜单中选择轨道所包含的包络线的种类，如图3.5.34所示。

轨道包络线的编辑：增加关键帧，将鼠标移动到包络线上，当鼠标指针变为带加号的三角标记时单击鼠标左键；删除关键帧，直接将其拖动到轨道外；移动关键帧，直接拖动；右键单击某个关键帧在其快捷菜单中选取"曲线"命令，可以将轨道包络线设置为平滑的曲线等。轨道包络线的编辑操作与音频剪辑的包络线操作类似，这里不再介绍。

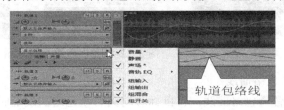

图 3.5.34 显示 | 隐藏轨道包络线

3.5.5 多轨混音视图模式下为轨道添加音频效果

多轨混音视图模式下为轨道添加音频特效的操作也是非破坏性的，并不改变原始音频文件的内容。在多轨混音视图模式下为某轨道添加音频效果可以分别在"编辑器"面板、"混音器"面板、"效果夹"中以及在"总音轨"上进行添加。

（1）在"编辑器"面板中添加音频效果

单击"编辑器"面板上方的"效果"按钮 fx，打开其下方的"效果列表"，单击"效果列表"右侧的小箭头打开可以添加的效果菜单，在菜单中选择要添加的效果。这里添加的是"振幅与压限 | 增幅"效果，如图 3.5.35 所示。

可以继续在"效果列表"中添加其他音频效果。注意，"效果列表"是一个有序的列表，添加的效果顺序不同，最终的效果也不同。

（2）在"混音器"面板中添加音频效果

单击菜单"窗口 | 混音器"打开"混音器"面板，如图 3.5.36 所示，打开"效果列表"，添加效果的操作与在"编辑器"面板中添加的方式相同。

图 3.5.35 添加效果

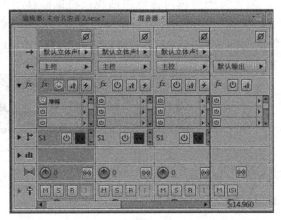

图 3.5.36 "混音器"面板中添加效果

（3）在"效果夹"对话框中添加音频效果

先选中要添加音频效果的音频轨道，单击菜单"窗口 | 效果夹"命令，在打开的"效果夹"对话框中进行效果的添加和设置，如图 3.5.37 所示。

在"效果夹"对话框中还可以直接选择"预设"下拉列表，直接使用已经有的设置：如图 3.5.37 所示。也可以单击"预设"后的保存按钮，将自己设置好的效果列表保存为预设。

（4）在"总音轨"上添加效果

如果多个音频轨道希望添加相同的音频效果，这时可以考虑使用"发送"控制器将多轨音频的内容发送至"总音轨道"，然后在"总音轨道"上添加音频效果。

单击"多轨混音 | 轨道"子菜单，在菜单中选择要添加的总音轨道类型，如图 3.5.38 所示，这里插入一条立体声总

图 3.5.37　"效果夹"中添加效果

音轨道"总音轨 A"。将"音频 1"轨道和"音频 2"轨道分别插入音频剪辑，然后单击"编辑器"面板上方的"发送"按钮，如图 3.5.39 所示，在"发送输出"列表里选择"总音轨 A"。

添加单声道总音轨(B)
添加立体声总音轨(U)　Alt+B
添加 5.1 总音轨(K)

图 3.5.38　添加总线轨道　　　　图 3.5.39　"多轨混音视图"模式下的"编辑器"面板

设置完成的效果如图 3.5.40 所示。

下面为"总音轨 A"添加音频效果。单击"编辑器"面板上方的"效果"控制器按钮，在"总音轨 A"的"效果列表"中添加效果，如图 3.5.41 所示。

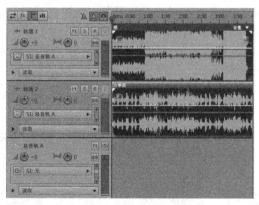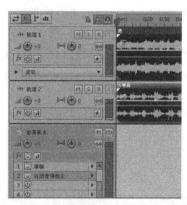

图 3.5.40　将音轨 1 和音轨 2 的内容发送至"总音轨 A"　图 3.5.41　在"总音轨 A"上添加效果

3.5.6　创建 5.1 声道音频

Adobe Audition CS6 支持创建 5.1 声道音频文件，5.1 声道音频文件能够更好的表现声音的临场感。

首先，在多轨界面创建多轨混音 5.1 声道音频项目，如图 3.5.42 所示。在某轨道上插入一个立体声波形文件，在轨道左侧的圆形声像图中可以简单快速地设置声像位置和范围。

若要精确设置声像位置和范围，可单击"窗口 | 音轨声场"命令，打开"音轨声场"窗口，如图 3.5.43 所示。

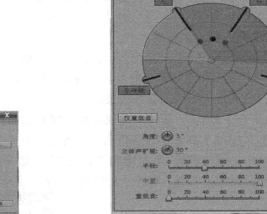

图 3.5.42 创建 5.1 声道音频文件　　　图 3.5.43 "音轨声像"对话框中进行声相分配

按住声像图中心点的"声相位置控制点"进行拖动，在图中设置其环绕声的发声位置和范围，如图 3.5.43 所示。单击声道所对应的"左"、"中置"、"右"、"左环绕"、"右环绕"按钮可以启用或者禁止该声道。在拖动"声相位置控制点"时，声像图中的绿色区域表示左声道的影响范围，紫色区域表示右声道的影响范围，蓝色区域表示声道影响的重叠区域。"仅重低音"表示将音频发送到超低音；"角度"表示设置环绕立体声声音的位置，"-90"表示左侧，"90"表示右侧；"立体声扩展"表示立体声轨道之间的分离角度；"半径"决定了声像的影响面积，数值越小其面积越大；"中置"决定中置声道相对于左右音箱音量的百分比；"低重音"决定低重音的混合百分比。

所有轨道内容都设置好后，可以单击"编辑器"中的播放按钮进行预览，在"电平"面板中可以看到多条电平的状态，如图 3.5.44 所示。

选择"文件｜导出｜多轨缩混｜完整混音"命令，在"导出多轨缩混"对话框中设置导出文件的名称、类型以及保存位置等信息，如图 3.5.45 所示。

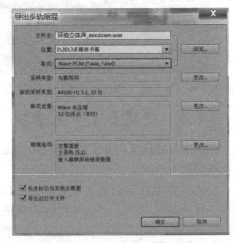

图 3.5.44 "电平"面板　　　　　图 3.5.45 多通道导出选项

3.5.7 应用实例——为影片配音

【实例 3.5.1】 为一段影片配上背景音乐和旁白。

① 启动 Adobe Audition CS6，单击键盘上的数字 0 进入"多轨混音视图"模式。设置文件的各项参数，如图 3.5.46 所示。

② 单击"文件 | 导入 | 文件"命令，导入一个视频文件。

③ 将视频文件的视频部分拖动到"编辑器"面板的任意轨道上，释放鼠标，在"编辑器"面板的顶端将自动添加了一个视频轨道，并在该轨道上插入了视频素材。在"视频"窗口可以播放视频的内容，如图 3.5.47 所示。

图 3.5.46　设置文件参数　　　　　　图 3.5.47　"视频"面板以及视频轨道

④ 单击菜单"文件 | 导入 | 文件"命令，导入一个音频文件"示例音乐.mp3"作为背景音乐。将"示例音乐.mp3"插入到"音轨 1"的零点处。单击"缩放"面板中的"水平缩放"按钮，将波形区域缩小使得整个波形区域都可见。在"轨道 1"波形区域右侧单击并拖动，去掉多余的部分音频，使得"轨道 1"中的内容与"视频"轨道的内容长度一致，如图 3.5.48 所示。

⑤ 在"轨道 2"中单击"录音备用"按钮 R ，将选择指针拖动至零点。单击"编辑器"面板下方的"录音"按钮 ● ，可以在"视频"窗口看着视频播放的内容，听着背景音乐并开始录制声音，如图 3.5.49 所示。录制完成后单击"编辑器"面板上的"停止"按钮 ■ ，录制的文件自动添加到"文件"面板中。

图 3.5.48　裁切多余的音频部分　　　　　　图 3.5.49　录音

⑥ 双击"轨道 2"轨道的波形区域，在"波形视图"模式下打开刚录制好的音频文件。因为"波形视图"模式下的"修复"效果比较多，所以这里将录制好的音频文件在"波形视图"模式下打开，为录制的音频文件作降噪处理。

⑦ 选取开始的一段噪声曲线，单击"效果 | 降噪 | 恢复"中的"降噪（处理）"命令。在打开的"降噪器"对话框中进行设置，如图 3.5.50 所示，单击"应用"按钮。

⑧ 在"多轨混音"视图模式下，为背景音乐编辑音量包络曲线，使得说话时背景音乐音

量减小，不说话时背景音乐加强。并在音频剪辑的开始处和结尾处设置淡化效果，如图 3.5.51
所示。

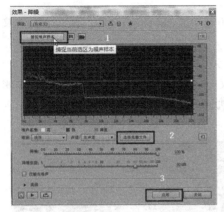

图 3.5.50　降噪器

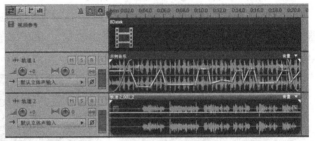

图 3.5.51　为背景音乐编辑音量包络曲线

⑨ 单击菜单"文件｜导出｜多轨混缩｜完整混音"
命令，在对话框中选择文件的保存位置、名称以及类型，
单击"确定"按钮，如图 3.5.52 所示。

图 3.5.52　"导出设置"对话框

3.6　Adobe Audition 在 CD 视图模式下刻录 CD

在 Adobe Audition CS6 提供的"CD 视图"模式下，
可以很方便的进行 CD 的刻录。启动 Adobe Audition
CS6，单击键盘上的数字 8，或者单击菜单"视图｜CD
编辑器"命令，进入"CD 视图"模式。

将要刻录的音频文件导入到"文件"面板，选择要
添加到 CD 中的文件，直接拖动到"编辑器"窗口的 CD 布局列表中，或者选中文件后利用
快捷菜单的"插入到 CD 布局"命令，如图 3.6.1 所示。

图 3.6.1　"CD 视图"模式

CD 布局列表中选中某文件可直接上下拖动，也可以调整其所处的轨道位置。按 Delete
键可以直接将文件从 CD 列表中删除。单击"编辑器"窗口右下角的"刻录音频为 CD"命
令，或者单击"文件｜导出｜刻录音频为 CD"命令，在随后弹出的"刻录音频"对话框中
设置写入的速度以及要刻录的盘片数量等信息并单击"确定"按钮开始刻盘。

习题 3

一、选择题

1．进入到"多轨编辑器"的快捷键是（　　　）。
　　A．9　　　　　　　　B．0　　　　　　　　C．8　　　　　　　　D．7

2．下列（　　　）命令可以保存选择区域的音频内容。
　　A．保存　　　　B．另存为　　　　　　C．保存为副本　　　D．保存所选为

3．录制麦克风的声音时，麦克风的连接线应和声卡的（　　　）接口连接。
　　A．Line in　　　　B．Mic　　　　　　　C．Spk　　　　　　D．MIDI

4．混合粘贴的组合键是（　　　）。
　　A．Ctrl+Shift+N　　B．Ctrl+Shift+V　　C．Ctrl+V　　　D．Ctrl+Alt+V

5．Adobe Audition CS6 中有（　　　）个剪贴板可以使用。
　　A．2　　　　　B．4　　　　　　　　C．5　　　　　　　D．6

6．Adobe Audition CS6 的多轨会话文件可以包含（　　　）类轨道。
　　A．2　　　　　B．3　　　　　　　　C．4　　　　　　　D．5

7．会话文件的扩展名为（　　　）。
　　A．cdax　　　　　　B．sesx　　　　　　C．raw　　　　　D．voc

8．在 Adobe Audition CS6 提供的（　　　）模式下，可以很方便的进行 CD 的刻录。
　　A．单轨视图　　　　B．多轨混音视图　　　C．波形视图　　　D．CD 视图

二、填空题

1．Adobe Audition CS6 的多轨会话文件可以包含五类轨道，分别是 ＿＿＿＿、＿＿＿＿、＿＿＿＿、＿＿＿＿和＿＿＿＿。

2．在多轨混音视图模式下，可以对音频剪辑进行非破坏性的处理，而不会破坏＿＿＿。

3．在 Adobe Audition CS6 中进行录音，既可以在＿＿＿模式下进行单轨录音，也可以在＿＿＿模式下通过多轨录音来完成。

4．在多轨混音视图模式下，可以使用音量包络曲线和声像包络曲线对音频剪辑进行＿＿＿调节。包络的编辑是非破坏性的，并不改变原始音频文件的内容。

5．音量包络线是对＿＿＿进行的实时调整。

6．锁定后的音频剪辑不能＿＿＿，但可以在不同的轨道上下移动或者做其他的操作。

7．Adobe Audition CS6 提供了"音轨声像"，可以方便的创建＿＿＿音频文件。

8．项目文件保存的是＿＿＿，它并不保存实际的音频文件的内容。所以项目文件所占空间相对＿＿＿。

三、简答题

1．录制声音既可以在"波形视图"模式下进行，也可以在"多轨混音视图"模式下进行。请分别简述在这两种模式中的录音过程。

2．简述在"波形视图"模式下如何为音频文件添加音频效果。

3．简述在"多轨混音视图"模式下如何为音频文件添加音频效果。

4．简述在 Adobe Audition CS6 中如何完成不同音频文件的混音处理。

5．简述如何在 Adobe Audition CS6 中创建 5.1 声道的音频文件。

第4章 视频处理技术基础与应用

4.1 数字视频

数字视频（Digital Video）是先用数字摄像机等视频捕捉设备，将外界影像的颜色和亮度等信息转变为电信号，再记录到储存介质。数字视频是以数字信息记录的视频资料。数字视频通常通过光盘来发布。

4.1.1 视频基本概念

1. 视频信息

由于人眼的视觉暂留作用，在亮度信号消失后，亮度感觉仍可以保持短暂的时间。有人做过一个实验：在同一个房间中，挂两盏灯，让两盏灯一个亮，一个灭，交替进行变化。当交替速度比较慢时，你会感觉到灯的亮、灭状态，但当这种交替速度达到每秒 30 次以上时，你的感觉就会完全发生变化。你看到的是一个光亮在你眼前来回摆动，实际上这是一种错觉，这种错觉就是由于人眼的视觉暂留作用造成的。动态图像也正是由这一特性产生的，比如电影是对视觉暂留效应的一个应用。从物理意义上看，任何动态图像都是由多幅连续的图像序列构成。每一幅图像保持一段显示时间，顺序地在眼睛感觉不到的速度（一般为每秒 25~30 帧）下更换另一幅图像，连续不断，就形成了动态图像的感觉。

动态图像序列根据每一帧图像的产生形式，又分为不同的种类。当每一帧图像是人工或计算机产生的时候，被称为动画；当每一帧图像是通过实时获取的自然景物时，被称为动态影像视频或视频。

2. 模拟与数字视频概念

按照视频信息的存储与处理方式不同，视频可分为两大类：模拟视频和数字视频。

（1）模拟视频。模拟视频是指每一帧图像是实时获取的自然景物的真实图像信号。我们在日常生活中看到的电视、电影都属于模拟视频的范畴。模拟视频信号具有成本低、还原性好等优点，视频画面往往会给人一种身临其境的感觉。但它的最大缺点是，不论被记录的图像信号有多好，经过长时间的存放之后，信号和画面的质量将大大的降低；或者经过多次复制之后，画面的失真就会很明显。

① 电视扫描。在电视系统中，摄像端是通过电子束扫描，将图像分解成与像素对应的随时间变化的点信号，并由传感器对每个点进行感应。在接收段，则以完全相同的方式利用电子束从左到右，从上到下的扫描，将电视图像在屏幕上显示出来。扫描分为隔行扫描和逐行扫描两种。

在逐行扫描中，电子束从显示屏的左上角一行接一行地扫描到右下角，在显示屏上扫描一遍就显示一幅完整的图像。

在隔行扫描中，电子束扫描完第 1 行后，从第 3 行开始的位置继续扫描，再分别扫描第 5, 7, …，直到最后一行为止。所有的奇数行扫描完后，再使用同样的方式扫描所有的偶数行。这时才构成一幅完整的画面，通常将其称为帧。由此可以看出，在隔行扫描中，一帧需要奇数行和偶数行两部分组成，我们分别将它们称为奇数场和偶数场，也就是说，要得到一幅完整的图像需要扫描两遍。

为了更好地理解电视工作原理，下面对于常用术语进行简要说明。

⊙ 帧：是指一副静态的电视画面。

⊙ 帧频：电视机工作时每秒显示的帧数，对于 PAL 制式的电视帧频是每秒 25 帧。

⊙ 场频：指电视机器每秒所能显示的画面次数，单位为赫兹（Hz）。场频越大，图像刷新的次数越多，图像显示的闪烁就越小，画面质量越高。

⊙ 行频：是指电视机中的电子枪每秒钟在屏幕上从左到右扫描的次数，又称屏幕的水平扫描频率，以 kHz 为单位。行频越大，可以提供的分辨率越高，显示效果越好。

⊙ 分解率（清晰度）：一般是指在一秒钟内垂直方向的行扫描数和水平方向的列扫描数来表示。分解率越大，电视画面越清晰。

② 电视制式。所谓电视制式，实际上是一种电视显示的标准。不同的制式，对视频信号的解码方式、色彩处理的方式以及屏幕扫描频率的要求都有所不同，因此如果计算机系统处理的视频信号的制式与连接的视频设备的制式不同，在播放时，图像的效果就会有明显下降，甚至根本无法播放。

⊙ NTSC 制式。NTSC（National Television System Committee，国家电视制式委员会）是 1953 年美国研制成功的一种兼容的彩色电视制式。它规定每秒 30 帧，每帧 526 行，水平分辨率为 240～400 个像素点，隔行扫描，扫描频率 60Hz，宽高比例 4:3。北美、日本等一些国家使用这种制式。

⊙ PAL 制式。PAL（Phase Alternate Line，相位逐行交换）是前联邦德国 1962 年制定的一种电视制式。它规定每秒 25 帧，每帧 625 行，水平分辨率为 240～400 个像素点，隔行扫描，扫描频率 50Hz，宽高比例 4:3。我国和西欧大部分国家都使用这种制式。

⊙ SECAM 制式。SECAM（Sequential Colour Avec Memorie，顺序传送彩色存储）是法国于 1965 年提出的一种标准。它规定每秒 25 帧，每帧 625 行，隔行扫描，扫描频率为 50Hz，宽高比例 4:3。上述指标均与 PAL 制式相同，不同点主要在于色度信号的处理上。法国、俄罗斯、非洲地区使用这种制式。

（2）数字视频。数字视频是基于数字技术记录视频信息的。模拟视频信号可以通过视频采集卡将模拟视频信号进行 A/D（模/数）转换，将转换后的数字信号采用数字压缩技术存入计算机存储器中就成为了数字视频。与模拟视频相比它有如下特点：

- ⊙ 数字视频可以不失真地进行多次复制；
- ⊙ 数字视频便于长时间的存放而不会有任何的质量变化；
- ⊙ 可以方便地进行非线性编辑并可增加特技效果等；
- ⊙ 数字视频数据量大，在存储与传输的过程中必须进行压缩编码。

4.1.2 视频信息的数字化

随着多媒体技术的发展，计算机不但可以播放视频信息，而且还可以准确地编辑、处理视频信息，这就为我们有效地控制视频信息，并对视频节目进行二次创作，提供了高效的工具。

（1）视频信息的获取

获取数字视频信息主要有两种方式：一种是将模拟视频信号数字化，即在一段时间内以一定的速度对连续的视频信号进行采集，然后将数据存储起来。使用这种方法，需要拥有录像机、摄像机及一块视频捕捉卡。录像机和摄像机负责采集实际景物，视频卡负责将模拟的视频信息数字化；另一种是利用数字摄像机拍摄实际景物，从而直接获得无失真的数字视频信号。

① 视频卡的功能。视频卡是指 PC 上用于处理视频信息的设备卡，其主要功能是将模拟视频信号转换成数字化视频信号或将数字信号转换成模拟信号。在计算机上，通过视频采集卡可以接收来自视频输入端（录像机、摄像机和其他视频信号源）的模拟视频信号，对该信号进行采集、量化成数字信号，然后压缩编码成数字视频序列。大多数视频采集卡都具备硬件压缩的功能，在采集视频信号时首先在卡上对视频信号进行压缩，然后才通过 PCI 接口把压缩的视频数据传送到主机上。一般的视频采集卡采用帧内压缩的算法把数字化的视频存储成某些视频文件，高档一些的视频采集卡还能直接把采集到的数字视频数据实时压缩成 MPEG 格式的文件。

模拟视频输入端可以提供连续的信息源，视频采集卡要求采集模拟视频序列中的每帧图像，并在采集下一帧图像之前把这些数据传入计算机系统。因此，实现实时采集的关键是每一帧所需的处理时间。如果每帧视频图像的处理时间超过相邻两帧之间的相隔时间，则要出现数据的丢失，即丢帧现象。采集卡都是把获取的视频序列先进行压缩处理，然后再存入硬盘，一次性完成视频序列获取和压缩，避免了再次进行压缩处理的不便。

② 视频卡的分类。常见的视频卡主要分为以下几种。

- ⊙ 视频采集卡。主要用于将摄像机、录像机等设备播放的模拟视频信号经过数字化采集到计算机中。
- ⊙ 压缩/解压缩卡。主要用于将静止和动态的图像按照 JPEG/MPEG 系列标准进行压缩或还原。
- ⊙ 视频输出卡。主要用于将计算机中加工处理的视频信息转换编码，并输出到电视机或录像机设备上。
- ⊙ 电视接收卡。主要用于将电视机中的节目通过该卡的转换处理，在计算机的显示器上播放。

（2）视频数字化过程

视频数字化过程就是将模拟视频信号经过采样、量化、编码后变为数字视频信号的过程。高质量的原始素材是获得高质量最终视频产品的基础。数字视频的来源有很多，包括从家用级到专业级、广播级的多种素材，如摄像机、录像机、影碟机等视频源的信号，还有计算机软件生成的图形、图像和连续的画面等。可以对模拟视频信号进行采集、量化和编码的设备，一般由专门的视频采集卡来完成，然后由多媒体计算机接收、记录编码后的数字视频数据。在这一过程中起主要作用的是视频采集卡，它不仅提供接口以连接模拟视频设备和计算机，而且具有把模拟信号转换成数字数据的功能。

4.1.3　运动图像压缩标准

（1）运动图像压缩标准

MPEG 是 Moving Pictures Experts Group（运动图像专家组）的英文缩写，始建于 1988 年，从事运动图像编码技术工作。MPEG 下分三个小组：MPEG-Video（视频组）、MPEG-Audio（音频组）和 MPEG-System（系统组）。

MPEG 是系列压缩编码标准，既考虑了应用要求，又独立于应用之上。MPEG 给出了压缩标准的约束条件及使用的压缩算法。MPEG 包括 MPEG-1、MPEG-2、MPEG-4、MPEG-7、MPEG-21 压缩标准等。

① 数字声像压缩标准 MPEG-1。MPEG-1 标准是 1991 年制定的，是数字存储运动图像及伴音压缩编码标准。MPEG-1 标准主要有 3 个组成部分，即视频、音频和系统。系统部分说明了编码后的视频和音频的系统编码层，提供了专用数据码流的组合方式，描述了编码流的语法和语义规则；视频部分规定了视频数据的编码和解码；音频部分规定了音频数据的编码和解码。

MPEG-1 标准可适用于不同带宽的设备，如 CD-ROM，Video-CD、CD-I 等。它主要用于在 1.5Mb/s 以下数据传输率的数字存储媒体。经过 MPEG-1 标准压缩后，视频数据压缩率为 20:1～30:1，影视图像的分辨率为 352 像素/行×240 行/帧×30 帧/秒（NTSC 制）或 360 像素/行×288 行/帧×25 帧/秒（PAL 制）。它的质量要比家用录像体系（VHS-Video Home System）的质量略高。音频压缩率为 6:1 时，声音接近于 CD-DA 的质量。

这个标准主要是针对 20 世纪 90 年代初期数据传输能力只有 1.4Mb/s 的 CD-ROM 开发的。因此，主要用于在 CD 光盘上存储数字影视、在网络上传输数字影视以及存放 MP3 格式的数字音乐。

② 通用视频图像压缩编码标准 MPGE-2。MPEG-2 标准是由 ISO 的活动图像专家组和 ITU-TS 于 1994 年共同制定的。是在 MPEG-1 标准基础上的进一步扩展和改进。主要是针对数字视频广播、高清晰度电视和数字视盘等制定的 4Mb~9Mb/s 运动图像及其伴音的编码标准。MPEG-2 标准的典型应用是 DVD 影视和广播级质量的数字电视。MPEG-2 标准视频规范支持的典型视频格式为：影视图像的分辨率为 720 像素/行×480 行/帧×30 帧/秒（NTSC 制）和 720×像素/行×576 行/帧×25 帧/秒（PAL 制）。MPEG-2 标准音频规范除支持 MPGE-1 标准的音频规范外，还提供高质量的 5.1 声道的环绕声。经过压缩后还原得到的声音质量接近激光唱片的声音质量。

MPEG-2 的目标与 MPEG-1 相同，仍然是提高压缩率，提高音频、视频质量。采用的核心技术是分块 DCT（离散余弦变换 Discrete Cosine Transform）和帧间运动补偿预测技术，但增加了 MPGE-1 所没有的功能，如支持高分辨率的视频、多声道的环绕声、多种视频分辨率、隔行扫描以及最低为 4Mb/s，最高为 100Mb/s 的数据传输速率。

③ 低比特率音视频压缩编码标准 MPEG-4。MPEG-4 于 1992 年 11 月被提出，并于 2000 年正式成为国际标准。其正式名称为 ISO 14496-2，是为了满足交互式多媒体应用而制定的通用的低码率（64kb/s 以下）的音频/视频压缩编码标准，具有更高的压缩比、灵活性和可扩展性。MPEG-4 主要应用于数字电视、实时多媒体监控、低速率下的移动多媒体通信、基于内容的多媒体检索系统和网络会议等

与 MPEG-1、MPEG-2 相比，MPEG-4 最突出的特点是基于内容的压缩编码方法。它突破了 MPEG-1、MPEG-2 基于块、像素的图像处理方法，而是按图像的内容如图像的场景、画面上的物体（物体 1，物体 2，……）等分块，将感兴趣的物体从场景中截取出来，称为对象或实体，MPEG-4 便是基于这些对象或实体进行编码处理的。

为了具有基于内容方式表示的音视频数据，MPEG-4 引入了音视频对象 AVO（Audio Video Object）编码的概念。扩充了编码的数据类型，由自然数据对象扩展到计算机生成的合成数据对象，采用了自然数据与合成数据混合编码的算法。这种基于对象的编码思想也成为对多媒体数据库中音视频信息进行处理的基本手段

相对于 MPEG-1、MPEG-2 标准，MPGE-4 已不再是一个单纯的音视频编码解码标准，它将内容与交互性作为核心，更多定义的是一种格式、一种框架，而不是具体的算法，这样人们就可以在系统中加入许多新的算法。除了一些压缩工具和算法之外，各种各样的多媒体技术如图像分析与合成、计算机视觉、语音合成等也可充分应用于编码中。

④ 多媒体内容描述接口 MPEG-7。在 MPEG 专家组已经制定的国际标准中，MPEG-1 用来解决声音、图像信息在 CD-ROM 上的存储；MPEG-2 解决了数字电视、高清晰度电视及其伴音的压缩编码；MPEG-4 用以解决在多媒体环境下高效存储、传输和处理声音图像信息问题。现有的标准中还没有能够解决多媒体信息定位问题的工具，也即多媒体信息检索的问题。

MPEG-7 被称为"多媒体内容描述接口（Multimedia Content Description Interface）"标准，它并不是一个音视频数据压缩标准，而是一套多媒体数据的描述符和标准工具，用来描述多媒体内容以及它们之间的关系，以解决多媒体数据的检索问题。MPEG-1、MPEG-2、MPEG-4 数据压缩与编码标准只是对多媒体信息内容本身的表示，而 MPEG-7 标准则是建立在 MPEG-1、MPEG-2、MPEG-4 标准基础之上，并可以独立于它们而使用。MPEG-7 标准并不是要替代这些标准，而是为这些标准提供一种标准的描述表示法。它提供的是关于多媒体信息内容的标准化描述信息，这种描述只与内容密切相关，它将支持用户对那些感兴趣的资料做快速而高效的搜索。所谓"资料"包括静止的画面、图形、声音、运动视频以及它们的集成信息等。

⑤ MPEG-21 标准。MPEG-21 标准是 MPEG 专家组在 2000 年启动开发的多媒体框架（Multimedia Framework），制定 MPEG-21 标准的目的是：

⊙ 将不同的协议、标准、技术等有机地融合在一起；
⊙ 制定新的标准；
⊙ 将这些不同的标准集成在一起。

MPEG-21 标准其实就是一些关键技术的集成，通过这种集成环境对全球数字媒体资源增强透明度和加强管理，实现内容描述、创建、发布、使用、识别、收费管理、产权保护、用户隐私权保护、终端和网络资源抽取、事件报告等功能，为未来多媒体的应用提供一个完整的平台。

（2）视频会议压缩编码标准 H.26x

对视频图像传输的需求以及传输带宽的不同，CCITT 分别于 1990 年和 1995 年制定了适用于综合业务数字网（Integrated Service Network, ISDN）和公共交换电话网（Public Switched Telephone

Network, PSTN）的视频编码标准，即 H.261 协议和 H.263 协议。这些标准的出现不仅使低带宽网络上的视频传输成为可能，而且解决了不同硬件厂商产品之间的互通性，对多媒体通信技术的发展起到了重要的作用。

① H.261。H.261 标准是由 CC ITT 第 15 研究组于 1988 年为在窄带综合业务数字网（N-ISTN）上开展速率为 P×64kb/s 的双向声像业务（可视电话、会议）而制定的，该标准常称为 P×64K 标准，其中 P 是取值为 1～30 的可变参数，P×64K 视频压缩算法也是一种混合编码方案，即基于 DCT 的变换编码和带有运动预测差分脉冲编码调制（DPCM）的预测编码方法的混合。

H.261 的目标是会议电视和可视电话，该标准推荐的视频压缩算法必须具有实时性，同时要求最小的延迟时间。当 P=1 或 2 时，由于传输码率较低，只能传输低清晰度的图像，因此，只适合于面对面的桌面视频通信（通常指可视电话）。当 $P \geqslant 6$ 时，由于增加了额外的有效比特数，可以传输较好质量的复杂图像，因此，更适合于会议电视应用。

H.261 只对 CIF 和 QCIF 两种图像格式进行处理。由于世界上不同国家或地区采用的电视制式不同（如 PAL、NTSC 和 SECAM 等），所规定的图像扫描格式（决定电视图像分辨率的参数）也不同。因此，要在这些国家或地区间建立可视电话或会议内容业务，就存在统一图像格式任务的问题。H.261 采用 CIF/QCIF 格式作为可视电话或会议电视的视频输入格式。

② H.263。H.263 标准是 CC ITT 为低于 64kb/s 的窄带通信信道制定的视频编码标准。其目的是能在现有的电话网上传输活动图像。它是在 H.261 基础上发展起来的，其标准输入图像格式可以是 S-QCIF、QCIF、CIF、4CIF 或者 16CIF 的彩色 4:2:0 取样图像。H.263 与 H.261 相比采用了半像素的运动补偿，并增加了 4 种有效的压缩编码模式：无限制的运动矢量模式、基于句法的算术编码模式、高级预测模式和 PB 帧模式。

虽然 H.263 标准是为基于电话线路（PSTN）的可视电话和视频会议而设计的，但由于它优异的编解码方法，现已成为一般的低比特率视频编码标准。

③ H.264。H.264 标准是由 ISO/IEC 与 ITU-T 组成的联合视频组（JVT）制定的新一代视频压缩编码标准。H.264 的主要特点如下：

- 在相同的重建图像质量下，H.264 比 H.263+和 MPEG-4（SP）减小了 50%码率。
- 对信道时延的适应性较强，既可工作于低时延模式以满足实时业务，如会议电视等，又可工作于无时延限制的场合，如视频存储等。
- 提高网络适应性，采用"网络友好"的结构和语法，加强对误码和丢包的处理，提高解码器的差错恢复能力。
- 在编/解码器中采用复杂度分级设计，在图像质量和编码处理之间可分级，以适应不同复杂度的应用。
- 相对于先期的视频压缩标准，H.264 引入了很多先进的技术，包括 4×4 整数变换、空域内的帧内预测、1/4 像素精度的运动估计、多参考帧与多种大小块的帧间预测技术等。新技术带来了较高的压缩比。

（3）数字音视频编解码技术标准 AVS 简介

数字音视频编解码技术标准 AVS（Audio Video coding Standard）工作组由原国家信息产业部科学技术司于 2002 年 6 月批准成立。工作组的任务是：面向我国的信息产业需求，联合国内企业和科研机构，制（修）订数字音视频的压缩、解压缩、处理和表示等共性技术标准，为数字音视频设备与系统提供高效经济的编解码技术，服务于高分辨率数字广播、高密度激光数字存储媒体、无线宽带多媒体通讯、互联网宽带流媒体等重大信息产业应用。

4.1.4 视频的文件格式

视频文件的使用一般与标准有关，例如 AVI 与 Video for Window 有关，MOV 与 Quick Time 有关，而 MPEG 和 VCD 则是有自己的专有格式。

（1）AVI 文件格式

AVI（Audio Video Interleaved）是一种将视频信息与同步音频信号结合在一起存储的多媒体文件格式。它以帧为存储动态视频的基本单位。在每一帧中，都是先存储音频数据，再存储视频数据。整体看起来，音频数据和视频数据相互交叉存储。播放时，音频流和视频流交叉使用处理器的存取时间，保持同期同步。通过 Windows 的对象链接与嵌入技术，AVI 格式的动态视频片段可以嵌入到任何支持对象链接与嵌入的 Windows 应用程序中。

（2）MOV 文件格式

MOV 文件格式是 QuickTime 视频处理软件所选用的视频文件格式。

（3）MPEG 文件格式

它是采用 MPEG 方法进行压缩的全运动视频图像文件格式，目前许多视频处理软件都支持该格式。

（4）DAT 文件格式

它是 VCD 和卡拉 OK、CD 数据文件的扩展名，也是基于 MPEG 压缩方法的一种文件格式。

（5）DivX 文件格式

这是由 MPEG-4 衍生出的另一种视频编码（压缩）标准，也就是通常所说的 DVDrip。它在采用 MPEG-4 的压缩算法同时又综合了 MPEG-4 与 MP3 各方面的技术，即使用 DivX 压缩技术对 DVD 盘片的视频图像进行高质量压缩，同时用 MP3 或 AC3 对音频进行压缩，然后再将视频与音频合成并加上相应的外挂字幕文件而形成的视频格式。该格式的画质接近 DVD 的画质，并且数据量只有 DVD 的数分之一。这种视频格式的文件扩展名是 ".M4V"。

（6）Microsoft 流式视频格式

Microsoft 流式视频格式主要有 ASF 格式和 WMV 格式两种，它是一种在国际互联网上实时传播多媒体的技术标准。用户可以直接使用 Windows 自带的 Window Media Player 对其进行播放。

① ASF （Advanced Streaming Format）。该格式使用了 MPEG-4 的压缩算法。如果不考虑在网上传播，只选择最好的质量来压缩，则其生成的视频文件质量优于 VCD；如果考虑在网上即时观赏视频 "流"，则其图像质量比 VCD 差一些。但比同是视频 "流" 格式的 RM 格式要好。ASF 格式的主要优点包括：本地或网络回放、可扩充的媒体类型、部件下载以及扩展性等。这种视频格式的文件扩展名是 ".asf"。

② WMV （Windows Media Video）。该格式是一种采用独立编码方式且可以直接在网上实时观看视频节目的文件压缩格式。在同等视频质量下，WMV 格式的体积非常小，该文件一般同时包含视频和音频部分。视频部分使用 Windows Media Video 编码，音频部分使用 Windows Media Audio 编码，很合适在网上播放和传输。同样是 2 小时的 HDTV 节目，如果使用 MPEG-2 最多只能压缩至 30GB，而用 WMV 这样的高压缩率编码器，则在画质丝毫不降低的前提下可以压缩到 15GB 以下。WMV 格式的主要优点包括：本地或网络回放、可扩充的媒体类型、部件下载、流的优先级化、多语言支持、环境独立性、丰富的流间关系以及扩展性等。这种视频格式的文件扩展名是 ".wmv"。

（7）Real Video 流式视频格式

Real Video 是由 Real Networks 公司开发的一种新型的、高压缩比的流式视频格式。主要用来在低速率的广域网上实时传输活动视频影像。可以根据网络数据传送速率的不同而采用不同的压缩比率，从而实现影像数据的实时传送和实时播放。虽然画质稍差，但出色的压缩效率和支持流式播放的特征，使其广泛应用在在网络和娱乐场合。

① RM（Real Media）。RM 格式的主要特点是用户使用 Realplayer 或 RealOne Player 播放器可以在不下载音频/视频内容的条件下实现在线播放。另外，作为目前主流网络视频格式，RM 格式还可以通过其 RealServer 服务器将其他格式的视频转换成 RM 视频，这种视频格式的文件扩展名是 ".rm"。

② RMVB（Real Media Variable Bit Rate）。RMVB 是一种由 RM 视频格式升级的新视频格式，可称为可变比特率（Variable Bit Rate）的 RM 格式。它的先进之处在于改变 RM 视频格式平均压缩采样的方式，对静止和动作场面少的画面场景采用较低的编码速率；而在出现快速运动的画面场景时采用较高的编码速率。从而在保证大幅度提高图像画面质量的同时，数据量并没有明显增加。一部大小为 700MB 左右的 DVD 影片，如果将其转录成同样视听品质的 RMVB 格式文件，则其数据量最多也就是 400MB 左右。不仅如此，这种视频格式还具有内置字幕和不需要外挂插件支持等独特优点。如果想播放这种视频格式的文件，则可以使用 RealOne Player 2.0 或 RealVideo 9.0 以上版本的解码器形式进行播放。这种视频格式的文件扩展名是 ".rmvb"。

4.2 视频编辑软件 Premiere Pro CS6 简介

Premiere Pro CS6 是 Adobe 公司推出的基于非线性编辑设备的音频视频编辑软件，可以在 Mac 和 Windows 系统下使用。Premiere Pro CS6 提供了一整套标准的数字音频视频编辑方法、多样化的音频视频输出文件格式，已成为应用最为广泛的非线性编辑软件之一。

4.2.1 Premiere Pro CS6 的新功能以及系统要求

（1）Premiere Pro CS6 的新功能

① 支持更广泛的视频格式。除支持常用的一些多媒体文件如：FLV，MPEG，QuickTime，Windows Media，AVI，JPEG， TIFF 等，Premiere Pro CS6 还可以使用新增的 Media Browser，导入 DV、HDV、Sony XDCAM、XDCAM EX、Panasonic P2 和 AVC 等格式的文件，并对它们进行直接编辑。

② 强大的素材管理功能。利用项目管理器，可以查看、移动、复制、搜索、重组素材文件以及文件夹。Premiere Pro CS6 可以为每个项目单独保存工作区；可以方便地在项目中为每个序列进行不同的编辑和渲染设置。

③ 高级的音频编辑功能。在素材监视器窗口，可以直接拖动播放波形；Premiere Pro CS6 可以创建并编辑 5.1 环绕声的音频通道效果；在不同的音轨上使用多种音频效果。

④ 丰富的特效功能。Premiere Pro CS6 可以使用更多的预设特效；可以把特效应用到多个剪辑；可以为剪辑添加混合模式。

⑤ 整合 Adobe Media Encoder 进行更加多样化的输出。Premiere Pro CS6 可以结合 Adobe Encore CS6 创建 DVD、蓝光 DVD，也可以将项目输出到 Flash 中。

（2）Premiere Pro CS6 的运行环境

Premiere Pro CS6 对系统的运行环境要求较高，在安装 Premiere Pro CS6 前应先检查计算机系统的配置情况。

① 处理器。需要支持 64 位 Intel Core2 Duo 或 AMD Phenom II 处理器。

② 操作系统。Microsoft Windows 7 Service Pack 1（64 位）

③ 内存及硬盘。4 GB 的 RAM（建议配置 8 GB）。预览文件和其他工作文件所需的其他磁盘空间（建议分配 10 GB）；7200 RPM 硬盘（建议使用多个快速磁盘驱动器，首选配置了 RAID 0 的硬盘）。

④ 符合 ASIO 协议或 Microsoft Windows Driver Model 的声卡。

⑤ 与双层 DVD 兼容的 DVD-ROM 驱动器（用于刻录 DVD 的 DVD+-R 刻录机；用于创建蓝光光盘媒体的蓝光刻录机）。

⑥ QuickTime 功能需要的 QuickTime 7.6.6 软件。

4.2.2　Premiere Pro CS6 的界面环境

启动 Premiere Pro CS6 后，将出现"欢迎使用 Adobe Premiere Pro"对话框，在对话框中有"新建项目"、"打开项目"以及"帮助"三个按钮，如图 4.2.1 所示。

单击"新建项目"按钮打开"新建项目"对话框，在此可以指定项目文件的保存位置和项目名称。在该对话框的"常规"选项卡中可以设置：视频显示格式、音频显示格式、以及采集格式等内容；在"暂存盘"选项卡中设置所采集视频音频的存放路径，以及视频预览保存路径和音频预演的保存路径等，如图 4.2.2 所示。

图 4.2.1　欢迎界面

图 4.2.2　"新建项目"对话框

单击"确定"按钮，进入"新建序列"对话框，如图 4.2.3 所示。

在"新建序列"对话框的"序列预设"选项卡中提供了 Premiere Pro CS6 预置的多种项目模板格式，用户可以直接使用这些格式，也可以通过"设置"选项卡来自行设置；在"轨道"选项卡中可以设置 Premiere Pro CS6 操作界面中的"时间线窗口"中所包含的视频轨道和音频轨道的性质和数量。在"新建序列"对话框的底端给出序列的名称，单击"确定"按钮即可进入默认的操作界面，如图 4.2.4 所示。

1．项目面板

主要用于导入、存放和管理素材。分为素材区和工具条区。

2．监视器窗口

监视器窗口有左右两个，在默认的状态下，左边的是源监视器窗口，右侧为节目监视器窗口。双击项目面板中的素材，该素材将会在源监视器窗口中打开。源素材监视器窗口，用于播放和简单编辑原始素材，其工具按钮如图 4.2.5 所示。可以把在源素材监视器编辑好的内容以插入或覆盖的方式设置到时间线窗口中。节目监视器窗口用于显示当前时间线上各个轨道的内容叠加之后的效果，其工具按钮如图 4.2.6 所示。节目监视器窗口用于对整个项目进行编辑和预览。

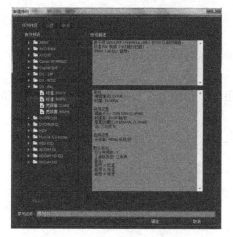

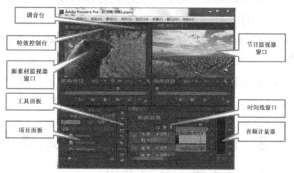

图 4.2.3 "新建序列"对话框   图 4.2.4 Premiere Pro CS6 操作界面

图 4.2.5 源素材监视器窗口工具按钮   图 4.2.6 节目监视器窗口工具按钮

3．时间线

时间线窗口是 Premiere Pro CS6 的最主要的编辑窗口，素材片断按照时间顺序在轨道上从左至右排列，并按照合成的先后顺序从上至下分布在不同的轨道上，如图 4.2.7 所示。视频和音频素材的大部分编辑合成以及大量特效的设置和转场特效的添加等操作都是在时间线窗口完成的。

4．工具面板

工具面板提供了若干工具按钮以方便编辑轨道中的素材片断，工具面板如图 4.2.8 所示。

图 4.2.7 "时间线"序列窗口   图 4.2.8 工具面板

此外，还有"字幕设计器"窗口、"调音台"窗口、"信息"面板、"效果"面板等，将在后面的章节中讲解。

4.2.3 Premiere Pro CS6 基本工作流程

Premiere Pro CS6 的基本工作流程可以分以下几个环节：

1．新建或打开项目文件。启动 Premiere Pro CS6 后，在开始屏幕中可以选择新建或打开一个项目文件。若是新建项目还可以选择序列的视频音频标准和格式。

2. 采集或导入素材。

3. 组合和编辑素材。将要制作影片所需的素材，采集并导入到时间线窗口上进行组合和编辑。

4. 添加字幕。

5. 添加转场和特效。通过添加转场可使场景的衔接更加自然流畅。添加各种特效效果起到渲染作品的作用。

6. 混合音频。为作品添加音乐或配音等效果。利用"调音台"可以实现各种音频的编辑和混合。

7. 输出影片。影片编辑完后可以输出到多种媒介上，如磁带、光盘等，还可以使用 Adobe 媒体编码器，对视频进行不同格式的编码输出。

4.3　Premiere Pro CS6 基本操作

4.3.1　项目文件的操作

（1）新建项目

① 启动 Premiere Pro CS6。将出现欢迎屏幕，在其中单击"新建项目"来新建一个项目，或单击"打开项目"来打开一个已经存在项目。如果系统正在运行一个项目，则可以通过菜单"文件｜新建｜项目"命令，来创建一个新项目。

注意：在新建或打开一个新项目时，系统将关闭当前项目，也就是说 Premiere Pro CS6 不支持同时编辑多个项目。

② 新建项目与项目设置。在欢迎界面中单击"新建项目"按钮后就进入到新建项目对话框，在"常规"选项卡中可以设置视频和音频的显示格式和采集格式等内容，如图 4.3.2 所示。在"缓存"选项卡中分别设置采集视频、采集音频、视频预览，以及音频预览的暂存盘路径，如图 4.3.1 所示。设置完成后在"新建项目"对话框的下方给出项目的存储位置和项目名称，单击"确定"按钮。

图 4.3.1　"新建项目"常规选项卡

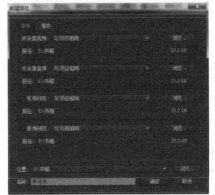

图 4.3.2　"新建项目"缓存选项卡

③ 新建序列与序列设置。创建了项目之后，接着要创建序列。在"新建序列"对话框中有"序列预置"选项卡，在其中可以选择一种合适的序列预置来使用。用户也可以利用"设置"选

项卡来自行设置，并可以将自己的设置保存成预置格式以便日后使用。单击"轨道"选项卡，可以设置序列中各视频、音频轨道的数量。设置完成后单击"确定"按钮，进入 Premiere Pro CS6 的编辑主界面。

（2）打开项目、保存项目、关闭项目

① 利用菜单"文件 | 打开项目"：打开已有的项目。

② 利用菜单"文件 | 保存"、"保存为"、"保存副本"：可分别将项目进行保存、另存为、或保存为一个副本。

③ 利用菜单"文件 | 关闭项目"：将当前项目关闭并返回到欢迎界面。

4.3.2　项目素材的导入与管理

（1）素材的导入

包括导入素材、导入文件夹、导入项目文件等。选择菜单"文件 | 导入"命令或直接在项目窗口的空白处双击鼠标左键，将打开"导入"对话框，如图4.3.3所示。

① 导入单个文件：选中某文件，然后单击"打开"按钮。

② 导入多个不连续的文件：按住 Ctrl 键逐个单击各个文件，然后单击"打开"按钮。

③ 导入多个连续的文件：单击第一个文件后，按住 Shift 键再单击最后一个文件，然后单击"打开"按钮。

④ 导入某文件夹：选中某文件夹，然后单击"导入文件夹"按钮。

⑤ 导入项目文件：选中某项目文件（.prproj），然后单击"打开"按钮。

（2）项目素材的管理

项目素材的管理在"项目"面板中完成，"项目"面板也常称为"项目管理器窗口"。主要用于导入、存放和管理素材，如图4.3.4所示。

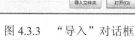

图4.3.3　"导入"对话框

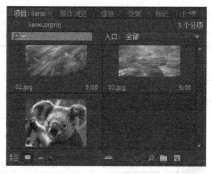

图4.3.4　项目面板

"项目管理器窗口"下方工具条中的工具按钮的名称和作用如表4.3.1所示。

表4.3.1　"项目面板"工具条中各按钮及其作用

序号	图　标	名　　称	作　　用
1		列表视图	素材以列表的方式进行显示
2		图标视图	素材以图标的方式进行显示
3		缩小与放大视图	可以缩小或者放大试图
4		自动匹配到序列	可将多个素材自动匹配到时间线窗口中
5		查找	用于素材的查找

序号	图标	名　称	作　用
6		新建文件夹	用于新建文件夹，实现对不同类型的文件进行分类管理
7		新建分项	将产生级联菜单，可以选择新建序列、脱机文件、字幕、彩条、黑场、彩色蒙板、倒计时向导以及透明视频等不同类型的文件，新建的文件将自动出现在素材区
8		清除	删除素材

4.3.3　项目素材的编辑

（1）在源监视器窗口编辑素材

导入素材后，可以直接双击素材缩略图，或者在"项目"窗口中右键单击素材缩略图，在弹出的快捷菜单中选择"在源监视器打开"命令，将素材在"源监视器窗口"打开，如图4.3.5所示。

"源素材监视器"窗口与"节目监视器窗口"的下方都有功能按钮操作区，在按钮区的右下角有一个"加号"按钮，单击它将会打开"按钮编辑器"如图4.3.6所示，可以使用更多的按钮。将按钮直接拖到黄色的按钮功能区，用户可以自定义按钮功能区的内容。

图4.3.5　源监视器窗口　　　　　　图4.3.6　源素材监视器窗口按钮编辑器

其中一些常用的功能按钮及其作用如表4.3.2所示。

表4.3.2　监视器窗口按钮及其作用

序号	图标	名　称	作　用
1		仅拖动视频	仅把视频部分拖动到时间线序列中
2		仅拖动音频	仅把音频部分拖动到时间线序列中
3		设置入点	设置当前位置为入点位置。按住ALT键单击则取消设置
4		设置出点	设置当前位置为出点位置。按住ALT键单击则取消设置
5		添加标记	为素材设置一个没有编号的标记处
6		清除入点	将设置的入点清除掉
7		清除出点	将设置的出点清除掉
8		跳转到入点	编辑线直接到素材的入点位置
9		跳转到出点	编辑线直接到素材的出点位置
10		播放入点到出点	播放从入点到出点间的素材内容
11		跳到下一个标记	编辑线直接跳到下一个标记处
12		跳转到前一标记	编辑线直接跳转到前一标记处
13		步退	反向播放，单击一下倒回一帧
14		播放-停止切换	控制素材的播放或停止
15		步进	正向播放，单击一下前进一帧

序号	图标	名　称	作　用
16		跳转到后一标记	编辑线直接跳转到素材的下一个标记
17		循环	循环播放
18		安全框	设置素材的安全边框，内边框为字幕安全框，外边框是显示安全框
19		输出	在级联菜单中选择用于输出的方式
20		插入	将选定的源素材片段插入到当前时间线的指定位置
21		覆盖	将选定的源素材片段覆盖到当前时间线的指定位置
22		提升	将当前选定的片断从编辑轨道中删除，其他片断在轨道上的位置不发生变化
23		提取	将当前选定的片断从编辑轨道中删除，后面的片断自动前移，与前一片断连接到一起
24		导出单帧	将当前单帧画面导出为图像保存

在"源监视器"窗口中，可确定该素材的哪些部分要添加到时间线序列中。

设置素材片断的入点和出点，并将从入点到出点间的素材片断内容以插入或覆盖的方式放置到时间线序列中：

① 单击源监视器窗口的播放 ▶ 按钮，进行素材的预览，了解素材的内容。

② 拖动编辑标记线到需要的素材片断的开始帧处，单击"设置入点" ┤ 按钮。

③ 拖动编辑标记线到需要的素材片断的结束画面所在帧处，单击"设置出点" ├ 按钮。

④ 以"插入"或"覆盖"的方式将入点到出点间的素材片断设置到时间线序列编辑线的位置。

⑤ 单击"插入" 按钮，将选定的素材片段插入到当前时间线的指定位置。

⑥ 单击"覆盖" 按钮，将选定的素材片段覆盖到当前时间线的指定位置。

注意：若只希望插入视频文件片断中的视频部分，可以按住"源素材监视器"窗口中时间标尺上方的"仅拖动视频" 按钮，将其视频部分拖放到时间线序列中；若只插入视频文件片断中的音频部分，可以按住"仅拖动音频" 按钮，只把其音频部分拖动到时间线序列中。

（2）在节目监视器窗口编辑序列

节目监视器窗口用于显示、编辑当前时间线上的序列内容。可以在该窗口设置序列片断的入点和出点，并指定从入点到出点之间内容的删除方式：

① 单击节目监视器窗口的播放 ▶ 按钮，进行时间线序列内容的预览。

② 拖动编辑标记线到需要设置入点的开始帧处，单击"设置入点" ┤ 按钮。

③ 拖动编辑标记线到需要设置出点的画面所在帧处，单击"设置出点" ├ 按钮。

④ 以"提升"或"提取"的方式将入点到出点间的片断删除。

⑤ 单击"提升" 按钮，将当前选定的片断从编辑轨道中删除，其他片断在轨道上的位置不发生变化。

⑥ 单击"提取" 按钮，将当前选定的片断从编辑轨道中删除，后面的片断自动前移，与前一片断连接到一起。

（3）使用工具面板中的工具按钮，编辑时间线窗口中的素材

工具面板中的内容如图 4.3.7 所示，每个工具的名称以及作用见表 4.3.3 所示。

图 4.3.7　工具面板

表 4.3.3　工具面板各按钮及其作用

序号	图标	名　称	作　用
1		选择工具	选择、移动、拉伸素材片断
2		轨道选择工具	从第一个被选中的素材开始直到该轨道上的最后一个素材都将被选中
3		波纹编辑工具	用于拖动素材片断入点、出点、改变片断长度
4		滚动编辑工具	用于调整两个相邻素材的长度，调整后两素材的总长度保持不变
5		速率伸缩工具	用于改变素材片断的时间长度，并调整片断的速率以适应新的时间长度
6		剃刀工具	将素材切割为两个独立的片段，可分别进行编辑处理
7		错落工具	用于改变素材的开始位置和结束位置
8		滑动工具	用于改变相邻素材的出入点，即改变前一片断的出点和后一片断的入点
9		钢笔工具	用于调节节点
10		手形工具	平移时间线窗口中的素材片断
11		缩放工具	放大或缩小时间线上的素材显示。按住 Alt 键再单击为缩小显示

① 选择素材片断。使用工具箱中的选择工具 ，单击时间线序列窗口中的某素材，可以将其选中。若按住 Alt 键，再单击链接片断的视频或音频部分，可以单独选中单击的部分。按住 Shift 键逐个单击轨道素材，可将多个轨道上的素材同时选中。

使用工具箱中的轨道选择工具 ，单击某素材，可以选择该轨道上自该素材开始的所有素材。按住 Shift 键单击轨道素材，可以同时选中多个轨道上的素材。

使用选择工具 拖曳素材片断，若时间线窗口的自动吸附按钮 处于被按下去的状态，则在移动素材片断的时候，会将其与剪辑素材的边缘、标记以及由时间指示器指示的当前时间点等内容进行自动对齐，用于实现素材的无缝连接。

使用选择工具 ，当移动到素材片断的入点位置，出现剪辑入点图标 时，可以通过拖动对素材片断的入点进行重新设置；同理，使用选择工具 ，当移动到素材片断的出点位置，出现剪辑出点图标 时，可以通过拖动对素材片断的出点进行重新设置。这种方法也常用来对剪辑掉的素材片断进行快速的恢复操作。

② 素材的切割。使用工具箱中的剃刀工具 ，可以将一个素材在指定的位置分割为两段相对独立的素材。素材的切割常用于将不需要的素材内容分割后进行删除；也用于将一个素材分割为多个片断后，为每个素材片断分别添加不同的特效等。

选中剃刀工具 ，再按住 Shift 键，移动光标至编辑线标识所示位置单击，则时间线窗口中未锁定的轨道中的同一时间点的素材都将被分割成两段。

注意：素材被切割后的两部分都将以独立的素材片断的形式存在，可以分别对它们进行单独的操作，但是它们在项目窗口中的原始素材文件并不会受到任何影响。

③ 波纹编辑与滚动编辑。波纹编辑工具 与滚动编辑工具 ，都可以改变素材片断的入点和出点。波纹编辑工具只应用于一段素材片断，当选中该工具，在更改当前素材片断的入点或出点的同时，时间线上的其他素材片断相应滑动，使项目的总的长度发生变化；滚动编辑工具应用在两段素材片断之间的编辑点上，当使用该工具进行拖动时，会使得相邻素材片断一个缩短，另一段变长，而总的项目长度不发生变化。

④ 速率伸缩工具 。用于改变素材片断的时间长度，并调整片断的速率以适应新的时间长度。常用于快速制作快镜头或慢镜头。也可以在源监视器窗口，利用其快捷菜单中的"速度丨持

续时间…"命令在该窗口改变素材的播放速率；或者在时间
线窗口选中素材后，利用其快捷菜单中的"速度｜持续时
间…"命令，将打开"素材速度｜持续时间"对话框，如图
4.3.8所示。

图4.3.8　"素材速度/持续时间"

　　在该对话框中还可以设置：素材的倒着播放的效果；在
更改播放速率后是否要保持音调不变；改变该素材的播放速
度的同时，是否要做波纹编辑，自动移动后面的素材等。

　　⑤ 三点编辑和四点编辑。在插入素材到时间线序列中
时，除了可以使用鼠标直接拖曳的方式外，还可以使用监视器底端的命令按钮将素材添加到时间
线上。这就是常用的三点编辑和四点编辑方法。三点编辑和四点编辑的"点"，既可以是在"源
素材监视器"窗口设置的入点或出点，也可以是在"节目监视器"窗口（或"时间线"序列窗口）
设置的入点或出点。

　　三点编辑就是通过设置两个入点和一个出点或者一个入点和两个出点，对素材在时间线序列
中进行定位，第四个点将被自动计算出来。

　　例如：将一个素材在"源素材监视器"窗口打开，在第三秒（00;00;03;00）处设置素材的入
点，在第五秒（00;00;05;00）处设置素材的出点。然后在"节目监视器"窗口的一分钟（00;01;00;00）
处设置入点。单击源监视器窗口的"插入"或"覆盖"按钮。这样就把"源素材监视器"窗口第
3秒到第5秒的内容以"插入"或"覆盖"的方式置入到时间线序列的第一分钟后。

图4.3.9　"适配素材"对话框

　　四点编辑是既设置了素材的入点和出点，又设置了素材
在时间线上的入点和出点，称为四点编辑。

　　在做三点编辑或四点编辑时，当素材长度和时间线长度
不一致时将会弹出"适配素材"对话框，如图4.3.9所示。

　　通过该对话框来调整素材的入点、出点或者速度以适应
时间线，也可以选择忽略时间线序列的入点或者出点。在"适
配素材"对话框中选择不同的单选按钮会产生不同的效果。

　　可见，将素材添加到时间线上可以用下面的两种方法完成：

　⊙ 用鼠标拖曳的方法直接将素材拖动到时间线上。使用监视器的命令按钮将素材添加到时
　　间线上。

　⊙ 利用"项目面板"底端的 ![icon] "自动匹配到序列"命令，可将多个素材自动匹配到时间
　　线窗口中。

4.3.4　应用实例——制作一个综合的视频作品

【实例4.3.1】　　制作目标将多个素材进行编辑并插入到时间线序列窗口的指定位置；为某些
内容设置快慢镜头以增加视觉效果；为作品添加倒计时片头。

　　（1）项目文件的设置和素材的导入操作

　　① 新建一个名为"导入素材.prproj"的项目文件。在"新建序列"对话框中，选择"序列预
置"选项卡中的DV-PAL制中的标准48kHz。其他内容使用默认设置。

　　② 双击"项目"面板的空白处，在"导入"对话框中选择两张图片文件"花.jpg"和"企鹅.jpg"，
单击"打开"。导入一个音频文件"示例音乐.mp3"；导入一个"视频"文件夹，该"视频"文件
夹中包括两个视频文件："野生动物.wmv"和"熊.wmv"。

③ 单击"项目"窗口底端的"新建文件夹"按钮，并将该新建的文件夹改名为"图片"。将"项目"窗口中的"花.jpg"和"企鹅.jpg"两个文件拖动到"图片"文件夹中。

（2）添加素材至"时间线"序列窗口的轨道上

图 4.3.10 "时间线"序列窗口中插入"花.jpg"

① 在"项目"窗口双击"花.jpg"文件缩略图，将其在"源素材监视器"窗口打开。在"源素材监视器"窗口的 00:00:00:00 处设置素材的入点，在 00:00:02:00 处设置素材的出点。将"时间线"序列窗口中的编辑线移动至零点处。单击"源素材监视器"窗口的"插入"按钮。将入点到出点间的素材插入到当前"时间线"窗口视频 1 轨道的零点处，如图 4.3.10 所示。

② 直接将"项目"窗口的"企鹅.jpg"拖动到"时间线"窗口当前编辑线标记处。将"时间线"序列窗口中的编辑线移动至 00:00:04:00 处。使用选择工具 ![], 在"企鹅.jpg"素材的结尾处出现剪辑出点图标 ◄，按住鼠标左键向左边进行拖动，至时间码 00:00:04:00 处。

③ 在"项目"窗口双击"野生动物.wmv"文件缩略图，将其在源监视器窗口打开。在"源素材监视器"窗口的 00:00:00:00 处设置素材的入点，在 00:00:07:02 处设置素材的出点。单击"仅拖动视频" ![] 按钮，只把视频部分拖动到"时间线"序列窗口视频 1 轨道的 00:00:04:00 处，如图 4.3.11 所示。

图 4.3.11 "时间线"序列窗口中插入"野生动物.wmv"的视频部分

（3）素材的三点编辑

① 在项目窗口双击"熊.wmv"文件缩略图，将其在"源素材监视器"窗口打开。在"源素材监视器"窗口的 00:00:01:00 处设置入点；在 00:00:04:00 处设置出点。

② 在"节目监视器"窗口的 00:00:08:05 处设置入点。

③ 在"源素材监视器"窗口单击"插入"按钮。将文件"熊.wmv"中的素材片段加入到了"时间线"序列窗口中，如图 4.3.12 所示。

图 4.3.12 三点编辑

（4）制作倒放效果以及快慢镜头

选中"时间线"序列窗口视频 1 轨道上的"熊.wmv"素材片段，在快捷菜单中选择"速度 |

持续时间…"命令，将对话框中的速度设置为"50%"，并将"倒放速度"、"波纹编辑，移动后面的素材"复选框选中，如图 4.3.13 所示。这样就设置了倒放的慢镜头效果。单击"节目监视器"窗口的"播放"按钮，预览效果。

图 4.3.13　设置倒放镜头

（5）删除"时间线"序列窗口中的部分素材内容

① 在"节目监视器"窗口的 00:00:14:05 处设置入点，在 00:00:15:10 处设置出点，单击"提取" 按钮，将当前选定的片断从编辑轨道中删除，后面的片断自动前移，与前一片断连接到一起。

② 另外，也可以用"剃刀工具" ，分别在时间线的 00:00:14:04 处和 00:00:15:10 处单击，然后选中该段内容，单击快捷菜单中的"波纹删除"命令。

③ 用轨道选择工具 选中视频 1 轨道的所有内容，在快捷菜单中选择"缩放为当前画面大小"。

（6）将音频素材添加到"时间线"序列窗口的音频轨道

① 在"项目"窗口双击"示例音乐.mp3"文件缩略图，将其在源监视器窗口打开。在源监视器窗口的 00:00:00:00 处设置素材的入点，在 00:00:15:20 处设置素材的出点。

② 移动鼠标到"源素材监视器"预览窗口的下边缘的位置，鼠标变成一个抓手标志，如图 4.3.14 所示，按住鼠标左键拖动至时间线的音频轨道 1 的零点处，释放鼠标。

图 4.3.14　拖动音频部分

图 4.3.15　添加音频轨道内容

（7）制作倒计时向导

① 单击"项目"窗口下方的"新建分项"按钮，选择"倒计时向导"命令，如图 4.3.16 所示。在弹出的"新建倒计时向导"中使用默认设置，然后单击"确定"按钮，在随后弹出的窗口中继续设置视频的颜色以及提示音等信息。设置完成后单击"确定"按钮，如图 4.3.17 所示。在项目窗口会看到一个叫"倒计时向导"的文件。

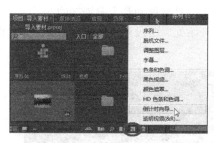

图 4.3.16　"新建分项"命令

图 4.3.17　倒计时向导设置

② 将"时间线"序列窗口的编辑标记线设置到零点处。在项目窗口用鼠标右键单击"倒计

时向导"文件的缩略图，在其快捷菜单中选择"插入"命令。将该文件插入到时间线的零点处，如图 4.3.18 所示。

③ 选择"文件"菜单中的"另存为"，将当前项目另存为"作品.prproj"。

图 4.3.18　插入通用倒计时片头

4.4　视频切换特效

视频切换也叫视频转场特效，是指在一段视频结束之后以某种效果切换到另一段视频的开始处。Premiere Pro CS6 可以根据需要方便地在任何两段视频素材的衔接处添加视频切换特效，并可以通过视频切换特效的参数设置形成绚丽的场景转换效果。

4.4.1　视频切换特效的添加与预览

图 4.4.1　"效果"面板

打开 Premiere Pro CS6，在系统"窗口"菜单中选择"效果"命令，打开"效果"面板。在该面板中的"视频切换"中分类放置了大量的视频切换特效，如图 4.4.1 所示。

1. 添加视频切换特效

默认的视频切换特效包括三维运动转场、溶解转场、孔形转场、映射转场、翻页转场、滑动转场、特殊转场、拉伸转场、划像转场以及缩放转场等。

在"效果"面板中的"视频切换"选项下选中某特效，将其拖动到"时间线"序列窗口两段轨道素材之间的交接线上，将会出现下面三种鼠标形状：

　▶中：视频切换设置在两素材之间。

　▶▷：视频切换特效的起点与后一素材的入点对齐。

　▶◁：视频切换特效的结束点与前一素材的出点对齐。

视频切换特效可以添加在某一素材的两端，也可以添加到两段素材之间。要在两素材间添加视频切换特效，要求这两段素材必须在同一个轨道上，且素材间是无缝连接的。

下面为两段素材的三个位置：即第一个素材的开始处、两段素材之间和第二个素材的结束位置，添加了三个素材的切换特效，如图 4.4.2 所示。

图 4.4.2　添加素材间的切换特效

这里在三个位置分别添加不同的切换效果，其效果如图 4.4.3 所示。

图 4.4.3　应用视频切换特效后的效果图

2. 预览视频切换特效

单击"节目监视器"窗口的"播放"按钮，或直接拖动时间线上的编辑标记线，在"节目监视器"窗口进行效果的预览。

4.4.2　视频切换特效的设置与替换

（1）视频切换特效的设置

在"窗口"菜单中选择"特效控制台"命令，打开"特效控制台"面板。利用该面板可以进行特效控制。

在"时间线"窗口的素材序列中双击添加的视频切换特效，在打开的"特效控制台"面板中可以看到该特效的所有控制选项。

这里以视频切换特效中"三维运动"文件夹中"门"的特效为例，说明视频切换特效的设置方法。

① 在"时间线"序列窗口的两素材间添加"门"视频转换特效。

② 在"时间线"序列窗口，单击已经添加到素材衔接处的视频转换特效"门"。观察"特效控制台"面板，如图 4.4.4 所示。

③ 将"特效控制台"中的"显示实际来源"复选框选中，两素材画面随即在"特效控制台"打开，如图 4.4.5 所示。

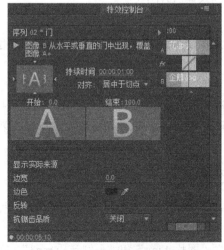

图 4.4.4　"特效控制台"面板 1　　　　图 4.4.5　"特效控制台"面板 2

图 4.4.6 改变开门方向

④ 在面板的左上角有一个预览缩略图，缩略图的四周各有四个小箭头按钮，单击这些按钮可以改变开门的方向，如图 4.4.6 所示。

⑤ 设置视频切换的时间长短，可用下面的方法完成。

● 直接在"特效控制台"的 持续时间 00:00:01:00 标签中设置。

● 直接拖动"特效控制台"的时间线上的特效标记 的两端。

● 直接拖动时间线窗口的特效标记 门 的两端。

⑥ 在"特效控制台"中"对齐"右侧的下拉列表中可以选择特效相对于素材的位置，如图 4.4.7 所示。

⑦ "开始"和"结束"项：用于控制特效的开始和结束状态。默认的状态下视频切换特效是平滑的。若在这里设置了"开始"值为 50，那么视频特效的开始时后素材立刻以一定的角度进入，这时的切换是有跳跃的，如图 4.4.8 所示。

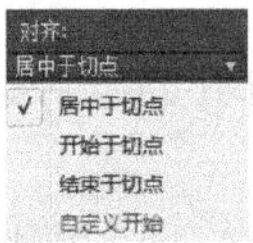

图 4.4.7 "对齐"选项

图 4.4.8 "开始"和"结束"项

⑧ "边宽"和"边色"是指切换时的边界宽度和边界的颜色；"反转"是设置反向的切换效果，若当前是"关门"效果，则反转后成为"开门"的效果。"抗锯齿品质"用来设置切换效果的边界是否要消除锯齿，可根据要求选择其中的"关闭、低、中、高"等选项。

（2）视频切换特效的替换

要把当前的视频切换特效替换为其他形式的切换特效时，只需要将新的视频切换特效拖动到"时间线"序列窗口中原有的特效上即可，系统将自动替换原有的特效。

（3）视频切换特效的其他操作

① 设置默认视频切换特效。在"效果"面板上的"视频切换"项下选中某特效，利用其快捷菜单中的"设置所选择为默认过渡"命令。

② 同时为多段素材应用默认切换效果。在"时间线"序列窗口选中多段素材，利用菜单"序列/应用默认切换过渡到所选择区域"命令，将默认视频切换效果同时应用于多个素材的衔接处。

③ 清除视频切换效果。在"时间线"序列窗口选中要清除的视频切换效果，在快捷菜单中选"清除"命令。

4.4.3 应用实例——制作风景电子相册

【实例 4.4.1】 制作多张图片的连续播放效果，在每张图片间设置转场特效，并为电子相册配上背景音乐。

将文件"图片 1.jpg"、"图片 2.jpg"、"图片 3jpg"、"图片 4.jpg"和"示例音乐.mp3"，放置在"c:\ 风景电子相册"的文件夹中。制作由这些图片组成并配有音乐的电子相册。

① 新建项目"风景电子相册.prproj"，具体项目文件的参数设置参考 4.3.4 节中的实例

设置。

② 在"项目"窗口快捷菜单中选择"导入"命令，在"导入"对话框中选择"c:\风景电子相册"文件夹，单击"导入文件夹"命令。

③ 在"项目"窗口直接拖动"风景电子相册"的文件夹图标至"时间线"序列窗口视频 1 轨道的零点处，如图 4.4.9 所示。

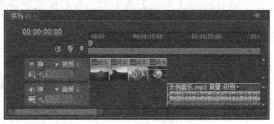

图 4.4.9 "时间线"序列窗口

④ 利用轨道选择工具 ，将视频 1 轨道的所有内容选中，在快捷菜单中选择"缩放为当前画面大小"命令，统一调整画面的大小。

⑤ 在"图片 1.jpg"和"图片 2.jpg"间的衔接位置添加"伸展"特效中的"交叉伸展"视频切换特效，效果如图 4.4.10(a)所示。

⑥ 在"图片 2.jpg"和"图片 3.jpg"间的衔接位置添加"卷页"特效中的"中心剥落"视频切换特效，效果如图 4.4.10(b)所示。

⑦ 在"图片 3.jpg"和"图片 4.jpg"间的衔接位置添加"擦除"特效中的"时钟式划变"视频切换特效，效果如图 4.4.10(c)所示。

(a)效果图 1　　　　　　　(b)效果图 2　　　　　　(c)效果图 3

图 4.4.10

⑧ 利用选择工具 ，拖动音频轨道 1 中的"示例音乐.mp3"至零点处。移动鼠标至音频文件尾部，当鼠标指针变为 时拖动鼠标向左移动，删除多余的音频内容，如图 4.4.11 所示。将视频轨道内容与音频轨道内容的首尾对齐。效果图如图 4.4.12 所示。

图 4.4.11　对齐音频素材

图 4.4.12　视频轨道效果

⑨ 进行序列内容的渲染，并预览效果。保存项目文件。

4.5 运动效果

在 Premiere Pro CS6 中，可以在"特效控制台"面板内为素材设置运动（包括位置、缩放比例、旋转等）、透明度以及时间重置等视频效果。这些视频效果被称为固定效果，不能将其从"特效控制台"中删除。通过为不同时间的关键帧设置不同的参数值来使静止的素材产生运动效果。

4.5.1 设置运动效果

（1）为素材添加位移运动效果

① 打开项目文件，在"时间线"序列窗口单击要设置运动效果的素材，在"节目监视器"窗口将显示该素材的内容。

② 选择菜单"窗口/特效控制台"命令，打开"特效控制台"面板，如图 4.5.1 所示。

图 4.5.1 "特效控制台"工作区

为了便于在"节目监视器"窗口观察和控制运动特效的边框，可以在"节目监视器"窗口中单击"选择缩放级别"来修改缩放级别，如图 4.5.2 所示。

③ 在"节目监视器"窗口单击显示的素材，或者单击"特效控制台"的 运动 按钮，在"节目监视器"窗口可以看到显示的素材的边缘出现了一个线框，线框周围有 8 个控制点，如图 4.5.3 所示。

图 4.5.2 "节目监视器"窗口

图 4.5.3 位置和缩放比例控制点

④ 在"节目监视器"窗口直接拖动素材改变其位置，同时观察"特效控制台"面板的"位置"选项的参数值也发生了改变。移动编辑标记线到 00:00:00:00 零点处，单击"位置"选项前的 "切换动画"按钮来设置第一个关键帧，如图 4.5.4 所示。

⑤ 移动编辑标记线到 00:00:05:00 处，在"节目监视器"窗口移动素材到屏幕右侧位置，这时会出现一条路径，如图 4.5.5 所示。路径两端的点是关键帧，中间的点是过渡帧。在"特效控

228

制台"右侧的时间线视图中,自动在当前位置创建了一个新的关键帧,如图4.5.5右侧所示。

图4.5.4　添加第一个关键帧

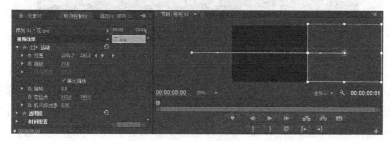

图4.5.5　添加第二个关键帧

⑥ 移动编辑标记线到00:00:02:12处,然后在"节目监视器"窗口移动素材到屏幕中心偏下的位置,运动的路径变成一条曲线。同时,在"特效控制台"右侧的时间线视图中自动在当前位置创建了第三个关键帧,如图4.5.6所示。

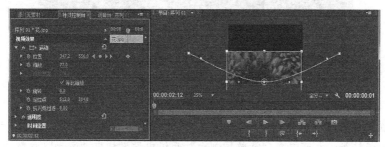

图4.5.6　添加第三个关键帧

⑦ 路径是一条贝塞尔曲线,可以通过移动锚点(即关键帧)位置和拖动锚点切向量的方式改变路径的形状,如图4.5.7所示。预览观察运动效果。

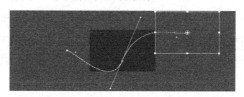

图4.5.7　改变路径形状

(2)为素材添加缩放、旋转运动效果

① 打开项目文件,并在时间线窗口单击要设置运动效果的素材,在"节目监视器"窗口将显示该素材的内容。

② 选择"窗口"菜单中的"特效控制台"命令,打开"特效控制台"面板。

③ 在"节目监视器"窗口，直接拖动素材到显示屏幕外侧的左上角处，改变素材的缩放比例和旋转角度值，如图 4.5.8 所示。"特效控制台"面板的"位置"、"缩放比例"、"旋转"选项的参数值也随着发生了改变。移动编辑标记线到 00:00:00:00 零点处，分别单击"位置"选项、"缩放比例"选项和"旋转"选项前的  "切换动画"按钮来设置第一组关键帧。

图 4.5.8　添加第一组关键帧

④ 移动编辑标记线到 00:00:02:00 处，然后在"节目监视器"窗口移动素材至屏幕中心，并在"特效控制台"面板中将"缩放比例"值设置为 77，"旋转"值设置为 360，即旋转一周 1×0.0°，自动添加第二组关键帧，如图 4.5.9 所示。同理可以添加更多组关键帧。预览观察效果。

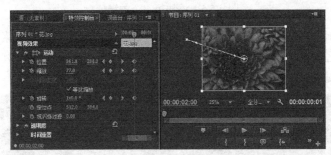

图 4.5.9　添加第二组关键帧

注意：

⊙ 在设置关键帧值的时候，既可以直接在"节目监视器"窗口实现：直接拖动素材的位置、大小、旋转等；也可以在"特效控制台"面板中设置相应"运动"参数的值。

⊙ 本章介绍的运动特效既可以为静止图片设置也可以为视频素材设置，操作方法相同。

4.5.2　设置透明特效

在"特效控制台"面板中有一个"透明度"选项，通过改变该项的参数值可以制作淡入/淡出效果。在"特效控制台"面板中为素材添加"透明度"关键帧，来实现画面间的淡入/淡出效果。

（1）在"时间线"序列窗口的视频 1 轨道的零点处插入"企鹅.jpg"，并设置其播放长度为 5 秒。

（2）在"时间线"序列窗口的视频 2 轨道的 00:00:03:00 处插入"花.jpg"，并设置其播放长度为 5 秒。

（3）移动编辑标记线到 00:00:03:00 处，单击视频 2 轨道的"花.jpg"素材，在"特效控制台"的"透明度"中设置值为 0，确定后自动产生一个透明度的关键帧。

（4）移动编辑标记线到 00:00:05:00 处，在"特效控制台"的"透明度"中设置值为 100，确定后自动产生第二个透明度的关键帧。其最终的"特效控制台"面板和"时间线"窗口效果如图 4.5.10 所示。

图 4.5.10 "淡入/淡出"效果

4.5.3 设置时间重置特效

"特效控制台"内置视频效果中的"时间重置"选项，可以通过为该参数设置关键帧，实现为素材的不同部分设置不同的播放速度。

（1）在"时间线"窗口的视频 1 轨道的零点处插入"野生动物.wmv"。

（2）移动编辑标记线到 00:00:04:04 处，在"特效控制台"的"时间重置"下的"速度"选项的右侧，单击"添加/删除关键帧"按钮，在此位置添加第一个速度关键帧，如图 4.5.11 所示。

（3）相同的方法在 00:00:07:02 的位置添加第二个速度关键帧，如图 4.5.12 所示。这样两个关键帧把素材划分了三段，第一段的内容是马群奔跑，第二段的内容是飞翔的鸟群，第三段为视频剩余的内容。下面将第一段素材内容设置为慢镜头，第二段素材的内容设置为快镜头。

图 4.5.11 添加第一个速度关键帧图

图 4.5.12 添加第二个速度关键帧

（4）使用工具箱上的选择工具，当其移动到"特效控制台"时间线视图的速度线上时，鼠标形状发生变化，按住鼠标向下拖动，观察速度值已经由 100%变为 50%，速度变慢了，同时时间延长了，如图 4.5.13 右边部分所示。

（5）同样的操作方法，在第二段速度线上向上拖动制作快镜头，如图 4.5.14 所示。

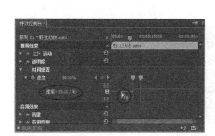

图 4.5.13 制作慢镜头

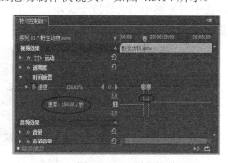

图 4.5.14 制作快镜头

图 4.5.15　制作速度的平滑过渡效果

　　（6）速度关键帧 ![icon] 实际上是两个相邻的图标，可以把这两个图标移开，来创建具有过渡效果的速度渐变，如图 4.5.15 所示。

　　注意：

　　在 Premiere Pro CS6 中要改变素材的播放速度有很多种方法。

　　⊙ 在"特效控制台"中设置"时间重置"选项关键帧的方法。

　　⊙ 使用"素材"菜单中的"速度/持续时间"命令。

　　⊙ 使用工具箱上的"速率伸缩工具" ![icon]。

4.5.4　应用实例——弹跳的皮球

　　【实例 4.5.1】　导入"皮球.psd"文件，制作皮球落地后不断弹跳的效果。

　　（1）新建项目"跳动的皮球.prproj"，具体项目文件的参数设置参考 4.3.4 中的实例 4.3.1 的设置。

　　（2）在项目窗口快捷菜单中选择"导入"命令，在"导入"对话框中选择"皮球.psd"文件，单击"导入"命令。当导入的是 Photoshop 文件时，会弹出"导入分层文件"对话框。这里在"导入为"对话框中选择"各个图层"命令，单击"确定"，如图 4.5.16 所示。

　　（3）在"项目管理器"窗口可以看到，"皮球.psd"文件所包含的两个图层都形成了独立的两个文件，如图 4.5.17 所示。

图 4.5.16　导入分层文件

图 4.5.17　项目管理器窗口

　　（4）将导入的"图层 1/皮球.psd"拖动至"时间线"窗口的视频 1 轨道的零点处。打开"特效控制台"调整素材的缩放比例，如图 4.5.18 所示。

　　（5）将导入的"图层 0/皮球.psd"拖动至"时间线"窗口的视频 2 轨道的零点处。移动编辑标记线到 00:00:00:00 处，在"节目监视器"窗口拖动素材的位置、缩放比例、旋转。在"特效控制台"面板中，分别单击"位置"选项、"缩放比例"选项、"旋转"选项前的"切换动画" ![icon] 按钮来设置第一组关键帧，如图 4.5.19 所示。

图 4.5.18　调节缩放比例

图 4.5.19　添加第一组关键帧

（6）移动编辑标记线到 00:00:01:00 处，在"节目监视器"窗口改变素材的位置、缩放比例、旋转值。在"特效控制台"面板中将自动产生第二组关键帧，如图 4.5.20 所示。

图 4.5.20　添加第二组关键帧

（7）移动编辑标记线到 00:00:02:00 处，在"节目监视器"窗口改变素材的位置、缩放比例、旋转。在"特效控制台"面板中将自动产生第三组关键帧，如图 4.5.21 所示。

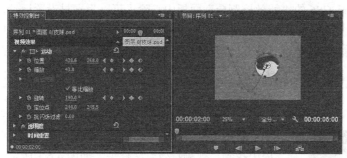

图 4.5.21　添加第三组关键帧

（8）用上面的方法创建第四、五、六组关键帧，如图 4.5.22 所示。

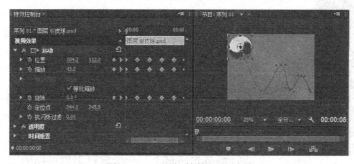

图 4.5.22　添加其他组关键帧

（9）下面为素材的前 4 秒设置慢镜头，后面的内容设置快镜头。首先，在 00:00:04:00 处设置速度关键帧。然后使用工具箱上的选择工具，当其移动到"特效控制台"时间线视图的速度线上时，鼠标形状发生变化。按住鼠标向下拖动，观察速度值已经有 100%变为 50%，速度变慢了，同时时间延长了。

（10）同样的操作方法，在第二段速度线上向上拖动，制作快镜头。

（11）将速度关键帧两端的图标适当拖动开一段距离，使得速度的过渡平滑一些，如图 4.5.23 所示。

（12）在"时间线"窗口，利用工具箱上的"选择工具" ▶，拖动"图层 1/皮球.psd"的右边界，使其与"图层 0/皮球.psd"的结束位置对齐，如图 4.5.24 所示。

图 4.5.23 制作速度的平滑过渡效果　　　　图 4.5.24 对齐素材

（13）最后进行序列内容的渲染并预览效果，保存项目文件。

4.6 视频特效

在 Premiere Pro CS6 的"特效控制台"面板中，除了可以为素材设置运动、透明度以及时间重置等固定视频效果外，Premiere Pro CS6 还提供了大量的视频特效插件，这些视频特效既可以对原始素材中不满意的地方进行修复，又可以为素材添加各种艺术效果。

4.6.1 视频特效的添加与控制

1. 视频特效的种类

图 4.6.1 视频特效面板

单击"窗口"菜单，选择"效果"命令，在打开的"效果"面板中找到"视频特效"文件夹，如图 4.6.1 所示。

2. 视频特效的添加与清除

（1）可以用下面两种方法为素材添加视频特效：

- 在"视频特效"中的任意一个子文件夹中选择一种视频特效，将其直接拖动到"时间线"序列窗口中要应用视频效果的素材上。

- 在"时间线"序列窗口选中要添加视频特效的素材，然后将选好的视频特效拖动到已经打开的"特效控制台"窗口空白处。在 Premiere Pro CS6 中，一种视频特效可以应用到多个素材上；一个素材上也可以应用多种视频特效。

（2）清除特效。在"特效控制台"选中要清除的特效，在其快捷菜单中选"清除"命令。

3．视频特效的控制

在"时间线"序列窗口中选中素材，"特效控制台"会显示当前素材添加的所有特效。可以通过在"特效控制台"面板中改变控制选项的参数值来控制特效，也可以通过为素材在不同的时间设置关键帧来制作动态的视频特效。

下面在素材开始处添加一个从模糊到清晰的淡入效果。

（1）新建项目文件并导入素材，在"时间线"序列窗口的视频 1 轨道的零点处插入素材。在"特效控制台"窗口中适当调整"缩放比例"。

（2）将"视频特效"中"模糊和锐化"文件夹中的"高斯模糊"拖动到"时间线"序列窗口的素材上。这时在"特效控制台"窗口中可以看到加入的"高斯特效" ▶ ▶ **高斯模糊**，单击 ▶ 图标将"高斯模糊"的选项参数打开。

（3）在 00:00:00:00 处，将"模糊度"值设为 50.0，单击"模糊度"前面的"切换动画" ⏱ 按钮设置第一个关键帧，如图 4.6.2（a）所示。

（4）移动编辑标记线到 00:00:02:00 处，将"模糊度"值设为 0.0，自动添加第二个关键帧，如图 4.6.2（b）所示，单击"预览"按钮可预览效果。

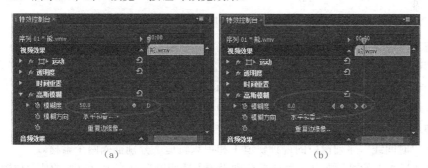

（a）　　　　　　　　　　　　　　（b）

图 4.6.2　添加视频特效关键帧

4.6.2　视频合成

1．视频合成

Premiere Pro CS6 的视频合成是基于轨道进行合成的，当上一轨道素材包含透明信息时，下一轨道素材的内容就会透过上一轨道的透明区域显示出来，从而实现视频画面的合成。素材产生透明的方式可以有下面几种。

（1）素材本身包含 Alpha 通道

Photoshop、After Effects、Illustrator 等软件可以在保存特定文件格式时，同时保存其 Alpha 通道。对于本身包含 Alpha 通道的素材，导入 Premiere Pro CS6 后，在"项目管理器"窗口中选中该素材，单击"素材｜修改｜解释素材"菜单中的"修改素材"命令，在打开的对话框中可以选择 Alpha 通道的处理方式：忽略 Alpha 通道或反转 Alpha 通道，如图 4.6.3 所示。

在图 4.6.4 中，图（a）是具有 Alpha 通道的"企鹅.psd"文件，图（b）是其 Alpha 通道的内容。

图 4.6.3　Alpha 通道的处理方式

（a）　　　　　　　　　　　　　（b）

图 4.6.4　具有 Alpha 通道的 PSD 文件

在"时间线"序列窗口的视频 1 轨道插入一个视频素材，效果如图 4.6.5（a）所示；将"企鹅.psd"素材插入到视频轨道 2 上，两个素材合成的效果如图 4.6.5（b）所示。

（a）　　　　　　　　　　　　　（b）

图 4.6.5　通过 Alpha 通道合成素材

（2）在"特效控制台"中调节素材的透明度

默认情况下，素材是完全不透明的，可以调整素材的透明度将素材设置为透明。当素材的"透明度"值低于 100% 时，可以显示出其下一级轨道中的素材内容；当"透明度"值为 0 时，素材完全透明，还可以使用关键帧来精确控制透明的过渡。

下面通过设置透明度的值为素材设置淡出效果。

（1）在"时间线"序列窗口的视频轨道 1 和视频轨道 2 分别插入两个素材。

（2）对轨道 2 上的素材在其不同位置分别设置"透明度"为 100% 和 0% 的值，位置如图 4.6.6 所示。

图 4.6.6　添加透明度关键帧

（3）最终的合成效果如图 4.6.7 所示。

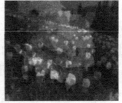

图 4.6.7　淡入效果图

2．抠像

单击菜单"窗口｜效果"命令，在打开的"效果"面板中找到"视频特效"，在其"键控"特效文件夹中包含了大量的抠像视频特效，如图 4.6.8 所示。

（1）基于颜色抠像

将指定的颜色，或与指定的颜色相近的颜色设置为透明，从而达到抠像的目的。在"键控"特效文件夹中有很多这样的特效。如：RGB 差异键、色度键、蓝屏键、非红色键、颜色键等。这里以"色度键"为例，说明如何基于颜色进行抠像。

① 为"时间线"序列窗口中的素材添加"色度键"视频特效后，在"特效控制台"中将"色度键"特效参数展开，其中的参数名称及其含义如表 4.6.1 所示。

图 4.6.8　键控特效

表 4.6.1　"色度键"特效参数及其含义

参　数　名　称	含　　义
颜色	要被指定为透明色的颜色，可以用色块旁边的吸管工具在屏幕中吸取颜色。
相似性	就是容差值，取值越大选取的颜色范围越大。
混合	将抠像的素材与下面轨道的素材进行混合，值越大混合程度越大。
阈值	控制抠出色彩区域阴影的数量。值越大阴影越大。
屏蔽度	控制阴影的明暗程度。值越大阴影越暗。
平滑	控制透明区域和不透明区域过渡的平滑程度。
仅遮罩	以遮罩形式进行显示。

② 用 吸管工具在"节目监视器"窗口中的绿色背景上单击取色，如图 4.6.9(a)所示，适当设置其"相似性"和"混合"的值，完成视频抠像。合成效果如图 4.6.9(b)所示。

(a)　　　　　　　　　　　　　　　　　(b)

图 4.6.9　"色度键"抠像

（2）使用遮罩抠像

① 使用 X 点无用信号遮罩

为"时间线"序列窗口中的素材添加"使用 X 点无用信号遮罩"视频特效，在"特效控制台"中，单击该特效前的 按钮，在"节目监视器"窗口的当前选中的素材上就会出现相应点数的编辑点，拖动这些编辑点完成抠像，如图 4.6.10 所示。

抠像前后对比图如图 4.6.11 所示。

图 4.6.10　"16 点无用信号遮罩"抠像

图 4.6.11　抠像前后对比图

② 使用"图像遮罩键"抠像

"图像遮罩键"特效是以遮罩图像的 Alpha 通道或亮度信息决定透明区域。

在"时间线"序列窗口的视频 1 轨道插入背景视频，在视频 2 轨道上插入要合成的视频素材"熊.wmv"，如图 4.6.12 所示。

为"熊.wmv"添加"图像遮罩键"特效。在"特效控制台"中展开"图像遮罩键"特效，如图 4.6.13(a)所示。单击设置按钮 ▇▇ ，在打开的"选择遮罩文件"对话框中选择遮罩文件，使用的遮罩文件如图 4.6.13(b)所示。

图 4.6.12　"时间线"序列窗口

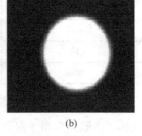

(a)　　　　　　　　　(b)

图 4.6.13　添加"图像遮罩键"特效

在"特效控制台"中设置"图像遮罩键"特效的"合成使用"属性，该属性有两个值：Alpha 遮罩和亮度遮罩。当使用遮罩文件的 Alpha 通道作为合成素材的遮罩时，选 Alpha 遮罩；当使用遮罩文件的亮度值作为合成素材的遮罩时，选亮度遮罩。这里选择亮度遮罩。原始素材文件如图 4.6.14 所示，合成效果如图 4.6.15 所示。

图 4.6.14　三个原始素材　　　　　　　　　图 4.6.15　合成效果

③ 使用"轨道遮罩键"抠像

"轨道遮罩键"特效使用时，需要两个要进行合成的素材和一个遮罩素材。三个素材文件的内容如图 4.6.16 所示。

图 4.6.16　三个原始素材

这三个素材要分别放置在三个不同的轨道上：在最下层轨道上放置背景素材、在中间轨道放置要合成的素材、在最上面的轨道上放置遮罩素材，如图 4.6.17 所示。

将"轨道遮罩键"特效添加到中间轨道也就是添加到要做合成的素材轨道上，并将其特效参数展开进行如图 4.6.18 所示设置。

图 4.6.17　"时间线"序列窗口　　　　图 4.6.18　添加"轨道遮罩键"特效

为合成出遮罩跟踪马群中白马奔跑的效果，可以对遮罩在不同的位置设置关键帧来完成，最终效果如图 4.6.19 所示。

图 4.6.19　合成效果图

4.6.3　应用实例——跟踪视频画面的局部内容

【实例 4.6.1】　通过"轨道遮罩键"特效，将视频文件"骑车.avi"中穿黄色衣服的骑车人进行镜头的追踪。

（1）新建项目"局部内容追踪.prproj"，具体项目文件的参数设置参考 4.3.4 中的实例的设置。

（2）在项目窗口快捷菜单中选择"导入"命令，在"导入"对话框中选择"骑车.avi"文件，单击"导入"命令。

（3）将导入的"骑车.avi"拖动至"时间线"窗口的视频 1 轨道的零点处。打开"特效控制台"适当调整素材的缩放比例和位置。

（4）将导入的"骑车.avi"拖动至"时间线"窗口的视频 2 轨道的零点处。打开"特效控制台"适当调整素材的缩放比例和位置，使得其参数与插入到视频轨道 1 的素材参数完全相同。当然，这里也可以直接将视频轨道 1 中的素材直接复制、粘贴到视频轨道 2 中。

（5）继续将"颜色校正"特效文件夹中的"RGB 曲线"特效添加到视频 2"骑车.avi"轨道素材上。在展开的参数中适当增加红色和绿色的比重，使得整个视频效果偏黄色。参数调整如图 4.6.20(a)所示。调整后的视频效果如图 4.6.20(b)所示。

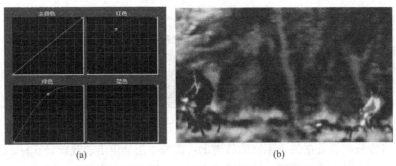

(a)   (b)

图 4.6.20 "RGB 曲线"特效参数及效果图

（6）继续将"颜色校正"特效文件夹中的"亮度曲线"特效添加到视频 2"骑车.avi"轨道素材上，使得整体视频效果偏亮一些。参数调整如图 4.6.21(a)所示。调整后的视频效果如图 4.6.21(b)所示。

(a)   (b)

图 4.6.21 "亮度曲线"特效

（7）将"遮罩.jpg"素材插入到视频轨道 3 的零点处。并调整其播放长度，和下方轨道上的素材结束位置相对齐。轨道素材的排列如图 4.6.22 所示。

（8）将"键控"特效文件夹中的"轨道遮罩键"特效，添加到视频 2 轨道的"骑车.avi"素材上，并将其特效参数展开，如图 4.6.23 所示设置。

图 4.6.22 "时间线"序列窗口内容   图 4.6.23 "轨道遮罩键"特效

下面为视频 3 上的"遮罩.jpg"创建一组位置关键帧，用来跟踪画面中的穿黄色衣服的骑车人。

（9）选中视频 3 上的"遮罩.jpg"，移动编辑标记线到 00:00:00:00 处，在"特效控制台"运动特效组中适当调整遮罩的位置和大小，并创建第一个位置关键帧。

（10）移动编辑标记线，并结合"节目监视器"窗口视频的预览效果，随时调整遮罩的位置，这样将自动产生第二个、第三个关键帧…，如图 4.6.24 所示。

图 4.6.24 创建多个关键帧

（11）最后进行序列内容的渲染并预览效果，效果如图4.6.25所示。

图4.6.25　效果图

4.7　字幕

字幕是视频制作中的一个重要的部分，通过各种静态或动态的字幕可以更好地表达出作品的内容。Premiere Pro CS6中的"字幕设计器"是一个功能强大的字幕与形状创建工具。

4.7.1　创建静止字幕

1．创建字幕的方法

（1）使用菜单"文件 | 新建 | 字幕"命令，或直接用快捷键Ctrl+T。

（2）使用"字幕"菜单中的"新建字幕"命令。

（3）单击"项目管理器"窗口下方的"新建分项"  按钮，并选择
"字幕"命令。

无论选择哪种方法，都将打开"新建字幕"对话框，在这里输入字幕
的视频规格和字幕名称等信息，如图4.7.1所示。单击"确定"按钮，打
开"字幕设计器"窗口，如图4.7.2所示。

图4.7.1　新建字幕

字幕保存后自动被添加到项目管理器窗口的当前文件夹中，并作为项目的一部分被保存起来。可以将字幕作为独立的文件进行导出，也可以像导入其他文件一样将其导入。

在"字幕设计器"窗口创建字幕时，可以随时使用主窗口中的"字幕"菜单中的相关命令。

2．"字幕模板"的使用

（1）在Premiere Pro CS6中，用户可以直接套用已有的"字幕模板"中的内容来设计字幕，
也可以将自制的字幕存储为模板，以便以后使用。

使用菜单"字幕/新建字幕/基于模板"命令，在打开的"新建字幕"对话框中，左侧可选择
模板类型，右侧可预览模板样式。

（2）在"字幕设计器"窗口处于打开的状态下，单击"字幕主调板"中的"模板" ▦ 按钮，
或者使用"字幕"菜单中的"模板"命令，都将再次打开"模板"对话框，如图4.7.3所示。

（3）在"字幕设计器"窗口的工作区中，可以修改模板的内容和布局等。选择"字幕工具"
调板中的"选择"工具 ▶，直接拖动可以进行布局的修改，如图4.7.4所示。

（4）对当前字幕中的内容进行适当的编辑，这里将字幕中的具体"议题"的内容删除掉，然
后将该字幕保存为"模板"，以便日后使用。在"模板"对话框的右侧单击 ▶ 按钮，在弹出菜单
中选择"导入当前字幕为模板"命令，如图4.7.5所示。

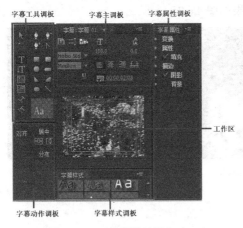

图 4.7.2　"字幕设计器"窗口

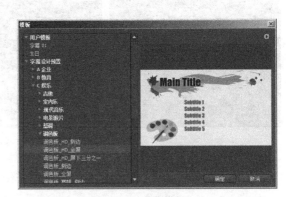

图 4.7.3　字幕模板

图 4.7.4　应用字幕模板创建字幕

图 4.7.5　将字幕保存为模板

在随后打开的"另存为"对话框中，给出模板的名称，如图 4.7.6(a)所示。用户自定义的模板将出现在"模板"对话框左侧的"用户模板"文件夹中，以便以后继续使用，如图 4.7.6(b)所示。

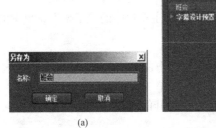

(a)　　　　　　　　　　　　　(b)

图 4.7.6　创建字幕模板

3．编辑字幕

编辑字幕大部分是在"字幕设计器"窗口完成的。在"字幕设计器"窗口既可以创建字幕也可以创建形状。

（1）输入文本

"字幕设计器"窗口的"字幕工具"调板中提供了三组文字工具，包括字符文字工具、段落文字工具和路径文字工具。

① 字符文字工具：水平文字工具█和垂直文字工具██。选择了文字工具后，单击工作区

242

中要输入文字的开始处进行输入。输入的过程中若要自动换行，可选择"字幕"菜单中的"自动换行"命令。输入完毕，选择"字幕工具"调板中的"选择"工具 ，在文本框外单击，结束输入。

②　段落文字工具：区域文字工具 和垂直区域文字工具 。选择了段落文字工具后，在工作区中先拖动出一个文本框，然后进行段落文字输入。

③　路径文字工具：路径文字工具 和垂直路径文字工具 。先选中要使用的路径文字工具，然后绘制一条路径，如图 4.7.7(a)所示。路径绘制完成后，再次单击要使用的路径文字工具，然后在路径的开始位置单击输入文字，如图 4.7.7(b)所示。

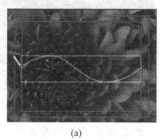 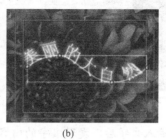

(a)　　　　　　　　　　　　　(b)

图 4.7.7　沿路径输入文字字幕

在绘制或修改路径时可以使用"字幕工具"调板中的钢笔工具组，具体绘制方法与 Photoshop 中绘制矢量路径相同。

（2）创建形状

在"字幕设计器"窗口的"字幕工具"调板中还提供了绘制形状的若干工具。形状绘制完成后，选择"字幕工具"调板中的"选择"工具 将多个绘制的形状选中，利用"字幕设计器"窗口的"字幕动作"调板，可以设置字幕的对齐、居中、以及分布方式，如图 4.7.8 所示。

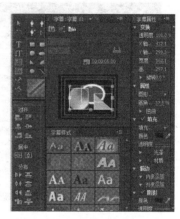

（3）字符和形状的格式化

①　使用"字幕样式"调板

字符和形状的格式化可以直接使用"字幕设计器"窗口的"字幕样式"中的样式。单击"字幕样式"调板右侧的弹出式菜单按钮 ，利用弹出的菜单命令，可以完成新建样式、应用样式、以及进行样式库的追加等操作，如图 4.7.9 所示。

图 4.7.8　"字幕设计器"窗口

②　使用"字幕属性"调板

在"字幕设计器"窗口的"字幕属性"调板中，可以对字幕进行变换、填充、描边、阴影等属性的设置，如图 4.7.10 所示。

③　使用"字幕主调板"

"字幕主调板"中也可以改变字符的字号、字体、对齐方式、字间距、行间距等内容。在"字幕主调板"中还包含了一些其他功能按钮。

⊙ "显示背景视频"按钮 ：单击该按钮，编辑标记线所在当前帧的画面就会出现在"字幕设计器"窗口的工作区，作为背景显示。拖动该按钮旁边的"背景视频时间码"标签，工作区中显示的画面将随时间码的变化显示相应帧画面。

⊙ "模板"按钮 ：单击该按钮，将打开"模板"对话框，可以使用已有的模板。

⊙ "基于当前字幕新建字幕"按钮 ：在当前字幕的基础上新建一个字幕。

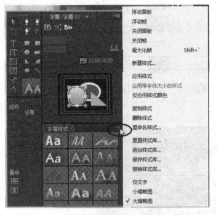

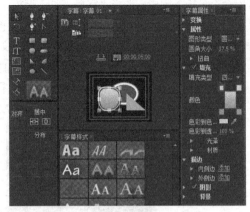

图 4.7.9　"字幕样式"命令　　　　　　　　　　图 4.7.10　"字幕属性"调板

注意：有时在输入文字后，发现文字的内容不能正常显示，如图 4.7.12(a)所示。这说明当前选择的字体不支持中文字体。这时需要在工作区选中文字后，单击"字幕主调板"中的"字体"下拉列表框，向下选择一种支持中文的字体就可以了，如图 4.7.11 所示。正常的文字效果如图 4.7.12(b)所示

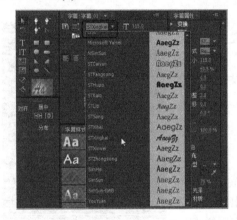

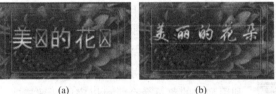

(a)　　　　　　　(b)

图 4.7.11　"字幕主调板"　　　　　　　　　图 4.7.12　字体的显示

在"字幕设计器"窗口、"源素材监视器"窗口以及"节目监视器"窗口中经常会看到两个白色的线框，其中的内部白色线框是"字幕安全区域"，所有的字幕内容应放在该区域内；外部的白色线框是"活动安全区域"，视频画面中的重要元素应放在该区域内。这是为了防止视频内容输出到其他显示媒体时，画面的边角处可能会显示不全。

4.7.2　创建动态字幕

创建动态字幕既可以使用系统提供的默认滚动字幕命令，也可以通过设置关键帧的方式创建动态的字幕效果。

1．用系统默认命令创建滚动字幕

滚动的字幕分横向滚动和纵向滚动，其中横向滚动又叫游动字幕。下面使用系统菜单"字幕

/新建字幕/默认滚动字幕"或"默认游动字幕"命令创建滚动字幕。

（1）单击菜单"字幕/新建字幕/默认滚动字幕"，在"新建字幕"对话框中输入字幕名称并确定。

（2）在打开的"字幕设计器"窗口用"文字工具"输入文字内容，在输入的过程中可以换行，也可以使用"字幕"菜单中的"自动换行"命令换行，如图4.7.13所示。

（3）在输入文字的过程中若要插入标记Logo，可以使用"字幕"菜单中的"标记"下的"插入标志到正文"命令，如图4.7.13中插入了三个标记。

图4.7.13　制作滚动字幕

（4）单击"字幕主调板"中的"滚动/游动选项"，如图4.7.14(a)所示。在"滚动/游动选项"对话框中可以对字幕类型以及开始和结束时间进行设置，如图4.7.14(b)所示。这里选择了字幕从屏幕外滚动进入，一直到结束时滚动出屏幕。对话框中的"缓入"指字幕由静止状态到加速到正常状态的帧数；"缓出"则是字幕由正常状态减速到静止状态的帧数。

 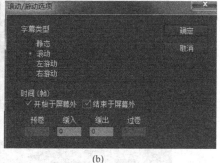

(a)　　　　　　　　　　(b)

图4.7.14　设置滚动字幕

（5）单击"字幕设计器"窗口的关闭按钮，关闭字幕设计器的同时将自动保存创建好的字幕。在"项目管理器"窗口找到刚创建好的字幕，将其添加到"时间线"序列窗口的视频轨道中，效果如图4.7.15所示。

  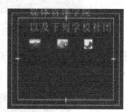

图4.7.15　滚动字幕效果图

2．用关键帧创建滚动字幕

（1）新建一个静止字幕，并将其添加到"时间线"序列窗口的视频轨道中。

（2）选中轨道中的字幕素材。选择"窗口"菜单中的"特效控制台"命令，打开"特效控制台"工作区。

（3）在"节目监视器"窗口，直接拖动字幕至显示屏幕下方外侧，如图4.7.16所示。移动编辑标记线到00:00:00:00零点处，单击"位置"选项 "中切换动画"按钮来设置第一个关键帧。

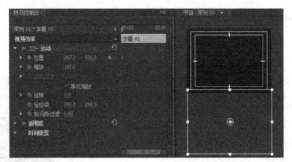

图 4.7.16　创建第一个位置关键帧

（4）移动编辑标记线到 00:00:01:00 处，在"节目监视器"窗口拖动字幕的位置至屏幕的中间位置，在"特效控制台"面板中将自动产生第二个关键帧，如图 4.7.17 所示。

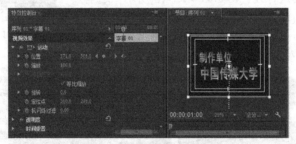

图 4.7.17　创建前两个关键帧

（5）移动编辑标记线到 00:00:03:00 处，直接单击"添加/删除关键帧"按钮，添加第三个关键帧，如图 4.7.18 所示。

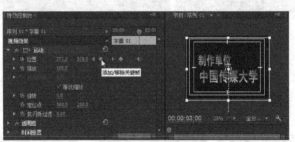

图 4.7.18　创建第三个关键帧

（6）移动编辑标记线到 00:00:04:00 处，在"节目监视器"窗口拖动字幕的位置至屏幕的上方外侧位置，在"特效控制台"面板中将自动产生第四个关键帧，如图 4.7.19 所示。

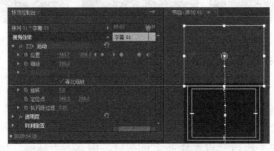

图 4.7.19　创建第四个关键帧

（7）最后进行序列内容的渲染，并预览效果。字幕从屏幕下方进入，到达屏幕中央时停留一秒钟，然后从屏幕中心向上滚动出屏幕，其过程如图 4.7.20 所示。

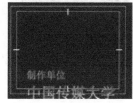

图 4.7.20　滚动字幕效果图

4.7.3　应用实例——制作流光字幕

字幕除了可以应用运动特效外，还可以为字幕添加各种视频切换特效或者视频特效，制作出丰富的字幕视觉效果。

【实例 4.7.1】　以字幕文件作为遮罩，制作出流光字幕的效果。

（1）新建项目"流光字幕.prproj"，具体项目文件的参数设置参考 4.3.4 中的实例设置。

（2）在项目窗口快捷菜单中选择"导入"命令，在"导入"对话框中选择一个视频文件"广告.mov"文件，单击"打开"按钮。

（3）将导入的"广告.mov"文件插入到"时间线"序列窗口的视频轨道 1 的零点处。在"特效控制台"中，适当调整素材的位置和缩放比例等参数值。

（4）单击"文件"菜单中的"新建"命令，选择"字幕"子菜单命令，在"新建字幕"对话框中输入字幕名称并确定。

（5）在打开的"字幕设计器"窗口使用"文字工具"，输入文字"流光字幕"。字体选择"STHupo"字体，文字颜色设置为白色，并适当设置文字的位置和大小，如图 4.7.21 所示。

图 4.7.21　新建字幕

（6）关闭"字幕设计器"窗口，新建的字幕文件将出现在"项目管理器"窗口，将该字幕文件插入到"时间线"序列窗口的视频 2 轨道上，并使其与视频 1 轨道上的素材首尾对齐，如图 4.7.22 所示。

（7）选中视频 1 轨道的"广告.mov"素材，为其添加"视频特效"文件夹中的"键控"子文件夹中的"轨道遮罩键"特效。设置特效的参数：遮罩为"视频 2"，合成方式为"Luma 遮罩"，如图 4.7.23 所示。

图 4.7.22　"时间线"序列窗　　　　图 4.7.23　添加"轨道遮罩键"特效

（8）最后进行序列内容的渲染，并预览效果。字幕作为遮罩完成了字幕的流光效 w 果，如

图 4.7.24 所示。

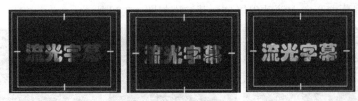

图 4.7.24　的流光字幕效果

4.8　音频特效

音频也是组成影片的重要元素，Premiere Pro CS6 增强了音频的处理功能，提供了多种音频特效。在 Premiere Pro CS6 中可以编辑音频素材、添加音频特效、进行多条音轨的编辑合成以及制作 5.1 声道音频文件等。

4.8.1　编辑音频素材

音频素材的基本编辑方式与视频素材的编辑方式相似，对音频素材的编辑也可以使用编辑视频素材的方法来完成。

1．剪切音频素材

剪切音频素材可以分别在"项目管理器"窗口、"源素材监视器"窗口、"时间线"序列窗口以及"节目监视器"窗口完成。

（1）在"项目管理器"窗口剪切音频素材

在"项目管理器"窗口选中要剪切的音频素材，在其快捷菜单中选择"编辑子素材"命令，在打开的"编辑子素材"对话框中设置子素材的开始时间和结束时间，如图 4.8.1 所示。

（2）在"源素材监视器"窗口剪切音频素材

在"项目管理器"窗口双击音频素材，将素材在"源素材监视器"窗口打开，在该窗口设置素材的入点和出点，单击"插入"![按钮]按钮或"覆盖"![按钮]按钮，将音频素材片断以插入或覆盖的方式放置到"时间线"序列窗口的音频轨道上。

（3）在"时间线"序列窗口剪切音频素材

将音频素材插入到"时间线"序列窗口，单击工具箱中的"选择"![工具]工具，当移动到音频素材片断的入点位置，出现剪辑入点图标![图标]时，可以通过拖动素材片断的入点进行重新设置；同理，使用选择工具![工具]，当移动到素材片断的出点位置，出现剪辑出点图标![图标]时，可以通过拖动对素材片断的出点进行重新设置。

（4）在"节目监视器"窗口剪切音频素材

在"节目监视器"窗口设置素材的入点和出点时，单击该窗口的"提升"![按钮]按钮或"提取"![按钮]按钮进行音频素材的剪切。

2．"提取音频"和"渲染并替换音频"

（1）提取音频

在 Premiere Pro CS6 中，可以将视频文件中的音频部分直接提取出来。在"项目管理器"窗口选中要操作的视频文件，如图 4.8.2(a)所示。单击"素材"菜单中的"音频选项"，在子菜单中选择"提取音频"命令。提取出来的音频文件将出现在"项目管理器"窗口中，如图 4.8.2(b)所示。

图 4.8.1 "编辑子素材"对话框

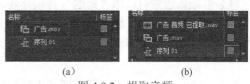

(a)　　　　　　　(b)

图 4.8.2 提取音频

（2）渲染并替换音频

将一个包含音频的视频素材插入到"时间线"窗口的视频轨道上，并选中该素材。单击菜单"素材/音频选项/渲染并替换"命令，提取出来的音频文件将出现在"项目管理器"窗口中。同时，提取出来的音频内容将自动替换"时间线"上原素材音频部分。提取前后时间线上的内容对比如图 4.8.3 所示。

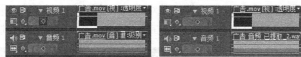

图 4.8.3 提取前后时间线上的内容对比

3．调整音频增益

音频增益是指音频信号电平的强弱。

（1）调整一个或多个音频素材片断的音频增益

在"时间线"序列窗口的音频轨道上选中要调整增益的一个或多个素材片断，利用快捷菜单中的"音频增益"命令，打开"音频增益"对话框，如图 4.8.4 所示。

其中：

- ⊙ "设置增益为"：默认是 0dB，可以将增益设置为指定的值。
- ⊙ "调节增益依据"：默认是 0dB，可以将增益调整为正值或负值，输入该值的同时系统将自动更新上面的"设置增益为"的值。
- ⊙ "标准化最大峰值为"：默认是 0dB，可以设置最高峰值的绝对值。
- ⊙ "标准化所有峰值为"：默认是 0dB，可以设置匹配所有峰值的绝对值。若一次选择了多个素材片断，使用这项功能可以把选择的所有音频内容调整到使它们的峰值均达到 0dB 所需的增益。

（2）调整主音轨的音量

选择系统菜单中的"序列/标准化主音轨"命令，在打开的对话框中输入具体值，如图 4.8.4 所示。这里输入了"-6"，表示主音频电平表降低 6dB。

图 4.8.4 "音频增益"对话框

图 4.8.5 标准化轨道

4.8.2　添加音频特效与音频过渡特效

在 Premiere Pro CS6 中，可以为音频轨道的素材添加音频特效和音频过渡。

1. 添加音频特效

这里为音频轨道素材添加"延迟"音频特效。

（1）将一个音频素材，插入到"时间线"序列窗口的音频轨道中。

（2）在"效果"面板中的"音频特效"文件夹中选择"延迟"特效，并将其拖动到音频轨道素材上。

（3）打开"特效控制台"面板，展开"延迟"特效进行参数设置，如图 4.8.6 所示。

很多音频特效的参数中都有"旁路"这个选项，这是一个控制效果的开关量。若"旁路"右侧的复选框处于选中的状态 ✓，表示不应用当前添加的特效效果。若该复选框处于未选中的状态，则表示特效被应用。如果只是要对素材其中的一部分内容应用"延迟"特效，可以通过设置"旁路"关键帧来完成。这里将 00:00:08:20 开始一直到 00:00:15:16 间的内容应用"延迟"特效。

（4）在零点处选中"旁路"右侧的复选框 ✓，并创建第一个关键帧；移动编辑标记线至 00:00:08:20，取消"旁路"右侧的复选框的选中状态，创建第二个关键帧；继续移动编辑标记线至 00:00:15:16 处，选中"旁路"右侧的复选框 ✓，并创建第三个关键帧，如图 4.8.7 所示。

图 4.8.6　音频特效　　　　　　图 4.8.7　创建由"旁路"控制的三个关键帧

2. 添加音频过渡特效

图 4.8.8　音频轨道设置

制作音频的淡入淡出效果。

（1）设置"音量"关键帧来完成。

将素材插入到"时间线"序列窗口的音频轨道，选中该素材，单击轨道上的"显示关键帧"按钮 ▣，选择弹出菜单中的"显示素材关键帧"命令，如图 4.8.8 所示。

移动编辑标记线并单击轨道上的"添加—移除关键帧"按钮，在音频轨道内的黄线上设置四个关键帧，如图 4.8.9(a)所示。单击工具箱上的"选择"工具 ▸，将第一个和第四个关键帧向下拖动，将第二个和第三个关键帧向上拖动，创建出淡入淡出的效果，如图 4.8.9(b)所示。

（2）利用"效果"面板中的"音频过渡"文件夹中的特效完成音频的淡入淡出效果。

添加音频过渡效果与添加视频切换效果的操作方法一样。将"效果"面板中的"音频过渡"文件夹中的"恒定功率"特效拖动到"时间线"序列窗口的音频轨道素材开始处。打开"特效控制台"，可以修改特效的持续时间，完成淡入效果的设置。音频轨道的内容和"特效控制台"分别如图 4.8.10(a)、(b)所示。

| (a) | (b) | (a) | (b) |

图 4.8.9　设置"淡入/淡出"效果　　　　图 4.8.10　用"恒定功率"特效完成淡入效果

继续将"恒定功率"特效拖动到音频轨道素材的结束处。打开"特效控制台",可以修改特效的持续时间,完成淡出效果的设置。音频轨道的内容和"特效控制台"分别如图 4.8.11(a)、(b)所示。

将"恒定增益"特效拖动到轨道素材的两端也可以完成音频的淡入淡出效果。"特效控制台"中的效果如图 4.8.12 所示。

| (a) | (b) | |

图 4.8.11　"恒定功率"特效完成淡出效果　　　　图 4.8.12　添加"恒定增益"特效

"恒定增益"特效是以恒定的速率进行音频的淡入和淡出效果处理,听起来会感到有些生硬,而"恒定功率"特效可以创建比较平滑的淡入淡出效果。

在"音频过渡"文件夹中还有一个"指数型淡入淡出",它是以指数形式淡出前一段素材,同时淡入后一段素材。

4.8.3　使用调音台

Premiere Pro CS6 提供了一个专业的音频控制面板"调音台",使用该面板可以很直观地对多轨道的音频进行混音控制。

1. 使用"调音台"录制配音

使用"调音台"面板为编辑的素材录制配音非常方便,可以边预览视频内容边录制配音。下面为一段有背景音乐的视频文件录制配音。

(1)将麦克风插入到电脑的 MIC 输入插孔,单击"编辑"菜单中的"首选项"子菜单中的"音频硬件"命令,在弹出的"首选项"设置对话框中的"音频硬件"面板中单击"ASIO 设置"按钮,进行录音设备的检查。

(2)将视频素材插入到"时间线"序列窗口的视频 1 轨道,同时其音频部分也被插入到了音频 1 轨道。

(3)单击"窗口 | 调音台"命令或者单击"窗口 | 工作区 | 音频"命令,打开"调音台"面板。"调音台"中的音轨内容与当前"时间线"序列窗口中的音轨内容是完全对应的。在"调音台"中按下"音频 2"轨道的"激活录制轨"按钮,如图 4.8.13 所示。

(4)按下"调音台"面板下方的"录制" ⬤ 按钮,若该按钮不断闪动,说明已经做好了录音的准备;继续按下"播放—停止切换"按钮 ▶ ,边预览视频边对着麦克风进行配音,如图 4.8.14 所示。

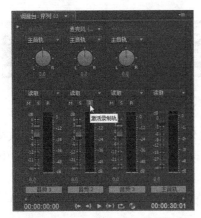

图 4.8.13 "激活录制轨"按钮

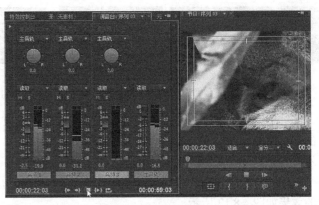

图 4.8.14 开始录音

（5）单击"播放—停止切换"按钮 ▣，停止录音。录制好的音频文件将自动添加到"项目管理器"窗口中，如图 4.8.15(a)所示。录制的音频文件也自动放置到"时间线"序列窗口的音频 2 轨道中，如图 4.8.15(b)所示。

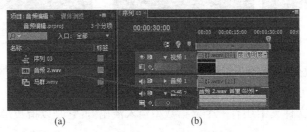

(a)　　　　　　　　　(b)

图 4.8.15 录音文件

2. 使用"调音台"制作 5.1 声道音频

（1）新建项目文件，在打开的"新建序列"对话框的"轨道"选项卡中设置音频的主音轨为 5.1 声道音频，并根据音频源文件的数量和混音的需要设置各种类型的音频轨道数量。单击"确定"按钮，建立一个主音轨为 5.1 声道的序列，如图 4.8.16 所示。

（2）单击菜单"文件 | 导入"命令，将音频素材文件进行导入，并拖动到相应的音频轨道上，如图 4.8.17 所示。

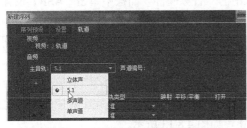

图 4.8.16 "新建序列"对话框

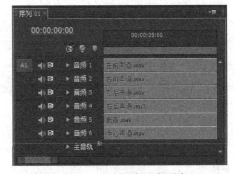

图 4.8.17 "时间线"序列窗口

（3）单击"窗口 | 调音台"命令，单击"调音台"下方的"播放—停止切换"按钮 ▶，预览当前的混音效果。

（4）在"调音台"中，把每个轨道的"定位声场点"拖动到合适的位置，如图4.8.18所示。

图4.8.18 "调音台"定位声场点

（5）将各音频轨道的自动模式设置为"写入"模式，并单击"调音台"底部的"播放"按钮。在播放的过程中，对各音频轨道的"音量调节块"进行实时的调节，如图4.8.19所示。这些调节都将以轨道关键帧的形式被记录下来。

图4.8.19 动态调节各轨道音量

（6）当所有的调节都完成后，将各音频轨道的自动模式再次设置为"只读"模式，以只读的方式保护记录的调节不被更改。

4.8.4 应用实例——制作"小镇雨景"效果

【实例4.8.1】 利用Premiere Pro CS6制作一个风雨交加的小镇雨景效果。

在本教材提供的资源文件夹中包括一个视频文件"小镇.mpg"和五个音频文件："风.wav"、"雷.wav"、"雨.wav"、"鸟鸣.wav"以及"示例音乐.mp3"。制作目标是为"小镇.mpg"视频文件配上5.1声道的背景音乐。

（1）新建项目"小镇雨景.prproj"，在打开的"新建序列"对话框的"轨道"选项卡中设置音频的主音轨为5.1声道音频，5个自适应轨道。建立了一个主音轨为5.1声道的序列。

（2）在项目窗口快捷菜单中选择"导入"命令，在"导入"对话框中选择"×：\小镇雨景"文件夹，单击"导入文件夹"按钮。

（3）将"小镇.mpg"插入到"时间线"序列窗口的视频1轨道的零点处，并将"视频特效"中"颜色校正"文件夹中的"亮度曲线"拖动到"时间线"窗口的素材上。这时，在"特效控制台"窗口中可以看到加入的"亮度曲线"，将"亮度曲线"的选项参数打开，拖动"亮度波形"降低视频的亮度，如图4.8.20所示。

（4）将"风.wav"插入到音频轨道1的第2秒处；将"雷.wav"插入到音频轨道2的第4秒处；将"雨.wav"插入到音频轨道3并使其入点与"风.wav"的出点对齐；将"鸟鸣.wav"插入

到音频轨道 4 的零点处，并使其出点与"雷.wav"的入点对齐；将"示例音乐.mp3"插入到音频轨道 5，并使其入点与"雷.wav"的出点对齐，出点与"小镇.mpg"出点对齐，如图 4.8.21 所示。

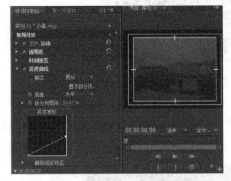
图 4.8.20　添加"亮度曲线"特效

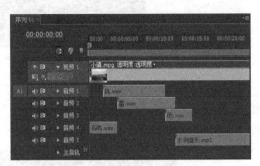
图 4.8.21　"时间线"序列窗口

（5）在"效果"面板中的"音频特效"文件夹中选择"延迟"特效，并将其拖动到音频轨道 2 的"雷.wav"素材上。打开"特效控制台"面板，展开"延迟"特效参数进行设置，如图 4.8.22 所示。

（6）打开"调音台"面板，把每个轨道的"定位声场点"拖动到合适的位置。如图 4.8.22 添加"延迟"特效图 4.8.23 所示。

图 4.8.22　添加"延迟"特效

图 4.8.23　定位声场点

（7）将各音频轨道的自动模式设置为"写入"模式，并单击"调音台"底部的"播放"按钮。在播放的过程中，对各音频轨道的"音量调节块"进行实时的调节，如图 4.8.24 所示。这些调节都将以轨道关键帧的形式被记录下来。

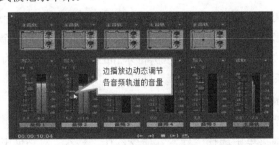
图 4.8.24　动态调节各轨道音量

（8）最后进行序列内容的渲染并预览效果。

4.9　输出不同格式的文件与刻录视频光盘

在 Premiere Pro CS6 中，用户在编辑完成了一个项目文件之后，可以按照不同的用途将编辑好的内容输出为不同格式的文件。

4.9.1 输出不同格式的文件

在"时间线"窗口内单击"文件"菜单中的"导出"命令，在其子菜单中提供了不同的导出内容，如图4.9.1所示。

图4.9.1 导出命令选项

1. 导出选项介绍

（1）选择"媒体"命令，将打开"导出设置"对话框，单击"导出设置"中的"格式"下拉列表框，显示出Premiere Pro CS6能够导出的所有媒体格式，如图4.9.2所示。

（2）选择"字幕"命令，首先在"项目管理器"窗口选择已有的字幕。字幕将被保存为扩展名为.prtl的字幕文件，如图4.9.3所示。字幕文件和其他素材文件一样，可以直接被导入到其他的项目文件中使用。

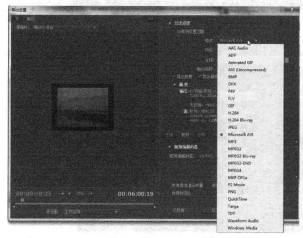

图4.9.2 "导出"各种媒体形式

图4.9.3 "保存字幕"对话框

（3）若选择"输出到磁带"命令，应将摄像机与电脑相连接，这样可以将编辑完成的内容直接回录到摄像机的磁带上保存。

（4）选择"EDL"命令，将创建编辑决策列表EDL。

2. 使用Adobe Media Encoder软件进行输出

Adobe Media Encoder软件主要用于媒体文件的编码输出。它是一个视频和音频编码应用程序，可以独立使用也可以配合其他Adobe应用程序，根据需要以多种格式对音频和视频文件进行编码。Adobe Media Encoder的输出可以与Premiere的编辑并行进行，它还支持队列的批处理。

（1）单击菜单"文件｜导出｜媒体"命令，打开"导出设置"对话框，如图4.9.4所示。

（2）在"格式"里选择所需的文件格式；根据实际应用，在"预置"中可以选择预置好的编码也可以自定义设置；在"输出名称"中设置文件的存储路径和文件名称。设置完成后单击"导出"按钮，可以直接输出；单击"队列"按钮系统将自动打开Adobe Media Encoder，如图4.9.5所示。设置好的项目将自动出现在导出队列列表中。单击"Start Queue"按钮，可将序列按照设置输出到指定的磁盘空间。

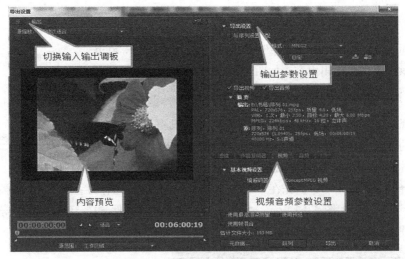

图 4.9.4　"导出设置"对话框

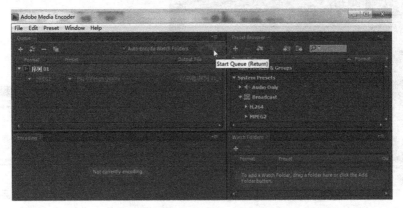

图 4.9.5　Adobe Media Encoder 界面

4.9.2　创建 DVD 光盘和蓝光 DVD

Premiere Pro CS6 可以结合 Adobe Encore 创建 DVD、蓝光 DVD，也可以将项目输出到 Flash 中。

1．创建自动播放的 DVD 光盘

（1）在"时间线"序列窗口中编辑好要导出的视频内容后，选择菜单"文件 | Adobe 动态链接 | 发送到 Encore"命令，系统将自动启动 Adobe Encore CS6。

（2）在打开的"新建项目"对话框中，输入新项目的名称和位置，并在"项目设置"中的"创作模式"中选择 DVD 模式，电视制式中选择我国的电视制式标准 PAL，如图 4.9.6 所示。单击"OK"按钮。

（3）在"项目"面板中自动导入了 Adobe Premiere Pro 序列，并生成了一个同名的 Encore 时间线，如图 4.9.7 所示。

（4）单击菜单"窗口 | 属性"打开属性面板。在"项目"面板中选择列表中的第一个时间线对象，在"属性"面板中设置其"结束动作"值为"停止"。这样 DVD 播放完将自动停止，如图 4.9.8 所示。

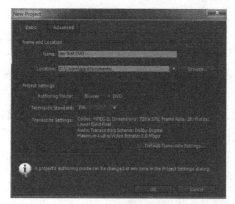

图 4.9.6　Adobe Encore CS6 "新建项目" 对话框

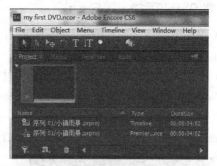

图 4.9.7　Adobe Encore CS6 "项目" 面板

图 4.9.8　Adobe Encore CS6 时间线 "属性" 设置

（5）单击"项目"面板的空白处，在"属性"面板中可以设置光盘的属性。按住"属性"面板中的"标题按钮"前面的"选择拖动" ![img] 按钮，拖动至左侧"项目"面板中的时间线对象上，如图 4.9.9 所示。这样就定义了 DVD 遥控器上按下"标题按钮"时要播放的内容。

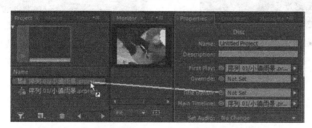

图 4.9.9　Adobe Encore CS6 光盘 "属性" 设置

（6）将空白的 DVD 盘放入 DVD 刻录光驱，单击菜单"文件/构建/光盘"命令，在"构建"对话框中单击"构建"开始刻录。

2. 创建蓝光 DVD

（1）在打开 Adobe Media Encoder 时，在"新建项目"对话框中选择创作模式为"蓝光盘"，如图 4.9.10 所示。蓝光光碟（Blu-ray Disc，简称 BD）是 DVD 之后的下一代光盘格式之一，用以存储高品质的影音以及高容量的数据存储。

（2）其他操作步骤与创建 DVD 光盘一样。最后将蓝光光盘放入与之兼容的刻录机中，单击菜单"文件｜构建｜光盘"命令，在"构建"对话框中将"格式"设置为"蓝光光盘"，并将"输出"也设置为"蓝光光盘"，单击"构建"按

图 4.9.10　"新建项目" 对话框

钮开始刻录。

3．将 DVD 项目输出到 Flash

（1）单击菜单"文件｜构建｜Flash"，在"构建"对话框中设置目标文件的位置和名称，如图 4.9.11 所示。

（2）单击"构建"按钮，经过一个处理过程后，单击"完成"按钮，将把 DVD 项目转换为可以在 Web 浏览器上浏览的具有交互式的 Flash 文件。

（3）打开 Web 浏览器，这里以 IE 为例，打开图 4.9.11 中指定的文件夹，在文件夹中有一个"index.html"文件，将其打开，效果如图 4.9.12 所示。

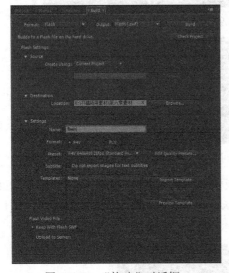

图 4.9.11　"构建"对话框　　　图 4.9.12　Web 浏览器上浏览的具有交互式的 Flash 文件

习题 4

一、选择题

1．"提升"将当前选定的片断从编辑轨道中（　　），其他片断在轨道上的位置（　　）变化；"提取"将当前选定的片断从编辑轨道中（　　），后面的片断（　　）变化。

　　A．删除　　　　　　　　B．不删除　　　　　　C．不发生　　　　　　D．发生

2．导入多个不连续的文件应按住（　　）键再逐个单击各个文件；导入多个连续的文件应单击第一个文件后，按住（　　）键再单击最后一个文件，然后单击"打开"按钮。

　　A．Ctrl　　　　　　　　B．Shift　　　　　　　C．Alt　　　　　　　D．Tab

3．（　　）工具可以完成对素材的切割。

　　A．选择工具　　　　　　B．波纹编辑工具　　　C．滚动工具　　　　　D．剃刀工具

4．"轨道遮罩键"特效使用时，需要（　　）个要进行合成的素材和（　　）个遮罩素材。

　　A．1　　　　　　　　　B．2　　　　　　　　　C．3　　　　　　　　　D．4

5．"特效控制台"内置视频效果中的（　　）选项，是 Premiere Pro CS6 新增加的功能。通过为该参数设置关键帧，可以为素材的不同部分设置不同的播放速度。

　　A．位置　　　　　　　　B．缩放比例　　　　　C．透明度　　　　　　D．时间重置

6. 在"节目监视器"窗口中经常会看到两个白色的线框，其中的内部白色线框是（　　），所有的字幕的内容应放在该区域内；外部的白色线框是（　　），视频画面中的重要元素应放在该区域内。

A．"舞台安全区域"　　　　　　　　　B．"活动安全区域"

C．"对象安全区域"　　　　　　　　　D．"字幕安全区域"

二、填空题

1．监视器窗口有左右两个，在默认的状态下，左边的是_____监视器窗口，右侧为_____监视器窗口。

2．路径是一条_____曲线，可以通过移动锚点（即关键帧）位置和拖动锚点切向量的方式改变路径的形状。

3．波纹编辑工具只应用于一段素材片断，当选中该工具，在更改当前素材片断的入点或出点的同时，时间线上的其他素材片断相应滑动，使项目的_____发生变化。

4．滚动编辑工具应用在两段素材片断之间的编辑点上，当使用该工具进行拖动时，会使得相邻素材片断_____，而_____长度不发生变化。

5．字幕内容的编辑主要在_____窗口完成。

6．三点编辑和四点编辑的"点"，既可以是在_____窗口设置的入点或出点，也可以是在_____窗口（或"时间线"序列窗口）设置的入点或出点。

三、简答题

1．简述 Premiere Pro CS6 的基本工作流程。

2．简述三点编辑和四点编辑的方法。

3．简述在 Premiere Pro CS6 中要改变素材的播放速度的三种方法。

4．简述视频切换特效的添加与替换的过程。

5．简述在 Premiere Pro CS6 中常用的视频合成方法。

6．简述"轨道遮罩键"特效使用时素材文件的摆放顺序。

7．简述在 Premiere Pro CS6 中创建滚动字幕的方法。

8．简述在 Premiere Pro CS6 中如何制作音频文件的淡入/淡出效果。

9．简述在 Premiere Pro CS6 中如何制作 5.1 声道的音频文件。

10．简述在 Premiere Pro CS6 中如何刻录光盘。

第 5 章　计算机动画技术基础与应用

学习要点

- ⌘ 了解计算机动画的分类
- ⌘ 了解 Flash CS6 的基本工作流程
- ⌘ 掌握 Flash CS6 工具面板中常用工具的使用方法
- ⌘ 掌握 Flash CS6 所包含的对象类型
- ⌘ 掌握 Flash 动画的各种制作方法
- ⌘ 了解 ActionScript 编程语言的特点
- ⌘ 掌握 Flash 动画的发布和导出

建议学时：课堂教学 4 学时，上机实验 4 学时

5.1　计算机动画基础

计算机动画是在传统动画的基础上，使用计算机图形图像技术而迅速发展起来的一门高新技术，它借助于编程或动画制作软件生成一系列动画画面。计算机动画是采用连续播放静止图像的方法产生物体运动的效果。动画使得多媒体信息更加生动，富于表现。

5.1.1　动画基本概述

（1）动画的视觉原理

当我们观看电影、电视或动画片时，画面中的人物和场景是连续、流畅和自然的。但当我们仔细观看一段电影或动画胶片时，看到的画面却一点也不连续。只有以一定的速率把胶片投影到银幕上才能有运动的视觉效果，这种现象是由视觉残留造成的。动画和电影正是利用的人眼这一视觉残留特性。实验证明，如果动画或电影的画面刷新率为 24 帧每秒左右，则人眼看到的是连续的画面效果。电视则采用了 25 帧每秒（PAL）或 30 帧每秒（NSTL）的画面速度播放。

（2）传统动画片的生产过程。

传统动画片的生产过程主要包括编剧、设计关键帧、绘制中间帧、拍摄合成等方面。

① 脚本及动画设计。脚本是叙述一个故事的文字提要及详细的文学剧本，根据该剧本要设计出反映动画片大致概貌的各个片断，即分镜头剧本。然后，对动画片中出现的各种角色的造型、动作、色彩等进行设计，并根据分镜头剧本将场景的前景和背景统一考虑，设计出手稿图及相应的对话和声音。

② 关键帧的设计。关键帧也称为原画，它一般表达某动作的极限位置、一个角色的特征或其他的重要内容，这是动画的创作过程。

③ 中间帧生成。中间帧是位于关键帧之间的过渡画，可能有若干张。在关键帧之间可能还会插入一些更详细的动作幅度较小的关键帧，称为小原画，以便于中间帧的生成。有了中间画，动作就流畅自然多了。

④ 描线上色。动画初稿通常都是铅笔稿图，将这些稿图进行测试检查以后就要用手工将其

轮廓描在透明胶片上，并仔细地描上墨、涂上颜料。动画片中的每一帧画面通常都是由许多张透明胶片叠合而成的，每张胶片上都有一些不同对象或对象的某一部分，相当于一张静态图像中的不同图层。

⑤ 检查、拍摄。在拍摄前将各镜头的动作质量再检查一遍，然后动画摄影师把动画系列依次拍摄记录到电影胶片上。十分钟的电影动画片，大约需要一万张图画。

⑥ 后期制作。

有了拍摄好的动画胶片以后，还要对其进行编辑、剪接、配音、字幕等后期制作，才能最后完成一部动画片。

由此可以看出，这个过程相当复杂。从设计规划开始，经过设计具体场景；设计关键帧；制作关键帧之间的中间画；复制到透明胶片上；上墨涂色；检查编辑，最后到逐帧拍摄，其消耗的人力、物力、财力以及时间都是巨大的。因此，当计算机技术发展起来以后，人们开始尝试用计算机进行动画创作

（3）计算机动画的概念

动画与运动是分不开的，可以说运动是动画的本质，动画是运动的艺术。从传统意义上说，动画是一门通过在连续多格的胶片上拍摄一系列单个画面，从而产生动态视觉的技术和艺术，这种视觉是通过将胶片以一定的速率放映的形式体现出来的。一般来说，动画是一种动态生成一系列相关画面的处理方法，其中的每一幅与前一幅略有不同，如图 5.1.1 所示。

图 5.1.1　设计动画

图 5.1.1 中共 7 张图片，每张图除烟之外都是一样的。烟的位置在 3～6 号图中逐渐变化。每张图和下一张图烟的位置变化的越小，当连续、快速、按顺序播放这 7 张图片时，就会产生更加逼真的烟筒冒烟的动画效果。

计算机动画是采用连续播放静止图像的方法产生景物运动的效果，即使用计算机产生图形、图像运动的技术。计算机动画的原理与传统动画基本相同，只是在传统动画的基础上把计算机技术用于动画的处理和应用，并可以达到传统动画所达不到的效果。由于采用数字处理方式，动画的运动效果、画面色调、纹理、光影效果等可以不断改变，输出方式也多种多样。

计算机动画区别于计算机图形、图像的重要标志是动画使静态图形、图像产生了运动效果。小到一个多媒体软件中某个对象、物体或字幕的运动，大到一段动画演示；光盘出版物片头、片尾的设计制作；甚至到电视片的片头、片尾；电视广告；直至计算机动画片如《狮子王（The Lion King）》等。从制作的角度看，计算机动画可能相对较简单，如一行字幕从屏幕的左边移入，然后从屏幕的右边移出，这一功能通过简单的编程就能实现。计算机动画也可能相当复杂，如动画片《侏罗纪公园》（Jurassic Park），需要大量专业计算机软硬件的支持。从另一方面看，动画的创作本身是一种艺术实践，动画的编剧、角色造型、构图、色彩等的设计需要高素质的美术专业人员才能较好的完成。总之，计算机动画制作是一种高技术、高智力和高艺术的创造性工作。

5.1.2　计算机动画分类

根据运动的控制方式可将计算机动画分为实时（Real-time）动画和逐帧动画（frame-by-frame）两种。实时动画是用算法来实现物体的运动；逐帧动画也称为帧动画或关键帧动画，通过一帧一

帧显示动画的图像序列而实现运动的效果。

1．实时动画与对象的移动

实时动画也称为算法动画，它是采用各种算法来实现运动物体的运动控制，或模拟摄像机的运动控制，一般适用于三维动画。实时动画一般不包含大量的动画数据，而是对有限的数据进行快速处理，并将结果随时显示出来。实时动画的响应时间与许多因素有关，如计算机的运算速度；软硬件处理能力；景物的复杂程度；画面的大小等。游戏软件以实时动画居多。根据不同算法可分为如下几种：

- ⊙ 运动学算法：由运动学方程确定物体的运动轨迹和速度。
- ⊙ 动力学算法：从运动的动因出发，由力学方程确定物体的运动形式。
- ⊙ 逆运动学算法：已知链接物末端的位置和状态，反求运动方程以确定运动形式。
- ⊙ 随机运动算法：在某些场合下加进运动控制的随机因素。

在实时动画中，一种最简单的运动形式是对象的移动，它是指屏幕上一个局部图像或对象在二维平面上沿着某一固定轨迹作步进运动。运动的对象或物体本身在运动时的大小、形状、色彩等效果是不变的。计算机处理对象的移动过程是这样的：先把对象"画"在背景上运动起点处，间隔一段时间后擦除起点处的对象、恢复背景；然后根据运动轨迹计算出第二步的位置并把对象重现（"画"）在第二点处。如此反复，该对象就在背景上运动起来了。从实验中可以看出：步进的步长越短，擦除和重现对象所需的时间越短，则运动感越连续、视觉效果越好；反之步长越长，对象看起来就在屏幕上一步一步跳动。

用这种方式可以实现背景上前景的运动，该前景可以是一个物体，也可以是一段或几个文字。要实现对象的移动，必须预先准备好背景图像以及对象图，这些静态图的编辑可以由图像编辑软件来完成。在定义对象的移动时，先显示背景图像，再将前景图像或对象粘贴到运动的起点，运动的轨迹可以是直线，也可以是曲线，运动方式和运动的速度一般都可调整，也即可调整运动的效果。

需要注意的是，在对象的移动运动中，图像数据——对象或前景的内容没有任何变化，运动效果是在程序的控制下不断变换前景的显示位置而形成的。一般这种对象的移动没有统一的格式，也不形成动画文件，每种具有这种动画功能的软件都按自己的算法和格式来定义和播放动画，即只有在该软件环境下可以形成并播放该对象的移动。有的软件还可以控制运动的执行方式，如启动（播放）一个对象的移动以后，程序可以执行下一个操作，如果下一个操作是播放另一个对象的移动，那么屏幕上显示的效果就将是多个对象的同时移动，即多个前景的运动。

具有对象移动功能的软件有许多，如 Authorware，Flash 等都具有这种功能，这种功能也被称作多种数据媒体的综合显示。

对象的移动因为相对简单，容易实现，又无需生成动画文件，所以应用广泛。但是，对于复杂的动画效果，则需要使用二维帧动画预先将数据处理和保存好，然后通过播放软件进行动画播放。

2．关键帧动画

关键帧动画是通过一组关键帧或关键参数值得到中间的动画帧序列。既可以是插值关键帧本身来获得中间动画帧，也可以是插值物体模型的关键参数值来获得中间动画帧，它们分别称为形状插值和关键参数插值。

二维形状插值是制作动画的早期关键帧方法。两幅形状变化很大的二维关键帧不宜采用关键参数插值法，而应采用二维形状插值法。二维形状插值对两幅拓扑结构相差很大的图形进行预处理，将它们变换为相同拓扑结构再进行插值；对于图形，则是变换成相同数目的段，每段具有相同的变换点，再对这些点进行线性插值或移动点控制插值，由此来控制物体的动画运动。

根据视觉空间的不同，计算机动画又分为二维动画与三维动画。

1. 二维动画

二维画面是平面上的画面。纸张、照片或计算机屏幕显示画面的立体感有多强，终究只是在二维空间上模拟真实的三维空间效果。一个真正的三维画面中的景物有正面、侧面和反面之分，调整三维空间的视点，能够看到不同的内容。二维画面则不然，无论怎么看，画面的深度是不变的。

2. 三维动画

三维动画是采用计算机技术模拟真实的三维空间。首先在计算机中构造三维的几何造型，然后设计三维形体的运动或变形，设计灯光的强度、位置及移动，并赋予三维形体表面颜色和纹理；最后生成一系列可供动态实时播放的连续图像画面。由于三维动画是通过计算机产生的一系列特殊效果的画面，因此三维动画可以生成一些现实世界中根本不存在的东西，这也是计算机动画的一大特色。

计算机动画真正具有生命力是由于三维动画的出现。三维动画与二维动画相比，有一定的真实性，同时与真实物体相比又具有虚拟性，二者构成了三维动画所特有的性质，即虚拟真实性。

二维与三维动画的区别主要在于采用不同的方法获得动画中的景物运动效果。如果说二维动画对应于传统卡通片的话，三维动画则对应于木偶动画。三维动画参加动画的对象不是简单地由外部输入的，而是根据三维数据在计算机内部生成的，运动轨迹和动作的设计也是在三维空间中考虑的。

5.1.3 计算机动画的运行环境

计算机动画系统是一种用于动画制作的由计算机硬件、软件组成的系统。它是在交互式计算机图形系统上配置相应的动画设备和动画软件形成的。

1. 硬件配置

计算机动画系统需要一台具有足够大的内存、高速 CPU、大容量硬盘空间和各种输入/输出接口的高性能计算机。

仅在几年之前，计算机动画硬件系统首选高档图形工作站，如 SGI、IBM、SUN 和 HP 工作站。由于制作动画所需昂贵的专业设备和功能复杂的动画制作软件，计算机动画的制作对普通大众来说还是遥不可及。随着计算机软、硬件技术的飞速发展，计算机动画制作已经悄然实现了它的"平民化"，一台普通的个人计算机，再加上一些简单易用的动画软件，人们就可以把自己的独特创意付诸于动画，并通过互联网传遍世界。

目前，基于 Pentium 系列 CPU 的高档微机以其较高的性能价格比向高档图形工作站发起了强劲的挑战，使得许多计算机动画制作软件纷纷向这一平台移植。这些动画制作软件的界面友好、操作简便、价格合理，受到广大动画制作者的欢迎。并由此全面推动子计算机动画制作的普及。

在计算机动画制作过程中涉及多种输入/输出设备。一方面，为制作一些特技效果，需要将实拍得到的素材通过图形输入板、扫描仪、视频采集卡等设备转变成数字图像输入到 计算机中；另一方面，需要将制作好的动画序列输出到电影胶片或录像带上。

2．软件环境

计算机动画系统使用的软件分为系统软件和动画软件两大类。系统软件是随主机一起配置的，一般包括操作系统、诊断程序、开发环境和工具以及网络通信软件等，而动画软件主要包括二维动画软件和三维动画软件等。

（1）二维动画软件

二维动画软件除了具有一般的绘画功能外，还具有输入关键帧、生成中间画、动画系列生成、编辑和记录等功能。这些动画软件一般都允许用户从头至尾在屏幕上制作全流 程的二维动画片。允许从扫描仪或照相机输入已手工制作的原动画，然后在屏幕上进行描线上色。这类动画软件有Animator Studio、Flash MX 等。

（2）三维动画软件

三维动画软件一般包括实物造型、运动控制、材料编辑、画面着色和系列生成等部分。 同拍摄电影需要物色演员、制作道具、选择外景类似，动画软件必须具有在计算机内部给这些演员或角色、模型、周围环境进行造型的功能。通过动画软件中提供的运动控制功能，可以对控制对象（如角色、相机、灯光等）的动作在三维空间内进行有效的控制。利用材料编辑功能，可以对人物、实物、景物的表面性质及光学特性进行定义，从而在着色过程中产生逼真的视觉效果。这类动画软件有3DS MAX、Softimage 3D、Maya 等。

5.1.4 计算机动画的存储方式

计算机动画分为传统的位图动画和矢量动画。动画是由一张张的图像（即帧）构成的，因此要存储动画也要将这一张张的图像存储起来。而图像的存储方式分为两大类：位图图像和矢量图形，它们分别决定了动画的这两种分类。位图图像的制作工具有 Adobe 公司的 Photoshop 等，常用矢量图的制作软件有 FreeHand、Illustrator 和 Corel DRAW。

位图和矢量图也不是绝对对立的，在很多图像、动画制作软件中二者往往被同时使用。如在专业的位图图像处理软件 Photoshop 中，就可以绘制矢量图形。而在矢量动画制作软件 Flash 中，也允许导入位图图像，并且成为加强 Flash 表现效果的重要手段。对个人而言最常用的动画形式是 Flash 动画和 GIF 动画，它们也是在互联网上使用最为广泛的动画形式。

5.2 动画制作软件 Flash 简介

Flash 动画是一种基于矢量图形的动画，它具有文件小、动画画质清晰、播放速度快、便于在网络上流畅传输的优点。Flash Professional CS6 是一个专业的 Flash 动画制作软件。该软件提供了强大的功能和个性化的设计方式，控制灵活，易于理解，相比以前的版本，它在功能上进行了改进和拓展，深受用户青睐。

5.2.1 Flash CS6 的新功能及系统要求

1．Flash CS6 的新功能包括

（1）改进的用户界面

在 Flash ProfessionalCS6 中，各个面板在伸展的时候可以显示所提供的所有功能，在折叠时

采用折叠为图标的方式进行统一管理。利用新的项目面板，可以更轻松地处理多文件项目；对多个文件应用属性更改，在创建元件后将其保存到指定文件夹等。

（2）绘画方面的增强

基于对象的动画不仅可大大简化 Flash 中的设计过程，而且还提供了更加灵活的控制方法：借助装饰工具的一整套画笔添加高级动画效果；制作颗粒现象的移动（如云彩或雨水），并且绘出特殊样式的线条或多种对象图案；使用骨骼工具的动画属性，创建出具有表现力，逼真的弹起和跳跃等动画属性；强大的反向运动引擎可制作出真实的物理运动效果。

（3）动画方面的增强

在"动画编辑器"面板中，使用关键帧编辑器可以对每个关键帧参数（包括旋转、大小、缩放、位置、滤镜等）进行完全单独控制。使用时间轴和动画编辑器创建和编辑补间动画，使用反向运动为人物动画创建自然的动画。将反向运动骨骼锁定到舞台，为选定骨骼设置舞台级移动限制。为每个图层创建多个范围，定义行走循环等更复杂的骨架移动。

（4）音频、视频方面的增强

借助 Adobe Media Encoder 应用程序，可将视频轻松导入项目并高效转换视频剪辑。滤镜和混合效果为文本、按钮和影片剪辑添加有趣的视觉效果，创建出具有表现力的内容。

（5）HTML S.o 支持

以 Flash 的核心动画和绘图功能为基础，利用新的扩展功能可创建交互式 HTML 内容。还可以单独导出 Javascript 角本来针对 CreateJS 开源架构进行开发。

2．Flash CS6 系统要求

Flash CS6 Professional 对系统的运行环境要求如下：

（1）处理器。Intel Pentium4 以上或 Intel 双核处理器。

（2）操作系统。Microsoft Windows XP Professional 或 Home Edition（Service Pack 2），Windows Vista Home Premium、Business、Ultimate 或 Enterprise，或 Windows 7、Windows 8 操作系统。

（3）2GB 以上内存。

（4）3.5 GB 的可用硬盘空间用于安装。

（5）1024 x 768 显示（1280 x 800 推荐），带有 16 位视频卡。

（6）DVD-ROM 驱动器。

（7）其他设备：若使用 QuickTime 功能，则需要 QuickTime 7.6 支持。

5.2.2　Flash CS6 的界面环境

1．欢迎界面

启动 Flash CS6 后，首先进入欢迎界面，如图 5.2.1 所示。Flash CS6 欢迎界面分为 6 个部分：

（1）从模板创建：选择列表中提供的模板，可按模板的格式创建出新的 Flash 文件。

（2）打开最近的项目：选择最近打开过的文档，或单击"打开"图标，在"打开文件"对话框中选择要打开的 Flash 文件。

（3）新建：可以新建不同的 Flash 文件类型，一般选择"Flash 文件（ActionScript 3.0）"创建支持 ActionScript 3.0 的动画文件。

（4）扩展区域：提供了快速链接到 Flash Exchange 网站的链接。有"快速入门"、"新增功能"、资源等内容。

（5）学习：将打开 Flash 的帮助网站，进行在线学习。

（6）右侧是"属性"、"库"以及一些工具面板。

2．Flash CS6 的操作界面

Flash CS6 的操作界面如图 5.2.2 所示。

图 5.2.1　欢迎界面

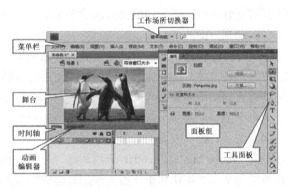

图 5.2.2　Flash 操作界面

（1）菜单栏。包含了软件的大部分命令，通过这些命令可以实现大部分功能。

（2）舞台。显示当前编辑的 Flash 文档。舞台的大小可以根据需要进行缩放。在用户发布或导出项目后，舞台的范围决定了用户的可见区域。

（3）时间轴。组织和控制一定时间内的图层、帧、播放头等元素，是制作动画时最常用的面板之一。

（4）动画编辑器。对每个关键帧的属性（如旋转、大小、缩放、位置以及滤镜等）进行独立的控制。

（5）面板组。该界面可以集成多个面板，利用"窗口"菜单选择要打开或者要关闭的面板。

（6）工具面板。包含了各种选择工具、绘图工具、文本工具、填充工具、视图工具以及对应于不同工具的相关选项等。

（7）工作场所切换器。用于选择合适的工作区布局方式。

5.2.3　Flash CS6 基本工作流程

创建 Flash 应用程序，通常需要执行下列步骤：

（1）计划项目，进行脚本设计。确定应用程序要执行哪些基本任务。

（2）添加媒体元素。创建或导入媒体元素，如图像、视频、声音和文本等。

（3）排列元素。在舞台上和时间轴中排列这些媒体元素，以定义它们在应用程序中的显示时间和方式。

（4）应用特殊效果。根据需要应用图形滤镜（如模糊、发光和斜角）、混合和其他特殊效果。

（5）使用 ActionScript 控制行为。编写 ActionScript 代码以控制媒体元素的行为方式，包括创建交互式动画等。

（6）测试并发布动画。进行测试以验证应用程序是否按预先计划工作，查找并修复所遇到的错误。在整个创建过程中应不断测试应用程序。将 FLA 文件发布为可在网页中显示并可使用 Flash

Player 播放的 SWF 文件。

根据项目和工作方式，可以按不同的顺序使用上述步骤。

5.3 Flash CS6 的基本操作

5.3.1 Flash CS6 的文件操作

下面介绍 Flash 文件的类型以及对 Flash CS6 的文件基本操作。

1. 在 Flash CS6 中可以处理的文件类型

在 Flash CS6 中可以处理的文件类型见表 5.3.1 所示。

表 5.3.1　Flash 中可以处理的文件类型

序　号	名　称	作　用
1	FLA 文件	是 Flash 中使用的主要文件，其中包含 Flash 文档的基本媒体对象、时间轴和脚本信息
2	SWF 文件	是在网页上显示的文件。若要在 Adobe Flash Player 中显示文档，则必须将文档发布或导出为 SWF 文件
3	AS 文件	是 ActionScript 文件。使用 AS 文件可以将部分或全部 ActionScript 代码放置在 FLA 文件之外，有助于代码的组织和复用
4	SWC 文件	它包含可重用的 Flash 组件。每个 SWC 文件都包含一个已编译的影片剪辑，ActionScript 代码以及组件所要求的任何其他资源
5	ASC 文件	用于存储 ActionScript 的文件，ActionScript 将在运行 Flash Media Server 的计算机上执行。这些文件提供了实现与 SWF 文件中的 ActionScript 结合使用的服务器端逻辑的功能
6	JSFL 文件	它是 JavaScript 文件，可用来向 Flash 创作工具添加新功能

2. Flash CS6 的文件基本操作

（1）新建文档

除了在"欢迎界面"可以新建 Flash 文档外，在进入 Flash CS6 操作界面后也可以通过系统菜单来新建文档。单击菜单"文件 | 新建"命令，打开"新建文档"对话框，在"常规"选项卡中提供了多种文档的类型，可供选择，如图 5.3.1 所示。也可单击图中的"模板"选项卡，打开"从模板新建"对话框，如图 5.3.2 所示，基于某个模板来新建 Flash 文档。

图 5.3.1　新建文档类型

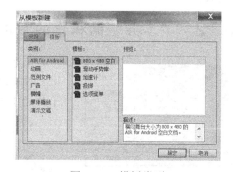

图 5.3.2　模板类型

（2）设置文档属性

将 Flash 文档打开后，要修改文档的属性，选择系统菜单中的"修改" | "文档"命令打开"文

档属性"对话框，如图 5.3.3 所示。

① 设置"尺寸"的值来指定舞台的大小。若要指定舞台大小（以像素为单位），直接在"宽度"和"高度"框中输入数值。最小为 1×1 像素，最大为 8192×8192 像素。单击右边的"打印机"单选钮可将舞台大小设置为最大的可用打印区域；单击"内容"单选钮可将舞台大小设置为内容四周的空间都相等；单击"默认"单选钮可将舞台大小设置为默认大小（550×400 像素）。

② 指定"帧频"。输入每秒显示的动画帧的数量。更改帧速率时，新的帧速率将变成新文档的默认值。

③ 指定背景颜色。单击"背景颜色"控件，然后从调色板中选择颜色。

④ 指定窗口标尺的度量单位。单击"标尺单位"下拉列表选择显示在应用程序窗口上沿和侧沿的标尺的度量单位。该设定值也决定了在"信息"面板中使用的单位。

⑤ 是否将修改设置为默认值。若要将新设置仅用作当前文档的默认属性，单击"确定"按钮；若要将这些新设置用作所有新文档的默认属性，单击"设为默认值"，再单击"确定"按钮。

（3）保存 Flash 文档

① 选择菜单"文件"|"保存"命令。

② 选择菜单"文件"|"另存为"命令。

③ 将文档另存为模板。选择菜单"文件"|"另存为模板"命令，打开的"另存为模板"对话框，如图 5.3.4 所示。

图 5.3.3 "文档属性"对话框

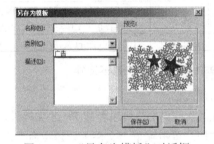

图 5.3.4 "另存为模板"对话框

在打开的"另存为模板"对话框中的"名称"框中输入模板的名称；从"类别"弹出菜单中选择一种类别或输入一个名称，以便创建新类别；在"描述"框中输入模板说明，然后单击"确定"按钮。

5.3.2 "工具"面板中的常用工具

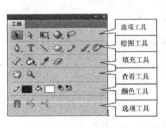

图 5.3.5 工具面板

在 Flash CS6 中，单击菜单"窗口|工具"命令，或快捷键 Ctrl+F2 将打开工具面板，在工具面板中提供了大量的绘图工具，如图 5.3.5 所示。

1. 选取工具组

选取工具中包含了"选取工具"、"部分选取工具"、"任意变形工具"、"3D 旋转工具"、"套索工具"等。

（1）"选取工具"

① 用于选择舞台中的对象，并可以进行对象的移动、复制等操作。

按住鼠标左键拖动出一个矩形区域，区域内的内容被选中，如图 5.3.6(a)所示。选中对象后按住鼠标左键直接拖动完成对象的移动。若按住 Alt 键或者按住 Ctrl 键的同时拖动对象都将完成对象的复制，如图 5.3.6(b)所示

　　按住 Shift 键的同时可以连续选中或取消多个对象；单击线条可以选中一条线段，若双击线条则可以选取与该线条连接的所有线条。同理，在一个区域内单击可以选中一个闭合区域，若在区域内双击则选中该区域的同时与该区域连接的所有线条也将被选中。

　　② 用于对象的编辑操作

　　将鼠标指针放到对象的边或角处可以使对象变形，如图 5.3.7 所示。

图 5.3.6　选取部分内容与复制对象　　　　　图 5.3.7　对象变形示例

　　③ "选取工具"的选项区内容

　　使用工具面板中的工具时，应结合其选项工具栏上的按钮来使用。

　　单击"选取工具"后，其选项区的工具包括 ⬔ ⤳ ⤙ 。

　　"贴紧至对象"按钮 ⬔：具有自动吸附功能，能够自动搜索线条的端点或图形的边框。"平滑"按钮 ⤳：使曲线趋于平滑。"伸直"按钮 ⤙：使曲线趋于直线。

　　如图 5.3.8 所示，选中一段曲线不断单击"平滑"按钮，将其进行平滑处理。

　　（2）"部分选取工具" ▸

　　用来显示线段或对象轮廓上的锚点，移动锚点或路径来改变图形的形状。单击并拖动锚点可以改变其位置，如图 5.3.9 所示。单击某锚点会出现一个切向量手柄，拖动该手柄可以改变曲线的形状，如图 5.3.10 所示。

图 5.3.8　平滑处理　　　图 5.3.9　改变锚点位置　　　　图 5.3.10　改变曲线的形状

　　（3）任意变形工具组

　　该工具组中包含如下两个工具。

　　① 任意变形工具 ▦。用于对象的旋转、倾斜、缩放、扭曲等变形操作。

　　选中该工具后，在其选项区中有五个按钮 ⬔ ⤵ ▫ ◰ ◲ ，其中后四个为变形工具按钮。

　　单击工具面板中的"任意变形工具"，然后选中舞台上的对象，对象周围将出现 8 个控制点，如图 5.3.11 所示。然后选择选项区域的变形工具按钮，在对象的控制点上作相应的操作。这里做了缩放、旋转与斜切操作，效果如图 5.3.12 所示。

　　② 渐变变形工具 ▦。将对象进行渐变填充后，可使用"渐变变形工具"对渐变的颜色范围、方向和角度进行设置。

　　单击"渐变变形工具"然后在进行了渐变填充的对象的任意位置单击，将出现三个操作柄，

如图 5.3.1 所示。

图 5.3.11　选中对象

图 5.3.12　任意变形

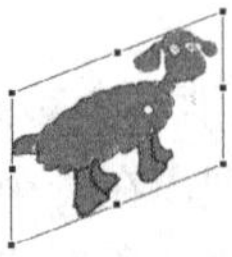

图 5.3.13　渐变变形

方块的操作柄 ⊟，用来调整填充色的间距，如图 5.3.14(a)所示。中间的圆形操作柄 ⊙，用来使颜色沿着中心位置扩大或缩小，如图 5.3.14(b)所示。最下面的旋转操作柄 ⟳，用来调整色彩的填充方向，如图 5.3.14(c)所示。当鼠标移动至椭圆中心的小圆圈上时，鼠标指针变为 ↔ 时，按住鼠标进行拖动将改变渐变色的填充位置。如图 5.3.14(d)所示。

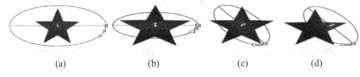
(a)　　　　　　(b)　　　　　　(c)　　　　　　(d)
图 5.3.14　渐变变形

（4）3D 工具组

该工具组中包含如下两个工具。

① 3D 旋转工具 ●。3D 旋转工具 ● 可以在 3D 空间内旋转影片剪辑。

3D 旋转控件出现在舞台上的选定对象之上。X 轴控件为红色、Y 轴控件为绿色、Z 轴控件为蓝色。使用橙色的自由旋转控件可同时绕 X 轴和 Y 轴旋转。图 5.3.15 分别表示原图、绕 X 轴旋转、绕 Y 轴旋转、绕 Z 轴旋转以及自由旋转的效果。

图 5.3.15　3D 旋转

选中"3D 旋转工具"后，在其选项区中有两个按钮 ⟲ ⬚，分别是"贴紧至对象"按钮和"全局转换"按钮。"3D 旋转工具"的默认模式是全局模式，在全局 3D 空间旋转对象是以舞台为参考进行旋转的，XYZ 三个坐标轴的方向是固定的。当切换为"局部模式"时，局部空间是以对象为参考进行旋转的，XYZ 三个坐标轴将随着对象的调整而变化。

② 3D 平移工具 ⚞。使用 3D 平移工具 ⚞ 在 3D 空间中移动影片剪辑，如图 5.3.16 所示。

在使用该工具选择影片剪辑后，影片剪辑的 X、Y、Z 这三个轴将显示在舞台上对象的顶部。x 轴为红色、y 轴绿色，z 轴为蓝色。

图 5.3.16　在 3D 空间中移动影片剪辑

使用 3D 平移工具的选项区中的内容与 3D 旋转工具相同，这里不再进行说明。

（5）套索工具。套索工具 ⌱ 用于选择图形中的不规则区域和相互连接的相同颜色的区域。

注意：使用套索工具时被选取的位图必须是分离了的内容，若是群组图形则应先按快捷键 Ctrl+B 将图形分离。

① 选择不规则区域

单击套索工具 ✎，按住鼠标左键在图形对象上拖动，形成闭合区域，如图 5.3.17 所示。

② 套索工具的选项区按钮

图 5.3.17　套索工具选择不规则区域

选中该套索工具后，在其选项区中有三个按钮 ✖✖✎，第一个是"魔术棒"工具 ✖，选中该按钮，可以按照颜色的近似程度来选取区域范围。选择"魔术棒"工具然后在图形上单击待选颜色的任何位置，即可选定与单击处颜色相近的区域，如图 5.3.18 所示，用"魔术棒"工具在小狗的身体上单击后的选择效果。

第二个工具是"魔术棒设置"工具 ✖，单击该按钮，在打开的"魔术棒设置"对话框中设置阈值和选取颜色的方式，如图 5.3.19 所示。其中："阈值"用来设置颜色的容差值；"平滑"下拉列表用来选择选取颜色的方式。

第三个工具是"多边形模式"，用来选择图形对象的多边形区域。单击该按钮，在图形对象上单击设置起始点，然后依次在其他位置单击设置多边形区域，最后在结束位置双击鼠标，如图 5.3.20 所示。

图 5.3.18　用"魔术棒"　　图 5.3.19　　"魔术棒设置"对话框　　图 5.3.20　　"多边形模式"选择图形对象
工具选取小狗

2．基本绘图工具

基本绘图工具中包含了"钢笔工具"、"线条工具"、"矩形工具组"、"铅笔工具"、"刷子工具"以及"Deco 工具"等。

（1）线条工具 ✎

用于绘制矢量直线。选中"线条工具"后，拖动鼠标绘制直线。单击菜单"窗口|属性"打开属性面板，如图 5.3.21(a)所示。在其中可以设置线条的属性，如图 5.3.21(b)所示。

其中："填充和笔触"：设置线条的颜色。"笔触"：设置线条的宽度。"样式"：设置线条的样式。如图 5.3.21(b)所示，有实线、虚线、点状线、锯齿线、点刻线、斑马线等。可以单击列表右侧的"编辑笔触样式"按钮来编辑样式。"缩放"：限制笔触在 Flash 播放器中的缩放。"端点"：设置线条端点的样式，有三个选项"无"、"圆角"和"方形"。"接合"：定义两段线条接合处的样式，有三个选项"尖角"、"圆角"和"斜角"。

选中画好的线条后，默认的情况下线条是不能进行填充的，当使用菜单"修改|形状|将线条转换为填充"命令后，属性面板中的"填充桶"被激活，可对线条进行填充操作，如图 5.3.22 所示。

（2）铅笔工具 ✎

"铅笔工具"用于绘制任意线条。选中该工具后，在其选项区有一个"铅笔模式"按钮 ✎，单击该按钮，打开模式选择菜单，其中包括"伸直"、"平滑"以及"墨水"选项。

(a)

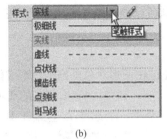
(b)

图 5.3.21　线条属性

图 5.3.22　填充线条

"伸直" ：表示绘制的线条将尽可能地规整为几何图形。"平滑" ⌇：使绘制的线条尽可能地平滑。"墨水" ✑：使绘制的线条更接近手写的效果。"铅笔工具"属性面板中的参数和"直线工具"相同，这里不再介绍。

（3）钢笔工具组 ✎.

用于绘制复杂而精确的曲线。"钢笔工具组"中包括"钢笔工具" ✎、"添加锚点工具" ✎+、"删除锚点工具" ✎-、以及"转换锚点工具" ⌐ 等。钢笔工具的使用与 Photoshop 中钢笔工具的使用相似，这里就不再介绍了。

（4）椭圆工具组 ○.

单击该按钮，可以选择其所包含的其他工具。

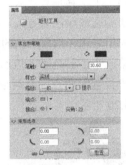

① 矩形工具 ▭。绘制矩形，若按住 Shift 键则绘制出正方形。选中该工具后，在"属性"面板中可以看到相应的参数，如图 5.3.23 所示。其中的大部分参数前面都介绍过，只是增加了一个"矩形选项"卡，该卡中的参数用来设置矩形的 4 个直角半径，其中正值为正半径，负值为负半径。"矩形选项"卡中的参数值分别输入 50 和-50 时的效果图，如图 5.3.24 所示。

图 5.3.23　"矩形工具"属性面板

图 5.3.24　不同的矩形效果图

② 基本矩形工具 ▭。该工具绘制出的矩形是作为图元存在的，在属性面板中可以继续对其进行修改。例如，在"矩形选项"卡中直接修改其值，如图 5.3.25 所示。

③ 椭圆工具 ○。该工具用于绘制椭圆，若按住 Shift 键则绘制出圆形。选中椭圆工具后，其属性面板如图 5.3.26 所示。

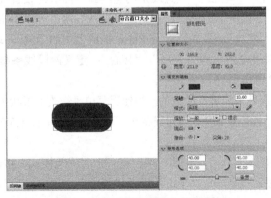
图 5.3.25　"基本矩形"属性面板

图 5.3.26　"椭圆工具"属性面板

在面板的下方有"椭圆选项"，其中：

"开始角度"：设置椭圆绘制的起始角度，默认是 0 度，范围是 0 度～360 度。

"结束角度"：设置椭圆绘制的结束角度，默认是 0 度，范围是 0 度～360 度。

"内径"：设置内侧椭圆的大小。

④ 基本椭圆工具 ＊。该工具绘制出的椭圆是作为图元存在的，在属性面板中可以继续对其进行修改，如图 5.3.27 所示。

⑤ 多角星形工具 ＊。该工具用来绘制多角星形。选中该工具后，在其属性面板的"工具设置"卡中单击"选项"按钮将打开"工具设置"对话框，如图 5.3.28 所示。

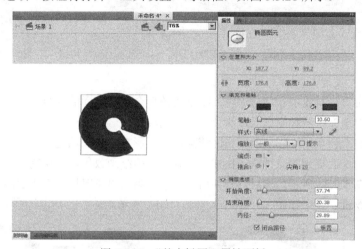

图 5.3.27 "基本椭圆"属性面板

在"样式"中可以选择"多边形"或"星形"；在"边数"中给定 3～32 的图形边数；在"星形顶点大小"中输入 0～1 的数字，来确定星形的锐化程度，数值越小，锐化程度越深，该项只对"星形"起作用。如图 5.3.29 所示为分别绘制的五边形和五边星形。

图 5.3.28 "多边形"工具设置

图 5.3.29 五边形和五边星形效果图

（5）刷子工具组

刷子工具组包括刷子工具和喷涂刷工具。

① 刷子工具 ＊

刷子工具可绘制类似于刷子的笔触。它可以创建特殊效果，包括书法效果。对于新笔触来说，更改舞台的缩放比率并不更改现有刷子笔触的大小，所以当舞台缩放比率降低时同一个刷子大小就会显得很大。选中刷子工具后，其属性面板如图 5.3.30 所示。

从面板中可以看到，刷子工具只有填充色选项而无笔触选项，可以设置"平滑"参数的值来调整刷子线条的平滑度。选中刷子工具后，其选项区按钮如图 5.3.31 所示。

⊙ 对象绘制：该按钮的功能前面已经介绍过了。要注意的是它只有在"刷子模式"为"标准绘画"时才有效。

⊙ 刷子模式：单击该按钮，弹出下拉菜单，如图 5.3.32 所示。

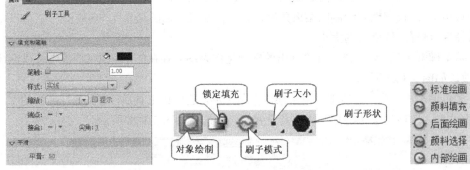

图 5.3.30　"刷子"工具属性面板　　图 5.3.31　刷子工具选项区工具按钮　　图 5.3.32　刷子模式

其中：

标准绘画：可直接对线条和填充涂色。绘制的图形会覆盖下面的内容。

颜料填充：对填充区域和空白区域涂色，不影响线条。

后面绘画：在舞台上同一图层的空白区域涂色，不影响线条和填充。

下面分别使用上面提到的三种刷子模式，得到不同的绘画效果，先绘制一个有线条和填充内容的长方形，如图 5.3.33 所示，然后分别使用"标准绘画"、"颜料填充"、"后面绘画"三种不同的刷子模式进行绘画，效果如图 5.3.33（b）、(c)、(d) 所示。

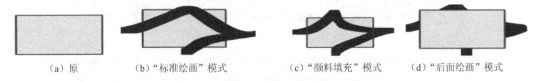

(a) 原　　　　(b)"标准绘画"模式　　　(c)"颜料填充"模式　　(d)"后面绘画"模式

图 5.3.33　刷子模式

颜料选择：只对已经选择的区域进行填充。如 w 图对矩形的左侧区域进行选择，然后使用刷子工具的"颜料选择"模式，效果如图 5.3.34 所示。

内部绘画：绘图区域与绘图时的起笔位置有关。若起笔在图形内部，则只对图形的内容进行涂色，若起笔在图形的外部，则只对图形的外部进行涂色，效果如图 5.3.35 所示。其中图中圆圈标示的位置是起笔的位置。

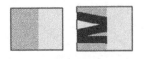

图 5.3.34　"颜料选择"模式　　　　　图 5.3.35　"内部绘画"模式

⊙ 锁定填充：自动将上一次绘图时的笔触颜色变化规律锁定。

⊙ 刷子大小：选择不同大小的刷子。

⊙ 刷子形状：选择不同形状的刷子。

② 喷涂刷工具

可以一次将形状图案喷涂到舞台上。默认情况下，喷涂刷使用当前选定的填充颜色喷射粒子点。选中该工具后，其属性面板如图 5.3.36 所示。在这里可以设置喷涂的内容、大小等内容。

（6）Deco 工具

使用 Deco 绘画工具，可以对舞台上的选定对象应用效果。选择 Deco 绘画工具后，可以从属性面板中选择各种绘制效果。打开属性面板后，在"绘制效果"中包含了多种效果，如图 5.3.37 所示。

这里用藤蔓式图案填充舞台、元件或封闭区域。通过从库中选择元件，可以替换藤蔓的叶子和花朵的插图。如图 5.3.38 所示，分别用默认的藤蔓效果填充和用库中的元件替换花朵后的填充效果。

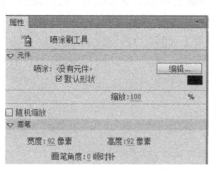

图 5.3.36 "喷涂刷工具"属性面板

图 5.3.37 "Deco 工具"属性面板

图 5.3.38 藤蔓效果填充和用库中的元件替换花朵的填充效果

3．改变颜色、取色、擦除颜色工具

在 Flash 的工具面板中还有其他一些常用的工具按钮。改变颜色工具包括："颜料桶工具"、"墨水瓶工具"、"滴管工具"、"橡皮擦工具"等。

（1）颜料桶工具组

单击该按钮，可以看到它所包含的两个工具"颜料桶工具"和"墨水瓶工具"。

① "颜料桶工具" 。用于填充图形的内部颜色。可以使用颜色、渐变色以及位图进行填充。

选中"颜料桶工具"后，单击菜单"窗口 1 颜色"打开"颜色"面板，在"类型"中选择填充的类型，如图 5.3.39 所示，图 5.3.40 为四种填充后的效果图。

图 5.3.39 "颜色"面板

图 5.3.40 四种填充效果图

在选中"颜料桶工具"后，在其选项区有一个"空隙大小"按钮，单击后有四个选项，如图5.3.41所示。

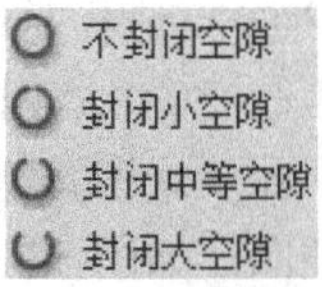

- ⊙ 不封闭空隙：只填充完全闭合的区域。
- ⊙ 封闭小空隙：可填充存在小空隙的区域。
- ⊙ 封闭中等空隙：可填充存在中等空隙的区域。
- ⊙ 封闭大空隙：可填充存在大空隙的区域。

图5.3.41 "空隙大小"选项

②"墨水瓶工具"。用于更改一个或多个线条或者形状轮廓的笔触颜色、宽度和样式。选中该工具后，其属性面板如图5.3.42所示。单击"样式"下拉框可以选择新的线条样式。

选择"墨水瓶工具"后，若将光标移动到没有笔触的图形上单击鼠标，可以为图形添加笔触；若将光标移动至有笔触颜色的图形上时单击鼠标，可以改变笔触的颜色、宽度以及样式等内容。如图5.3.43（a）所示的原始图是没有笔触的矩形。单击为其添加笔触，如图5.3.43（b）所示。然后修改其笔触内容，效果如图5.3.43（c）所示。

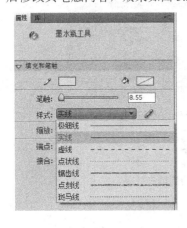

图5.3.42 "墨水瓶"属性面板

(a) (b) (c)

图5.3.43 添加与修改笔触

（2）滴管工具

可以用滴管工具从一个对象复制笔触（即对象的轮廓）和填充的属性，然后将它们应用到其他对象。选中"滴管"工具，然后单击"源"笔触或填充区域。若要复制笔触的内容，选中"滴管"工具，当吸管移动至笔触位置时，吸管的图标变为 形状，单击鼠标，这时鼠标将变为 形状，移动鼠标到目标笔触位置再单击。

若要复制填充区域的内容，选中"滴管"工具，当吸管移动至填充区域时，吸管的图标变为 形状，单击鼠标，这时鼠标将变为 形状，移动鼠标到目标区域位置再单击。

如图5.3.44（a）～（d）所示，将五角星的笔触和填充区域的样式复制给矩形区域。

（a）吸取笔触内容　（b）复制笔触内容　（c）吸取填充内容　（d）复制填充内容

图5.3.44 滴管工具效果示例

（3）橡皮擦工具

该工具用于擦除笔触段、填充区域以及舞台上的所有内容。在选中"橡皮擦工具"后，在其选项区中的按钮如图5.3.45所示。

① "橡皮擦模式"。单击"橡皮擦模式"在弹出的菜单中包含了五种不同的模式，如图 5.3.46 所示。

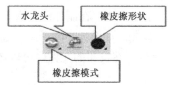

图 5.3.45 "橡皮擦工具"选项区按钮

图 5.3.46 橡皮擦模式

- ⊙ 标准擦除：擦除笔触和填充。
- ⊙ 擦除填色：只擦除填充，不影响笔触。
- ⊙ 擦除线条：只擦除笔触，不影响填充。
- ⊙ 擦除所选填充：只擦除当前选定的填充，不影响笔触。
- ⊙ 内部擦除：只擦除橡皮擦笔触开始处的填充，不影响笔触。注意：使用该模式时，起笔的位置应在区域内部。

各种模式的应用效果图如图 5.3.47 所示。由左至右分别为"标准擦除"、"擦除填色"、"擦除线条"、"擦除所选填充"以及"内部擦除"模式。

图 5.3.47 五种不同模式的绘图效果

② 水龙头：用于快速擦除笔触段以及填充区域。选中"橡皮擦"工具，然后单击"水龙头"按钮，在要删除的笔触段或填充区域上单击。

③ 橡皮擦形状：提供了不同大小和形状的橡皮擦。若要将舞台上的所有内容都删除，则直接双击"橡皮擦"工具。

4．文本工具

制作 Flaw 以创建三种类型的文本字段：静态文本、动态文本和输入文本。所有的文本字段都支持 Unicode 编码。

- ⊙ 静态文本：默认的创建文本格式，在文件播放过程中静态文本不发生改变。
- ⊙ 动态文本：显示动态更新的文本，可以随着文件的播放而自动更新的文本。
- ⊙ 输入文本：在文件播放时用于交互的文本。例如在表单或调查表中输入的文本等。

（1）创建不同类型的文本

单击工具栏上的"文本"工具 ，打开其属性面板，如图 5.3.48 所示。在"文本类型"下拉列表中选择"静态文本"、"动态文本"或"输入文本"。

这里以静态文本为例说明文本工具的使用。

在属性面板中的"文本类型"中选择"静态文本"，在其属性面板的"字符"选项里，可以设置字符的字体、样式、大小、间距、颜色、消除锯齿的方式、设置字符的上下标等内容。在"段落"选项里，可以设置段落的对齐方式、间距、边距以及文字的方向等。选中文字工具后，在舞台上单击鼠标，可以创建一个可扩展的文本框，在内部直接输入文字内容，该框文本可

图 5.3.48 "文本工具"属性面板

根据内容的多少自动伸缩。若选中文字工具后，在舞台上拖动鼠标，可以创建具有固定宽度的静态水平文本框，或者是具有固定高度的静态垂直文本框。

在属性面板的"字符"选项中最下面有个"可选"按钮 ，在制作静止水平文本时，若选中该按钮，则文档发布后，用户可以选取这些文本进行复制。如图 5.3.49 所示，选中"可选"按钮，制作一段文本，然后单击菜单"控制/测试影片"命令，在发布的文件中可以选中该段文本，效果如图 5.3.50 所示。

图 5.3.49　选中"可选"按钮制作一段文本

图 5.3.50　发布后的可选文本效果

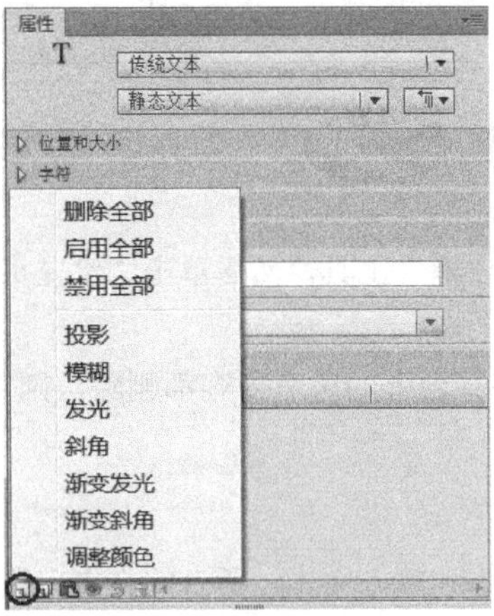

图 5.3.51　滤镜效果选择

（2）为文本添加超级链接

若要为水平文本添加超级链接，要选中要添加链接的文本，在属性面板的"选项"选项中输入要链接的 URL 地址。

（3）为文本添加滤镜效果

选中文本，在属性面板的"滤镜"选项卡的底端单击"添加滤镜"按钮，如图 5.3.51 所示。在弹出菜单中选择要添加的滤镜效果，允许为文字添加多个滤镜效果，如图 5.3.52 所示，为文字添加了"投影"和"发光"滤镜效果。

（4）将文本对象转换为图形对象

将文本对象转换为图形对象后，该对象就具有了图形的属性（笔触和填充等属性）。用选择工具将文字选中后，单击菜单"修改 | 分离"命令或按组合键 Ctrl+B，分离后的效果如图 5.3.53 所示。这时是将一个组合的文本分离为单个字符的状态，每个字符依然处于文本状态，所以此时打开的属性面板中依然是文本的属性。

在文本处于选中状态下，再次单击菜单"修改 | 分离"命令或按组合键 Ctrl+B，将文本对象转换成了图形对象，此时的属性面板中显示的是形状的属性，它只有填充而无笔触，如图 5.3.54 所示。

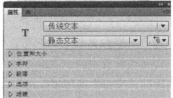

图 5.3.52　文字添加多个滤镜效果示例

图 5.3.53　组合的文本分离为单个字符

这样就可以用工具面板中的工具为其设置更加复杂的文字效果了，如图 5.3.55 所示。

图 5.3.54　文本对象转换成图形对象　　　　　图 5.3.55　文字效果图示例

5.3.3　Flash 的绘图模式

在 Flash CS6 中为大部分绘图工具提供了"合并绘制模式"和"对象绘制模式"两种绘制模式，这两种绘制模式可以绘制出不同效果的图形。

在大部分的绘图工具的选项区中都有一个"对象绘制"按钮。当该按钮处于选中状态时是"对象绘制模式"，当不选该按钮时为"合并绘制模式"。

1．"合并绘制模式"

"合并绘制模式"是默认的绘制模式。当有重叠绘制的形状时，该模式会自动合并重叠的部分。在同一图层中绘制互相重叠的形状时，最顶层的形状会截去在其下面的重叠形状部分的内容，因此该模式是一种破坏性的绘制模式。如图 5.3.56(a)所示，绘制了一个五角星和一个圆，将圆形移动至五角星上如图 5.3.56（b）所示。再次选中圆将其进行移动其效果如图 5.3.56(c)所示。

2．"对象绘制模式"

"对象绘制模式"是在叠加时不会自动合并在一起的、单独的图形对象处理模式。

先选取绘图工具，然后单击选项区中的"对象绘制"按钮，使其处于选中状态后再进行图形的绘制。当分离或重新排列形状的外观时，会使形状重叠而不会改变它们的外观，如图 5.3.57 中(a)～(c)所示。

(a)　　　(b)　　　(c)

图 5.3.56　"合并绘制模式"示例

(a)　　　(b)　　　(c)

图 5.3.57　"对象绘制模式"示例

5.4　Flash 对象的编辑

在 Flash 中常用到的素材有 5 种类型：图形、文本、组合、位图以及元件。这些也常被称为 Flash 的对象。

5.4.1　对象类型和对象的基本编辑

（1）对象类型

① 图形。图形对象就是矢量图，利用绘图工具绘制的内容都是图形。图形包含笔触和填充两部分。图形在 Flash 的属性面板中显示的是"形状"属性。

② 文本。通过文本工具在舞台上输入的内容，它可以经过两次"分离"操作转换为图形对象。文本在 Flash 的"属性"面板中显示的是"文本"属性。

③ 组合。可以将图形对象的笔触和填充组合为一个整体，也可以将多个图形对象组合为一个整体，这个整体成为组合。选中要组合的对象，利用菜单"修改 | 组合"命令，或者使用组合键 Ctrl+G 建立组合。组合在 Flash 的属性面板中显示的是"组"属性。选中组合对象后，利用菜单"修改/分离"命令，或者使用快捷键 Ctrl+B 可以将组合转换为原来的图形对象。

④ 位图。Flash 既可以使用矢量图也可以编辑位图。既可以将位图转换为矢量图，也可以将位图转换为组合对象。位图的具体操作详见 5.4.2 节。

⑤ 元件。元件是指在 Flash 创作环境中或使用 Button(AS 2.0)、SimpleButton(AS 3.0) 和 MovieClip 类创建过一次的图形、按钮或影片剪辑。元件可在整个文档或其他文档中重复使用。有关元件的操作详见 5.4.3 节。

（2）对象的基本编辑

① 对象的排列。选中对象后，单击"修改 | 排列"菜单命令，如图 5.4.1 所示。如选择"物至顶层"命令对象将移至组合的顶层，如图 5.4.2 所示。

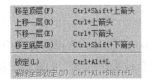

图 5.4.1. 排列对象命令    图 5.4.2 改变对象排列顺序示例

② 对象的对齐与分布。选中对象后，单击"修改 | 对齐"菜单命令，如图 5.4.3 所示。或者单击菜单"窗口 | 对齐"，打开对齐面板，如图 5.4.4 所示。

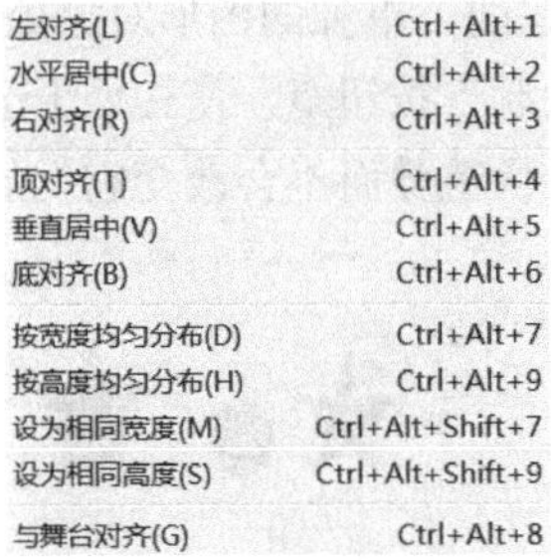

图 5.4.3 "对齐"命令   图 5.4.4 对齐按钮

三个对象进行了垂直居中分布布局，前后效果对比如图 5.4.5 所示。

图 5.4.5 垂直居中分布前后效果对比图

③ 对象的变形。选中对象后，单击"修改 | 变形"菜单命令，如图 5.4.6 所示。或者单击菜单"窗口 | 变形"打开变形面板，如图 5.4.7 所示。也可以利用工具面板中的"任意变形"工具  完成。

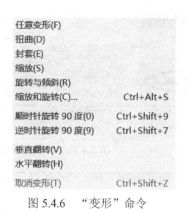

任意变形(F)	
扭曲(D)	
封套(E)	
缩放(S)	
旋转与倾斜(R)	
缩放和旋转(C)...	Ctrl+Alt+S
顺时针旋转 90 度(0)	Ctrl+Shift+9
逆时针旋转 90 度(9)	Ctrl+Shift+7
垂直翻转(V)	
水平翻转(H)	
取消变形(T)	Ctrl+Shift+Z

图 5.4.6 "变形"命令　　　　　　　　图 5.4.7 "变形"按钮

5.4.2 位图对象的基本操作

1. 导入位图

Flash CS6 中可以直接将位图导入到舞台，或者将位图导入到库。

（1）将位图导入到舞台

利用"文件|导入|导入到舞台"菜单命令，在打开的"导入"窗口中选择要导入的位图文件。向舞台导入位图时，位图也同时被导入到了"库"面板中，如图 5.4.8 所示。

（2）将位图导入到库

利用"文件|导入|导入到库"菜单命令，在打开的"导入到库"窗口中选择要导入的位图文件。这样就直接将位图导入到了"库"面板中。选中导入到库面板中的位图，将其拖动至舞台，就可以对其进行处理了。

图 5.4.8 将位图导入到舞台

（3）将位图转换为图形对象

选中舞台上的位图，这时的属性面板中显示的是"位图"的属性。单击"修改|分离"或者按快捷键 Ctrl+B，将位图分离为图形对象，此时的属性面板中显示的是"形状"的属性，如图 5.4.9 所示。

（4）将位图转换为矢量图

选中舞台上的位图，单击"修改|位图|转换位图为矢量图"菜单命令，如图 5.4.10 所示。

其中，"颜色阈值"是指可以输入 500 以内的数值。该值越大则转换后的颜色数量越少；"最小区域"：输入一个值来设置为某个像素指定颜色时需要考虑的周围像素的数量，该值越小转换后的图形越精细；"曲线拟合"：选择一个选项来确定绘制轮廓所用的平滑程度；"转角阈值"：选择一个选项来确定保留锐边还是进行平滑处理。

图 5.4.9　位图转换为图形　　　　　　　　　图 5.4.10　位图转换为矢量图

若要创建最接近原始位图的矢量图形，可以输入：颜色阈值为 10；最小区域为 1 像素；角阈值为较多转角；曲线拟合为像素。

5.4.3　元件和实例

1.元件与实例的基本概念

在 Flash 动画制作过程中，常常需要重复地使用一些特定元素，如漫天飞舞的雪花、枝繁叶茂的大树，场景中的雪花和树叶都会频繁地出现。把这些需要重复使用的对象转换成元件，元件将自动保存到"库"中，当需要使用该元件时，只要将其拖动至舞台即可，这样可以方便地在动画制作时实现多次调用。

元件的具体表现形式就叫实例。当把库中的元件拖动至舞台后，舞台上的元件就称为该元件的一个实例。一个元件可以对应多个实例。多个实例对应一个元件的最大大优点是，不会增加 Flash 的文件量，这有助于文件在网上的流畅播放和快速下载。一个元件对应多个实例，各个实例可以有自己不同的属性（如颜色、亮度、透明、大小等）。当修改实例时不会对元件产生影响。如图 5.4.11 所示，将三个小兔实例的颜色、大小、旋转都作了修改，但元件并未发生任何变化。

若修改元件则实例都会发生变化。如图 5.4.12 所示，修改小兔元件的填充，三个实例也都发生了变化。

图 5.4.11　元件的不同实例　　　　　　　图 5.4.12　修改元件后的实例效果

2.元件的类型

Flash 有三类元件：图形元件、按钮元件以及影片剪辑元件。

（1）图形元件。用于静止图形，用来创建连接到主时间轴的可重用动画片段。图形元件在 FLA 文件中的尺寸小于按钮或影片剪辑。

（2）按钮元件。创建用于响应鼠标单击、滑过、按下、弹起等动作的交互式按钮。

（3）影片剪辑元件。创建可重用的影片剪辑片段。

3．创建与编辑元件

（1）创建元件

可以通过两种方法来创建元件。直接创建一个新的元件然后对其进行编辑；或者将已经有的元素转换为元件。这里以图形元件为例进行说明。

① 创建新元件

利用"插入｜新建元件"菜单命令，在打开的"创建新元件"中给出元件的名称、类型以及文件夹的位置，如图 5.4.13 所示。

单击"确定"按钮后进入元件编辑模式。在元件编辑模式下，工作区中心有一个小十字表示元件的注册点。在工作区的左上角既有工作区的名称又有元件的名称，如图 5.4.14 所示。

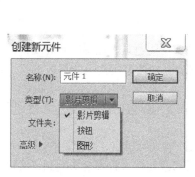

图 5.4.13　创建新元件　　　　　　　　图 5.4.14　元件编辑模式

可以将位图或矢量图导入到舞台并转换为"图形"元件，或用绘图工具绘制图形并转换为"图形"元件。元件将自动添加到库面板中。

② 将已经有的元素转换为图形元件

将舞台已经有的元素选中，单击"修改｜转换为元件"菜单命令，或者选择快捷菜单上的"转换为元件"命令或按下 F8 快捷键，在打开的对话框中给出元件的名称、类型、文件夹的位置以及注册点的位置如图 5.4.15 所示。

这时，在"库"面板中将出现刚定义好的五角星元件，如图 5.4.16 所示。

图 5.4.15　"转换元件"对话框　　　　图 5.4.16　将已有元素转换为图形元件示例

（2）编辑元件

可以使用下面几种方法进入元件编辑状态。

① 双击"库"面板中的元件图标。

② 在舞台上双击该元件的一个实例。

③ 在舞台上选择该元件的一个实例，选择快捷菜单中的"编辑"。

④ 在舞台上选择元件的一个实例，选择快捷菜单中的"在当前位置编辑"。

⑤ 在舞台上选择该元件的一个实例，然后单击"编辑/编辑元件"菜单。

编辑元件时，Flash 将更新文档中该元件的所有实例，以反映编辑的结果。编辑元件时，可以使用任意绘画工具，导入媒体或创建其他元件实例。

要退出元件编辑模式并返回到文档编辑状态，可以执行下列操作之一：

① 单击舞台顶部编辑栏左侧的"返回"按钮 ⇦ 。

② 选择"编辑/编辑文档"菜单。

③ 单击舞台上方编辑栏内的场景名称。

4．创建与编辑实例

（1）创建实例

创建元件之后，可以在文档中任何地方（包括在其他元件内）创建该元件的实例。将"库"面板中的元件拖动至舞台就创建了一个实例。

（2）编辑实例

每个元件实例都各有独立于该元件的属性。可以更改实例的色调、透明度和亮度；重新定义实例的行为（例如，把图形更改为影片剪辑）；可以设置动画在图形实例内的播放形式，也可以倾斜、旋转或缩放实例，这并不会影响元件。

选中某实例后，在其属性面板的"色彩效果"中的样式下可以调整其"亮度"、"色调"、"高级"以及透明度的值（Alpha 值），如图 5.4.17 所示。

（3）实例的分离

实例的分离用于将元件与实例分离。在分离实例之后修改元件，将不会影响到该实例。

在舞台上选择该实例，单击"修改/分离"菜单或者利用组合键 Ctrl+B。此操作将该实例分离成图形元素，如图 5.4.18 所示。

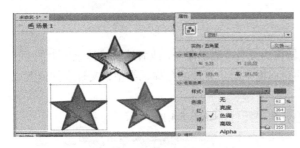

5.4.17　编辑实例示例

图 5.4.18　分离实例示例图

5.5　时间轴、图层和帧

Flash 动画的制作就是将素材在图层上进行纵向地叠加，在时间轴上进行横向的运动。时间轴是制作动画的关键窗口。

5.5.1　时间轴、图层与场景

1．时间轴面板的组成

时间轴主要由图层区、播放头、时间轴标尺、时间轴状态栏以及帧组成，如图 5.5.1 所示。时间轴用于组织和控制一定时间范围内的图层以及帧的内容。

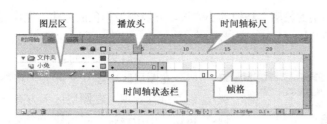

图 5.5.1　时间轴

2. 图层区

图层是用来组织 Flash 文档的媒体元素的，可以在某图层上绘制和编辑对象，而不会影响其他图层上的内容。若图层有透明区域，则可以透过该区域看到下面图层内容。

在图层区的上部有三个按钮 👁 🔒 ▢，眼睛按钮表示"显示或隐藏所有图层"小锁按钮表示"锁定或解除锁定所有图层"；方框按钮表示"将所有图层显示为轮廓"。

在图层区 🔲 🔲 🗑 的下方的三个按钮分别是：新建图层、新建图层文件夹和删除按钮。

（1）添加图层、删除图层、图层重命名、移动图层

选中某图层后，单击图层区下方的"新建图层"按钮，则在当前图层之上新建一图层。选中某图层后，单击图层区下方的"新建图层删除"按钮，可将其删除。

在 Flash 文档的"图层 1"中导入"蝴蝶.png"，双击"图层 1"，将该图层名称改名为"蝴蝶"。单击图层区下方的"新建图层"按钮，新建"图层 2"，导入"花.jpg"到图层 2 中，并将该图层改名为"花"，图层"花"在图层"蝴蝶"的上方，遮盖住了蝴蝶的内容。按住"花"图层将其向下移动，改变图层顺序，蝴蝶就被完全显示出来了，如图 5.5.2 所示。

图 5.5.2　移动图层示例

（2）显示/隐藏图层

单击图层区上方的眼睛按钮，将所有图层显示或隐藏。单击每个图层上对应"显示/隐藏所有图层"按钮的小圆点，若圆点变为 ✖，则该图层被隐藏。再次单击 ✖ 按钮，使其变为圆点，则该图层被显示出来。

（3）锁定/解除锁定图层

单击图层区上方的小锁按钮，将所有图层锁定或解除锁定。单击每个图层上对应"锁定或解除锁定所有图层"按钮的小圆点，圆点变为 🔒，则图层被锁定。再次单击 🔒 按钮，使其变为圆点，则图层被解除锁定。锁定的图层中的内容不能被编辑，但锁定的图层依然可以上下移动来改变图层的顺序。

（4）显示图层的轮廓

单击图层区上方的方块按钮，将所有图层显示为轮廓线或显示素材内容本身。单击每个图层

上对应"显示所有图层的轮廓"按钮的小方块，方块变为彩色的方块，则图层现实为轮廓线。再次单击彩色方块可使其恢复显示的内容。

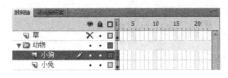

图 5.5.3　图层的文件夹管理

（5）图层文件夹的管理

在图层区中建立文件夹，将不同的图层内容分门别类进行管理。在图层区下方有一个"新建文件夹"按钮，单击该按钮将新建一个文件夹；双击文件夹名称可以给文件夹改名；按住某图层可将其直接拖动到某文件夹内，也可按住文件夹中的某图层将其拖至文件夹外，如图 5.5.3 所示。单击文件夹前的小三角按钮可以展开或折叠文件夹。选中某文件夹后，单击"删除"按钮可以将其删除。

3．播放头

播放头是时间轴上方的一条红色垂直线，播放 Flash 文档时，播放头在时间轴上移动，指示当前显示在舞台中的帧。要转到某帧，可以单击该帧在时间轴标题中的位置，或将播放头拖到所需的位置。若要使时间轴以当前帧为中心，可以单击时间轴底部的"帧居中" 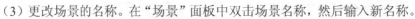 按钮。

4．场景

复杂的 Flash 动画是由不同的场景组成的。

场景的常规操作：

（1）显示场景面板。选择"窗口 | 其他面板 | 场景"，如图 5.5.4 所示。

（2）添加场景。选择"插入 | 场景"，或单击"场景"面板中的"添加场景"按按。

（3）更改场景的名称。在"场景"面板中双击场景名称，然后输入新名称。

（4）重制场景。单击"场景"面板中的"直接重制场景"按钮 。

（5）删除场景。单击"场景"面板中的"删除场景"按钮。

图 5.5.4　场景面板

5.5.2　帧及其操作

帧是构成帧动画的最基本的单位。

1．帧的种类

单击"插入 | 时间轴"菜单命令，该命令包含了"帧"、"关键帧"和"空白关键帧"三种类型的帧，如图 5.5.5 所示。

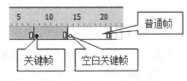

图 5.5.5　三种类型的帧

（1）帧：又称为普通帧。普通帧常放在关键帧之后，用以延长关键帧中动画的播放时间。

（2）关键帧：用来定义动画内容变化的帧。

（3）空白关键帧：不包含内容的关键帧。

2．帧的操作

（1）插入帧。在时间轴中插入帧，可以直接利用"插入 | 时间轴"菜单中的"帧"、"关键帧"和"空白关键帧"命令。

（2）选择帧。在时间轴上若要选择一个帧，可以直接单击该帧。若要选择多个连续的帧，可以按住 Shift 键并单击起始帧和结束帧；若要选择多个不连续的帧，可以按住 Ctrl 键逐个单击其他帧；若要选择时间轴中的所有帧，可以选择菜单"编辑｜时间轴｜选择所有帧"命令。

（3）复制｜粘贴帧。选中帧，利用"编辑｜时间轴｜复制帧"菜单命令。选择要粘贴帧的位置，然后选择"编辑｜时间轴｜粘贴帧"命令，或者按住 Alt 键再单击并拖动帧到要粘贴的位置。

（4）移动帧。选中帧，利用"编辑/时间轴｜剪切帧"菜单命令。选择要粘贴帧的位置，然后选择"编辑"｜"时间轴"｜"粘贴帧"菜单命令。或者选中帧然后直接将其拖动到目标位置。

（5）删除帧。选中帧，利用快捷菜单中的"删除帧"或"编辑｜时间轴｜删除帧"菜单命令。

（6）清除帧。选中帧，利用快捷菜单中的"清除帧"或"编辑｜时间轴｜清除帧"菜单命令。清除帧将把帧上的内容清除。

（7）翻转帧。可以将选中的一组帧序列按照顺序翻转。选中帧序列后，利用快捷菜单中的"翻转帧"命令。

（8）查看帧。通常情况下，在某个舞台上仅显示动画序列的一个帧内容。Flash 为便于定位和编辑逐帧动画，可以在舞台上一次查看两个或更多的帧。

3．绘图纸外观设置

时间轴的状态栏中有一组绘图纸外观设置按钮 。其中：

（1）"绘图纸外观" ▣：可以查看绘图纸范围内的连续帧。绘图纸范围在时间轴标尺上显示为一个框选的区域。

（2）"绘图纸外观轮廓" ▢：可以查看绘图纸范围内的连续帧的轮廓。

（3）"编辑多个帧" ▥：显示出在绘图纸范围内的关键帧。

（4）"修改绘图纸标记"：单击该按钮在其弹出菜单中可以设置绘图纸的标记。如图 5.5.6 所示。

图 5.5.6　修改绘图纸标记

- ⊙ "始终显示标记"：不管绘图纸外观是否打开总是显示标记。
- ⊙ "锚记绘图纸"：将绘图纸外观标记锁定在它们在时间轴标题中的当前位置。
- ⊙ "绘图纸 2"：在当前帧的两边各显示两个帧。
- ⊙ "绘图纸 5"：在当前帧的两边各显示五个帧。
- ⊙ "所有绘图纸"：在当前帧的两边显示所有帧。

4．帧的其他设置

在时间轴的状态栏中还有一些按钮也是对帧进行的操作，如图 5.5.7 所示。

"帧编号"：当前帧所在位置的编号；"帧速率"：每秒钟多少帧；"播放时间"：当前运行的时间。

图 5.5.7　时间轴状态栏

5.6　Flash 动画制作

Flash CS6 提供了多种制作动画的方法，可以制作出丰富的动画效果。

5.6.1　逐帧动画实例

逐帧动画展现的正是动画制作的原理，它将每一帧的画面组织好，然后逐帧播放。利用人眼视觉停留的原理，将静态的图片连续播放以形成运动的效果。若要制作逐帧动画，应将每个帧都定义为关键帧，然后为每个帧创建不同的内容。

【实例5.6.1】　用两张小鸟图片制作出小鸟转头的动画效果。

（1）新建 Flash 文档，将两张图片导入到库。

（2）在"图层1"的第一帧处，将库面板中的"小鸟1.PNG"拖动至舞台。这时，时间轴默认的第一个空白关键帧将自动转换为关键帧。选中该图片，打开"属性"面板，记录下当前图片的位置和大小的参数值，如图5.6.1所示。

（3）在时间轴的第二帧处按快捷键F6或快捷菜单中的"插入关键帧"，插入一个新的关键帧。将"小鸟2.PNG"拖动至舞台，然后将"小鸟1.PNG"从舞台上删除。

（4）选中"小鸟2.PNG"，打开"属性"面板，按照第（2）步中记录好的图片的位置和大小的参数值进行设置，如图5.6.2所示。

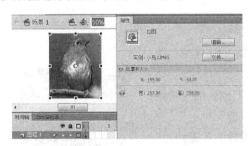　　

图 5.6.1　第一个关键帧处的图片　　　　图 5.6.2　第二个关键帧处的图片

（5）按 Enter 键预览动画。或者单击"控制|播放"菜单命令，查看效果。单击菜单"控制|测试影片|测试"或快捷键 Ctrl+Enter 查看动画输出效果，小鸟会不断左、右转头。若希望改变播放速度，可以直接在时间线状态栏的"帧速率"中输入具体的值，值越小播放的速度越慢。

5.6.2　补间动画

补间动画是通过为一个对象的某一帧指定属性值来为该对象的另一个帧指定一个相关属性的不同值。Flash 自动计算这两个帧之间其他属性的值。补间动画是由属性关键帧组成，可以在舞台、属性检查器或动画编辑器中编辑各属性关键帧。

可将补间应用于元件实例（包括影片剪辑、图形和按钮）以及文本对象。可补间的对象的属性有：位置、旋转、倾斜、缩放、颜色效果以及滤镜属性等。其中 3D 动画要求对象仅限影片剪辑且 FLA 文件在发布设置中面向 ActionScript 3.0 和 Flash Player 10。颜色效果包括：Alpha 透明度、亮度、色调和高级颜色设置。只能在元件上补间颜色效果，若要在文本上补间颜色效果，要先将文本转换为元件。

1. 创建补间动画

（1）在舞台上选择要补间的对象。选择"插入|补间动画"菜单命令，或者单击所选内容或当前帧，然后在快捷菜单中选择"创建补间动画"命令。如果对象不是可补间的对象类型，或者如果在同一图层上选择了多个对象，将显示一个对话框。通过该对话框可以将所选内容转换为影

片剪辑元件再继续。

在时间轴的补间范围的左右两侧，当鼠标变为 ←→ 时，可拖动补间范围的任一端来修改补间的范围，如图 5.6.3 所示。

图 5.6.3　修改补间范围前后对比图

（2）将播放头放在补间范围内的某个帧上，然后设置舞台上对象的属性值。在该帧的位置将自动添加一个属性关键帧，属性关键帧在补间范围中显示为小菱形。在舞台上会显示出该目标对象从第一帧到当前帧的运动轨迹，如图 5.6.4 所示。

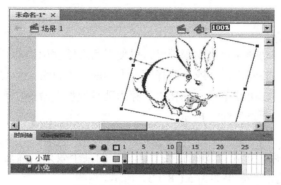

图 5.6.4　插入属性关键帧

（3）调整路径

可以使用"选择工具"，选择运动轨迹，进行变形操作，如图 5.6.5 所示。或者使用"部分选择工具"，单击路径上的小正方形节点，这些点是属性关键帧对应在路径上的锚点，然后利用贝塞尔曲线在锚点处的切线调节手柄调节路径，如图 5.6.5 所示。

图 5.6.5　用"选择工具"调整路径图　　　图 5.6.6　使用"部分选择工具"调整路径

按 Enter 键预览动画，或者单击菜单"控制｜播放"命令，查看效果。单击菜单"控制｜测试影片"或组合键 Ctrl+Enter 查看动画输出效果。

（4）使用"动画编辑器"编辑补间属性曲线

选中动画补间内容后，通过"动画编辑器"面板，可以查看所有补间属性及其属性关键帧。该面板还提供了向补间添加精度和详细信息的工具，如图 5.6.7 所示。

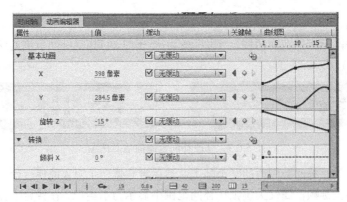

图 5.6.7　"动画编辑器"面板

2．动画预设

（1）动画预设的保存

可以将设置好的补间动画保存为动画预设，以便以后继续使用该动画效果。

首先选择时间轴中的补间范围，或者选择舞台上的应用了自定义补间的对象，也可以选择舞台上的运动路径。然后，在快捷菜单中选择"另存为动画预设"命令，或者单击"动画预设"面板下方的"将选区另存为预设"命令按钮。

（2）使用动画预设

选中舞台上的对象后，单击"动画预设"面板中的某个效果，然后单击"应用"按钮，如图 5.6.8（a）所示，应用后的效果如图 5.6.8（b）所示。

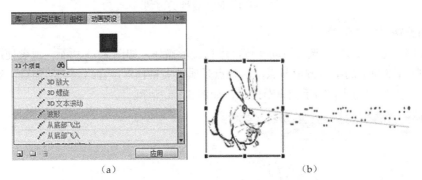

（a）　　　　　　　　　　　　　（b）

图 5.6.8　添加动画预设效果

5.6.3　形状补间动画

形状补间动画就是将两个关键帧之间的图形对象，从一种形状逐渐变化为另一种形状。Flash将自动内插中间帧的过渡形状。可以对补间形状内对象的位置、颜色、透明度以及旋转角度等进行补间。在使用形状补间时，若要对组、实例或位图图像应用形状补间，应该先分离这些元素；若要对文本应用形状补间，应将文本分离两次，使文本转换为图形对象。

创建形状补间动画的步骤如下：

（1）在初始关键帧处绘制一个形状，这里绘制一个五角星形（无笔触颜色，填充为红色）。

（2）在第 30 帧处按 F6 插入关键帧，如图 5.6.9 所示。修改第 30 帧的对象形状，将其变为粉色的花朵，并将其进行一定角度的旋转、将其位置向右拖动。如图 5.6.10 所示。

图 5.6.9 插入关键

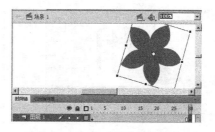
图 5.6.10 修改关键帧的内容

（3）在时间轴上，选择两个关键帧之间的任意一个帧，在其快捷菜单中选择"创建补间形状"命令，或者利用"插入 | 补间形状"菜单命令。

（4）按 Enter 键预览动画，或者单击"控制 | 播放"菜单命令，查看效果。单击菜单"控制 | 测试影片"或组合键 Ctrl+Enter 查看动画输出效果。

（5）若要修改形状补间的变形速度，可以向补间添加"缓动"参数。选择两个关键帧之间的某一个帧，然后在属性面板中的"缓动"参数中输入一个值（–100～100）。若输入一个负值，则由慢变快；若输入一个正值，则由快变慢。

（6）使用形状提示控制形状变化。形状提示会标识起始形状和结束形状中的相对应的点。

选择补间形状序列中的第一个关键帧，选择"修改 | 形状 | 添加形状提示"菜单命令。起始形状提示会在该形状的某处显示为一个带有字母 a 的黄色圆圈。将形状提示移动到要标记的点。然后，选择补间序列中的最后一个关键帧，结束形状提示会在该形状的某处显示为一个带有字母 a 的绿色圆圈，将形状提示移动到结束形状中与标记的第一点对应的点，如图 5.6.11 所示。

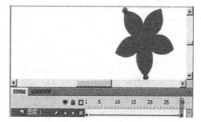
图 5.6.11 使用形状提示控制形状变化示例

5.6.4 传统补间动画实例

创建传统补间动画要求对象应是元件、组合或位图。其创建方法与前面介绍的创建形状补间类似。

1. 创建传统补间动画

（1）导入两个位图文件到库中，将库中的"滑梯.jpg"拖动到舞台并调整其大小，将"图层 1"改名为"滑梯"。

（2）新建一个图层命名为"小熊"，选中该图层，将库中的"小熊.png"拖动到舞台，调整位置大小，如图 5.6.12 所示。

（3）在"小熊"图层的第 30 帧处插入关键帧，在"滑梯"图层的第 30 帧处插入帧。选中"小熊"图层的第 30 帧，调整舞台上小熊的位置和大小，如图 5.6.13 所示。

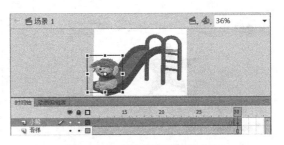

图 5.6.12　设置第一帧的内容图　　　　　图 5.6.13　设置第 30 帧的内容

（4）选择"小熊"图层，在时间轴上，选择两个关键帧之间的任意一个帧，在其快捷菜单中选择"创建传统补间"命令，或者利用"插入｜传统补间"菜单命令。

（5）按 Enter 键预览动画，或者单击菜单"控制｜播放"命令，查看效果。单击菜单"控制｜测试影片"或组合键 Ctrl+Enter 查看动画输出效果。

（6）若要修改传统补间的动画速度，可以向补间添加缓动。选择两个关键帧之间的某一个帧，然后在属性面板中的"缓动"参数中输入一个值（-100～100）。若输入一个负值，则由慢变快；若输入一个正值，则由快变慢。也可以单击"编辑缓动"按钮在打开的"自定义输入｜输出"对话框中编辑缓动曲线，如图 5.6.14 所示。

在"小熊滑滑梯"的例子中，可以看到滑梯不是一条直线，要使动画效果逼真，小熊应沿着一条与滑梯路径相同的曲线滑下，在 Flash 中提供了沿路径创建传统补间动画的方法。

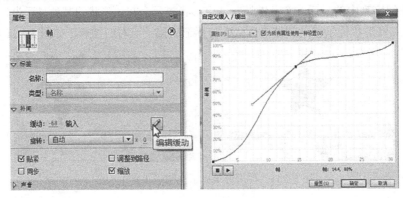

图 5.6.14　设置缓动效果示例

2．沿路径创建传统补间动画

（1）给图层添加运动引导层。为一个包含传统补间的图层添加引导层，首先单击该图层的图层区将该图层选中，然后在其快捷菜单中选择"添加传统运动引导层"命令。这时在该图层的上方将出现一个"引导层"，并缩进传统补间图层的名称，以表明该图层已绑定到该运动引导层，如图 5.6.15 所示。

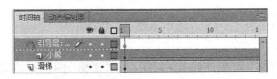

图 5.6.15　引导层界面

（2）绘制路径。在"引导层"使用钢笔、铅笔、线条、圆形、矩形或刷子工具绘制所需的路径，或者将一个已经绘制好的路径粘贴到运动引导层。这里直接用铅笔工具绘制了引导路径，绘制效果如 5.6.16 所示。

（3）使运动对象与路径对齐。在第一帧处拖动小熊，使其贴紧至路径线条的开头，然后在第 30 帧处将其拖到线条的末尾。可以放大图形显示来更好地进行对齐。选中小熊图层，单击补间内的任意一帧，在属性面板中勾选"贴紧"和"调整到路径"复选框，使得补间元素的基线调整到运动路径上，如图 5.6.17 所示。

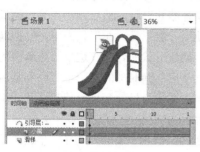

图 5.6.16　绘制动画路径

图 5.6.17　设置运动与路径对齐

（4）按 Enter 键预览动画，或者单击菜单"控制 | 播放"命令，查看效果，这时能看到路径。单击菜单"控制 | 测试影片"或组合键 Ctrl+Enter 查看动画输出效果。在动画输入后看不到所绘制的路径。

5.6.5　遮罩动画

可以使用遮罩层来显示下方图层中的全部或部分区域内容。遮罩层中的对象可以是填充的形状、文字对象、图形元件的实例或影片剪辑。

（1）在图层 1 中导入一个位图。适当调整其位置大小等内容。

（2）在图层 1 上新建一个图层 2，该层将作为遮罩层。在遮罩层上放置填充形状、文字或元件的实例。这里用刷子工具绘制了几笔，如图 5.6.18 所示。

（3）选中图层 2，在其快捷菜单中选择"遮罩层"命令。遮罩层和被遮罩层采取缩进的方式显示，效果如图 5.6.19 所示。也可以为遮罩层上的对象添加补间形状或补间动画，创建遮罩层上对象的动画效果。

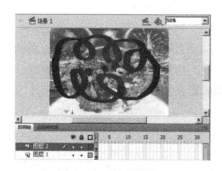

图 5.6.18　绘制彩带

图 5.6.19　彩带的遮罩效果

（4）按 Enter 键预览动画，或者单击"控制 | 播放"菜单命令。单击"控制 | 测试影片"菜单或快捷键 Ctrl+Enter 查看动画输出效果。

5.6.6 骨骼动画

反向运动（IK）是一种使用骨骼的关节结构对一个对象或彼此相关的一组对象进行动画处理的方法。使用骨骼，可以为元件实例或形状对象添加骨骼。

下面为形状对象添加骨骼，说明骨骼动画的创建步骤。

图 5.6.20　绘制人物

（1）在舞台上创建填充的形状，如图 5.6.20 所示，绘制了人物的头部、身体、两只手臂和两条腿。

（2）选中要添加骨骼的形状，然后在"工具"面板中选择骨骼工具 。使用骨骼工具，在形状内单击并拖动到形状内的其他位置，创建形状的骨骼。这里为胳膊肘的形状添加了两个骨骼，从肩部到肘部的第一个骨骼和从肘部到手腕的第二个骨骼。继续为另外一只胳膊和两条腿添加骨骼，如图 5.6.21 所示。

（3）在时间轴上的"骨架图层"中，选择不同位置的帧为其添加"姿势"动作。单击"骨架_1"图层的第 5 帧，选择快捷菜单中的"插入姿势"命令，并用选取工具更改骨架的位置。如图 5.6.22 所示。

图 5.6.21　创建形状的骨骼

图 5.6.22　为胳膊添加"姿势"动作

（4）按 Enter 键预览动画，或者单击"控制｜播放"菜单命令，查看效果。单击菜单"控制｜测试影片"或快捷键 Ctrl+Enter 查看动画输出效果。

5.7　ActionScript 基础

ActionScript 是一个面向对象编程语言（Object-Oriented Programming），也是 Flash 的脚本编写语言。使用 ActionScript 可以在 Flash 文档中实现复杂的交互性、播放控制以及数据处理。在 Flash CS6 中可以使用"动作"面板、"脚本"窗口或外部编辑器在 Flash 中添加 ActionScript 的内容。

5.7.1　ActionScript 语言简介

这里介绍 ActionScript 的一些基本知识，包括术语、基本语法以及常用语句等内容。

1．ActionScript 的常用术语

（1）动作

动作是指在 Flash 动画播放过程中响应触发事件时所执行的语句。例如：play()表示播放动画；

stop()表示停止；gotoAndPlay(n)表示指定播放头到第 n 帧处并播放动画。

（2）事件

事件是动画播放时发生的动作，通常是由事件触发动作的执行。例如代码：

```
on（release）{
    gotoAndPlay (2);
}
表示单击并释放鼠标，播放头跳转到第 2 帧并播放。可以理解为：
on（事件）{
    动作；
}
```

（3）事件处理程序

为响应特定的事件而执行的特殊动作。例如管理 mouseDown 或 load 等事件的特殊动作。

（4）类和对象

类是用于定义新类型对象的数据类型，要定义类应创建一个构造函数。对象是属性和方法的集合，对象是类的实例、有自己的名称。

例如：要通过 Date 对象获取系统的日期，就先要创建一个该对象的实例，即 date=new Date()；然后，通过 getDate()方法来获取本月的日期号，即 date. getDate()。

（5）数据类型

是一组值和可以对这组值执行动作的集合。ActionScript 的数据类型包括：字符串、数字、逻辑值、对象、影片剪辑、函数以及空值和未定义等。

（6）函数

是可以被传送参数并能返回值的可重用代码块。例如：可以为 getProperty 函数传递属性名和影片剪辑的实例名，然后函数将返回属性值。

2．ActionScript 的基本语法

Acton Script 具有自己的语法规则，这些规则可以用来确定哪些字符和单词可以用于产生某种含义，并确定它们的书写顺序。

（1）点语法

点语法是用来组织对象和函数的方法。在 ActionScript 的动作脚本中，点"."用于指示对象的相关属性或方法，也可以用于标识影片剪辑、变量、函数或对象的目标路径。点语法表达式以对象的名称开头，然后是一个点，接着指定属性、方法或变量。

例如：将影片剪辑实例 myMC 的透明度值（_alpha）设置为 80%，即 myMC. _alpha=80；

（2）大括号

在 ActionScript 的动作脚本中，大括号用于分割代码段，括号内的内容是相对独立的一部分内容，可以用来完成指定的功能。

例如：

```
on（release）{
    gotoAndPlay（2）;
}
```

（3）分号

动作脚本语句以分号为结束标记。

（4）注释

注释行可用于解释代码的操作，也可以用于暂时停用不想删除的代码。代码注释是代码中被 ActionScript 编译器忽略的部分。通过在代码行的开头加上双斜杠(｜｜)可对其进行注释。编译器将忽略双斜杠后面一行的所有文本。也可以对较大的代码块进行注释，在代码块的开头加上一个斜杠和一个星号(｜*)，并在代码块的结尾加上一个星号和一个斜杠(*｜)。

可以手动键入这些注释标记，也可以使用动作面板或"脚本"窗口顶部的按钮来添加注释标记。

3．常用 ActionScript 语句

在编写 Flashplay 动作脚本时，有些语句是经常要被使用的。

（1）播放控制语句

① play():指定时间轴上的播放头从某帧开始播放。

② stop():控制动画在指定的帧处停止播放。

③ nextFrame():将时间轴上的播放头跳到下一帧。

④ prevFrame(): 将时间轴上的播放头跳到上一帧。

⑤ gotoAndPlay()：将播放头跳转到指定的帧处并播放。

⑥ gotoAndStop()：将播放头跳转到指定的帧处并停止播放。

（2）条件控制语句

① if 语句

格式：

```
if（条件）{
    ｜｜程序段
}
```

当条件为真时执行大括号中的程序段；当条件为假时跳过大括号中的内容，执行后面的语句。

例如：

```
if（a==true）{
    gotoAndPlay（8）;
}
```

如果 a 的值是 true，则转到第 8 帧开始播放影片。

② if……else 语句

格式：

```
if（条件）{
    ｜｜程序段 1
}
else
{
    ｜｜程序段 2
}
```

当条件为真时执行程序段 1，条件为假时执行程序段 2。

例如：

```
if（a==true）{
    gotoAndPlay（8）;
```

```
    }
    else{
        gotoAndPlay（1）;
    }
```

如果 a 的值是 true，则转到第 8 帧开始播放影片，否则转到第一帧处播放影片。

③ switch 语句

switch 语句是多分支选择语句。

格式：

```
    switch（表达式）{
        case  表达式值 1:
                程序段 1;
        case  表达式值 2:
                程序段 2;
        ……
        default:
        程序段 n
    }
```

计算 switch 括号中的表达式的值，然后执行与该值匹配的 case 语句中的内容；如果没有匹配的值，则执行 default 中的语句段。

（3）循环语句

① for 循环语句

只要条件满足就不断地执行循环体，其语法结构与 C 语言相似。

例如：在输出窗口中显示数字 1 到 9，代码如下：

```
    for (var i=1;i<10;i++){
        trace(i);
    }
```

② while 循环语句

例如：在输出窗口中显示数字 1 到 9，代码如下：

```
    i=1;
    while (i!=10){
        trace(i);
        i++;
    }
```

③ do……while 循环语句

格式：

```
    do {
    程序体;
    } while（条件）
```

例如：在输出窗口中显示数字 1 到 9，代码如下：

```
    i=1;
    do{
        trace(i);
```

```
    i++;
} while (i!=10);
```

④ for each …in 语句

用于循环访问集合中的项目，它可以是 XML 或 XMLList 对象中的标签、对象属性保存的值或数组元素。

例如：在输出窗口输出 1 到 9，代码如下：

```
var myArray:Array=["1", "2", "3", "4", "5", "6", "7", "8", "9"];
for each (var num in myArray) {
    trace(num);
}
```

5.7.2　ActionScript 3.0 的编程环境

ActionScript 的编程环境有两种，可以在"动作"面板中编程，或在"脚本"窗口编程。

1．"动作"面板

单击菜单"窗口 | 动作"命令，或者单击快捷键 F9 打开动作面板，如图 5.7.1 所示。

（1）动作工具箱：动作工具箱将项目分类，并且还提供按字母顺序排列的索引，这里包含了脚本语言的各种元素。要将这些元素插入到"脚本窗口"中，可以双击该元素，或直接将它拖动到"脚本窗口"中。

（2）脚本导航器：用来显示包含脚本的 Flash 元素列表。单击脚本导航器中的某一项目则与该项

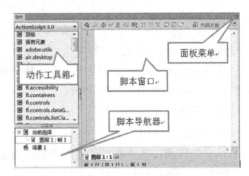

图 5.7.1　动作面板

目关联的脚本将显示在"脚本窗口"中，并且播放头将移到时间轴上的相应位置。若双击脚本导航器中的某一项，可将其锁定在当前位置。

（3）脚本窗口：用来输入代码，可以使用"常规"或"助手"两种方式输入。脚本窗口的常用工具按钮 ⊕ ♀ ⊕ ✔ ≣ ⊡ ⅍ ⅍ ⅍ ⅍ ⊡ ⊡ ⊞　昌 代码片断　✎。各个功能按钮的作用如表 5.7.1 所示。

表 5.7.1　脚本窗口工具按钮及其作用

序　号	名　　称	作　　用
1	将新项目添加到脚本中 ✚	选择动作语句并添加到脚本窗口中
2	查找 ♀	查找替换脚本中的内容
3	插入目标路径 ⊕	可插入按钮或元件实例的路径
4	语法检查 ✔	对脚本进行语法检查，若有错误则会打开信息提示框并将错误显示在"输出"面板
5	自动套用格式 ≣	自动将已有的代码套用标准格式
6	显示代码提示 ⊡	输入动作脚本时显示代码提示
7	调试选项 ⅍	在弹出菜单中选择"设置断点"，可以检查动作脚本的语法错误
8	折叠成对大括号 ⅍	可以收缩代码中的大括号
9	折叠所选 ⅍	折叠当前所选的代码块

序 号	名　　称	作　用
10	展开全部	展开当前脚本中所有折叠的代码
11	应用块注释	将注释标记添加到所选代码块的开头和结尾
12	应用行注释	在插入点处或所选多行代码中每一行的开头处添加单行注释标记
13	删除注释	删除注释标记
14	显示｜隐藏工具箱	显示或隐藏"动作"工具箱
15	脚本助手	显示一个用户界面，用于输入创建脚本所需的元素

2. "脚本"窗口

单击菜单"文件｜新建"命令，在打开的"新建文档"对话框中选择"ActionScript 文件"，单击"确定"按钮打开"脚本"窗口，创建脚本文件，如图 5.7.2 所示。

图 5.7.2　脚本窗口

5.7.3　制作简单交互式动画

对 ActionScript 脚本编辑语言有所了解后，在 ActionScript 的编程环境中制作一个简单的交互式动画效果。这里为 5.5.4 节制作好的"小熊滑滑梯.swf"添加一个控制播放的交互式的动作按钮。

1. 新建一个 Flash 文件（ActionScript3.0），将文件"小熊滑滑梯.swf"导入到库。

2. 打开"库"面板，选中"小熊滑滑梯.swf"，在其快捷菜单中选择"属性"命令，在"元件属性"对话框中，将"类型"改为"图形"，如图 5.7.3 所示。

图 5.7.3　"元件属性"对话框

3. 将库面板中的"小熊滑滑梯.swf"拖动至舞台，适当调整其大小和位置。

4. 添加动作按钮。选择菜单"窗口｜公用库｜按钮"命令，选择 "classic buttons"中的"arcade button － red"按钮，将其拖动至库面板中。选中库面板中的"arcade button － red"按钮元件，将其拖动至舞台的左上角的位置，打开属性面板，将按钮的实例名称取名为"beginbtn"如图 5.7.4 所示。使用文字工具，在舞台的按钮上添加文字"开始"，如图 5.7.5 所示。

5. 创建包含 ActionScript 代码的"动作"图层。新建一个图层，并将重新命名为"动作"图层。选择"动作"图层的第一帧，在其快捷菜单中选择"动作"命令，打开的"动作"对话框中输入代码段，如图 5.7.6 所示。

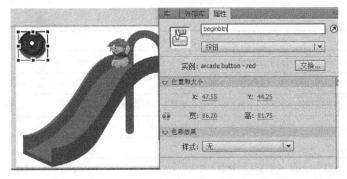

图 5.7.4　添加按钮实例　　　　　　　　　　图 5.7.5　制作开始按钮

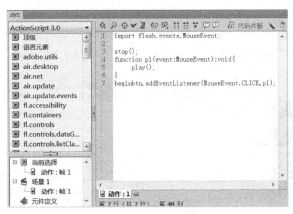

图 5.7.6　动作面板

6．延长"图层 1"的播放时间。在"图层 1"的第 30 帧处单击 F5 插入一个帧，把图层 1 的帧延长到"小熊滑滑梯.swf"的播放长度，如图 5.7.7 所示。

7．播放时添加音乐效果。在"图层 1"上新建图层，并将该图层命名为"音乐"图层。导入音乐文件"Kalimba.mp3"到库面板中。选中"音乐"图层，并将该库面板中的音乐文件拖动至舞台。选中"音乐"图层，在属性面板中的同步下拉列表中选择"数据流"，如图 5.7.8 所示。

按组合键 Ctrl+Enter 查看动画输出效果。这时单击"开始"按钮，播放小熊滑滑梯的动画效果，同时也开始播放音乐。

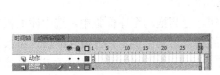
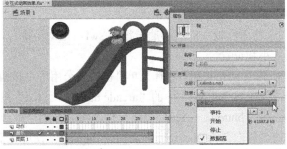

图 5.7.7　插入帧　　　　　　　　　　图 5.7.8　添加音乐效果

5.8　Flash 动画的发布和导出

Flash 动画制作完成后，可以将其发布以备播放，或将其导出为多种文件格式以便进一步处理。

5.8.1 发布动画

选择菜单"文件|发布设置"命令，打开"发布设置"对话框，如图 5.8.1 所示。在"其他格式"中勾选要发布的文件类型，在右侧可以为选定的不同格式的文件指定不同的发布路径。默认情况下，Flash CS6 将影片发布为 SWF 和 HTML 两种格式的文件。

5.8.2 导出动画

除了可以将 Flash 影片发布为指定格式的文件外，也可以将其利用"文件|导出"菜单命令，导出更多类型的图像或影片格式。

1. 导出图像

选择"文件|导出|导出图像"菜单命令，打开"导出图像"对话框，单击"保存类型"下拉列表，可以选择图像的类型，如图 5.8.2 所示。

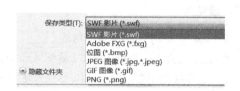

图 5.8.1　发布设置对话框　　　　　　　图 5.8.2　导出图像对话框

2. 导出影片

选择"文件|导出|导出影片"菜单命令，打开"导出影片"对话框，单击"保存类型"下拉列表，可以选择影片的类型，如图 5.8.3 所示。

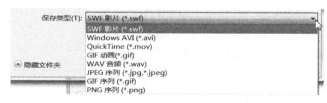

图 5.8.3　导出影片对话框

习题 5

一、选择题

1. Flash CS6 中新增加的（　　）工具可以进行装饰性绘画，创建出藤蔓的效果。

　　A. Deco　　　　　B. 骨骼　　　　C. 3D.　　　　　D. 文字

2.（　　）面板可以用来设置闭合区域的填充效果。

　　A. 动作　　　　　B. 效果　　　　C. 属性　　　　　D. 行为

3. 导入到（　　）中的位图可以在文档中反复使用。

　　A. 舞台　　　　　B. 图层　　　　C. 时间轴　　　　D. 库

4．若要改变播放速度，可以直接在时间线状态栏的（　　　）中输入具体的值。

    A．帧编号   B．帧速率   C．绘图纸外观   D．播放时间

5．（　　　）动画由属性关键帧组成的，并可以在舞台、属性检查器或动画编辑器中编辑各属性关键帧。

    A．传统补间   B．补间   C．逐帧   D．形状

6．（　　　）可用来显示下方图层中的全部或部分区域内容。

    A．路径   B．遮罩   C．区域   D．引导

7．创建的元件将自动出现在（　　　）内，以便在整个文档或其他文档中重复使用。

    A．图形   B．属性   C．舞台   D．库

8．在 ActionScript 中为了加强程序的可读性，应为主要语句添加（　　　）。

    A．脚本助手   B．语句校验   C．动作工具   D．文本注释

9．当测试或预览动画时，将自动生成一个（　　　）类型的文件。

    A．SWF   B．FLA   C．EXE   D．GIF

10．在 Flash 中，用户选择（　　　）菜单中的"首选参数"命令，可以设置 Flash 中的很多选项。

    A．文件   B．视图   C．编辑   D．控制

G5

二、填空题

1．在 Flash 中常用到的对象类型包括_____、_____、_____、_____以及_____。

2．单击_____工具，然后在进行了渐变填充的对象的任意位置单击，将出现操作柄。

3．_____常放在关键帧之后，用以延长关键帧中动画的播放时间。

4．制作逐帧动画时，应将每个帧都定义为_____，然后为每个帧创建不同的图像。

5．刷子工具的模式包括_____、颜料填充、_____、_____以及内部绘画模式。

6．补间动画是由_____关键帧组成的，可以在舞台、属性检查器或动画编辑器中编辑各属性关键帧。

7．当对组、实例或位图图像应用形状补间，应该先_____这些元素；若要对文本应用形状补间，应将文本_____，使文本转换为图形对象。

8．制作骨骼动画时，可以为_____或_____添加骨骼。

9．ActionScript 是一个_____的编程语言，也是 Flash 的_____。

10．Flash 动画制作完成后，可以选择导出动画或者_____动画。

三、简答题

1．在打开 Flash CS6 时，若希望跳过欢迎界面，应如何进行设置？

2．简述 Flash CS6 所包含的对象类型，以及各个对象的特点。

3．在 Flash CS6 中为大部分绘图工具提供了"合并绘制模式"和"对象绘制模式"两种绘制模式，简述这两种模式的区别。

4．在 Flash CS6 中如何添加文本对象。

5．Flash CS6 所支持的动画类型有哪些，如何创建它们。

6．如何将普通图层转换为运动引导层。

7．简述元件和实例的关系。

8．简述 ActionScript 的语法规则，并说明其编程环境有哪些。

9．Flash CS6 可以导出的文件类型有哪些。

10．如何将发布的文件保存到不同的文件夹中。

第6章 多媒体软件开发技术基础

学习要点

⌘ 了解多媒体软件工程的基本开发模型
⌘ 掌握多媒体软件的开发过程
建议学时：课堂教学 1 学时，上机实验 1 学时

6.1 多媒体软件工程概述

多媒体软件开发也属于计算机应用软件设计的范畴，所以也可以使用软件工程开发的步骤进行设计。《计算机科学技术百科全书》对软件工程定义为：它是应用计算机科学、数学、逻辑学及管理科学等原理，开发软件的工程；软件工程借鉴传统工程的原则、方法，以提高质量、降低成本和改进算法。

软件从设计到完成可以使用一种生命周期模型来描述，目前用的比较多的软件开发模型是瀑布法和螺旋法。

6.1.1 软件生命周期

1. 软件生命周期

软件生命周期也叫软件生存周期，是软件的产生直到报废的周期。软件的生命周期包括问题定义、可行性分析、总体描述、系统设计、编码、调试和测试、验收与运行、维护升级到废弃等阶段，每个阶段都要有定义、工作、审查、形成文档以供交流或备查等过程，以便提高软件的质量。

2. 软件生命周期的六个阶段

（1）问题的定义及规划

此阶段是软件开发方与需求方共同讨论，主要确定软件的开发目标以及进行可行性分析。

（2）需求分析

在确定软件开发可行的情况下，对软件需要实现的各个功能进行详细分析。确定当前项目完成的总体目标，同时必须制定需求变更计划来应付开发过程的变化，以保护整个项目的顺利进行。

（3）软件设计及编码阶段

此阶段主要根据需求分析的结果，对整个软件系统进行设计，如系统框架设计，数据库设计等等。软件设计一般分为总体设计和详细设计。好的软件设计将为软件程序编写打下良好的基础。编码是将软件设计的结果转换成计算机可运行的程序代码。在程序编码中必须要制定统一、符合标准的编写规范，以保证程序的可读性，易维护性，提高程序的运行效率。

（4）软件测试

在软件设计完成后要经过严密的测试，通过测试来定位软件开发过程中的问题或错误，确保开发的产品适合用户的需求。整个测试过程分单元测试、组装测试以及系统测试三个阶段进行。测试的方法主要有白盒测试和黑盒测试两种。在测试过程中需要建立详细的测试计划并严格按照测试计划进行测试，以减少测试的随意性。

（5）运行维护

软件维护是软件生命周期中持续时间最长的阶段。在软件开发完成并投入使用后，由于多方面的原因，软件不能继续适应用户的要求。要延续软件的使用寿命，就必须对软件进行维护。软件的维护包括纠错性维护和改进性维护两个方面。

（6）软件报废

是指停止软件的使用和维护的过程。

3．软件开发模型

软件开发模型是指软件开发全部过程、活动和任务的结构框架。软件开发模型能清晰、直观地表达软件开发全过程，明确规定了要完成的主要活动和任务，用来作为软件项目工作的基础。常用的软件开发模型有瀑布模型、快速原型模型、螺旋模型、面向对象开发模型等。

6.1.2　瀑布模型

瀑布模型的整个过程分五个阶段，在软件的维护过程中间产生的错误可返回到前四步中的任何一步进行修改，然后按原来的顺序继续完成开发，如图 6.1.1 所示。

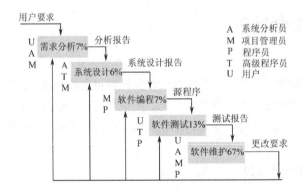

图 6.1.1　瀑布模型

基于这一模型进行的程序设计多采用结构化方式，其基本思想是自顶向下和逐步求精的设计策略，设计自然而方便。其优点是便于控制开发复杂性和便于验证程序的正确性。在瀑布模型中，软件开发的各项活动严格按照线性方式进行，当前活动接受上一项活动的工作结果，实施完成所需的工作内容。当前活动的工作结果需要进行验证，如果验证通过，则该结果作为下一项活动的输入，继续进行下一项活动，否则返回修改。瀑布法适用于小型软件开发组。

6.1.3　快速原型模型

快速原型模型更加关注满足客户需求。快速原型模型允许在需求分析阶段对软件的需求进行初步的分析和定义，快速设计开发出软件系统的原型，该原型向用户展示待开发软件的全部或部分功能和性能；用户对该原型进行测试评定，给出具体改进意见以丰富细化软件需求；开发人员据此对软件进行修改完善，直至用户满意认可之后，进行软件的完整实现及测试、维护。

6.1.4 螺旋模型

螺旋式生命周期模型是科学家布恩（Boehm）在 1988 年提出的，图 6.1.2 描述了这种模型。

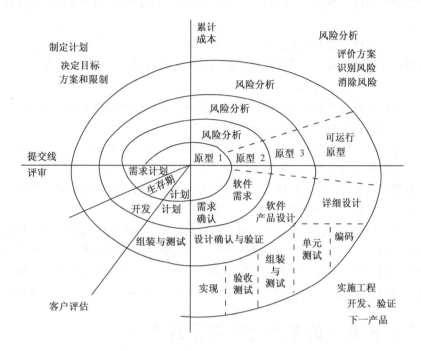

图 6.1.2 螺旋模型

在螺旋式模型中，允许设计者很快根据用户需求迅速建立最早的软件版本（称为原型），然后交付用户使用和评价其正确性和可用性，并给予反馈。这个原型在功能上近似于最后版本，但缺乏细节，需要进一步进行细节开发或修正，也可能被摒弃。如此反复开发与修正，便形成最后版本，即产品。

螺旋式模型不同于传统瀑布模型之处便是以演示代替说明方式，这非常适合于逻辑问题与动态演示的多媒体应用系统设计。其演示是通过指向、按钮、拖曳和重用等方法完成。

采用螺旋式生命周期模型开发多媒体应用系统步骤主要有如下几步：

（1）通过调研、访问用户和与用户面谈以及查阅有效的文件、资料，获得用户需要意见；

（2）在需求分析基础上设计一个应用系统原型；

（3）将原型交给最终用户使用；

（4）从最终永和处获得反馈，更改用户需求；

（5）加入新的用户需求，建立新的原型；

（6）重复上述过程，直到该应用软件完成或报废。

以上从第一到第五步便是一个版本，从第六步起可构成循环，每循环一次功能增强一些，核心仍然是初始计划。

6.1.5 面向对象开发方法

面向对象方法的基本思想是：对问题领域进行自然的分割，以更接近人类思维的方式建立问题领域模型，以便与对客观信息进行结构模拟和行为模拟，使设计的软件尽可能地表现问题求解的过程。这种设计思想对多媒体应用系统的设计特别有用，采用这样的方法，对象作为描述信息实体（如各种媒体）的统一概念，可以被看做是可重复使用的构件，为系统的重用提供了支持，修改也十分容易。

面向对象的开发过程主要有如下几步：

（1）系统调查和需求分析。对系统将要面临的具体管理问题以及用户对系统开发的需求进行调查研究，即先弄清要干什么的问题。

（2）分析问题的性质和求解问题。在繁杂的问题域中抽象地识别出对象以及其行为、结构、属性、方法等，一般称之为面向对象的分析，即 OOA。

（3）整理问题。对分析的结果作进一步的抽象、归类、整理，并最终以范式的形式将它们确定下来，一般称之为面向对象的设计，即 OOD。

（4）程序实现。用面向对象的程序设计语言将上一步整理的范式直接映射（即直接用程序设计语言来取代）为应用软件，一般称之为面向对象的程序，即 OOP。

（5）识别客观世界中的对象以及行为，分别独立设计出各个对象的实体；分析对象之间的联系和相互所传递的信息，由此构成信息系统的模型；由信息系统模型转换成软件系统的模型，对各个对象进行归并和整理，并确定它们之间的联系；由软件系统模型转换成目标系统。

采用螺旋生命周期配合面向对象的程序设计方法，是开发多媒体应用设计的新方向。

6.2 多媒体软件的开发过程与界面设计

多媒体软件的开发过程比较复杂，需要多种具有相关领域专业知识的人员共同完成。

6.2.1 多媒体软件的开发过程

多媒体软件不是各种媒体元素的简单复合，它要把文本、图形、图像、动画、声音以及视频等形式的信息更好的组织在一起，通过多媒体软件开发人员的努力，最终开发出一款有表现力和创意的软件。

1. 多媒体软件的开发人员

多媒体软件开发人员包括：项目经理，负责整个项目的开发和实施，包括经费预算、进度安排以及主持脚步创作等；多媒体设计师，协助项目经理为项目设计脚本和多媒体素材，包括脚本创作师和专业设计师；多媒体软件工程师，通过多媒体著作工具将多媒体素材集成为一个完整的多媒体系统，同时负责项目的各项测试工作。

2. 多媒体软件的开发阶段

（1）需求分析

需求分析是创作一种新软件产品的第一阶段。该阶段的任务是确定用户对应用系统的具体要求和设计目标。然后设计人员还要从各种不同角度来分析问题，尽可能列出解决问题的各种策略，找出一个可行性高创新新颖的方案。

（2）应用系统结构设计

当通过需求分析，确定了设计方案后，就要决定如何构造应用系统结构。需要强调的是，多媒体应用系统设计中，必须将交互的概念融入子项目的设计之中。在确定系统整体结构设计模型之后，还要确定组织结构是线性、层次、还是网状链接，然后着手脚本设计，绘制插图，屏幕样板和定型样本。

（3）详细设计

在开发应用系统之前必须制定高质量的设计标准，以确保多媒体设计具有一致的内部设计风格，这些标准主要有：主题设计标准，突出表现在题材和内容选择上，当把表现的内容分为多个互相独立的主题或屏幕时，应当使声音、内容和信息保持一致的形式；字体使用标准，选择文本字体、大小和颜色，保证项目易读和美观；声音使用标准，声音的运用要注意音量不可过大或过小，并与其他声音采样在质量上保持一致；图像和动画的使用，选用图像，要在设计标准中说明它的用途。同时要说明图像如何显示及其位置，是否需要边框、颜色数以及尺寸大小及其他因素。若采用动画则一定要突出动画效果。

（4）准备多媒体数据

搜集与要开发的软件相关的多媒体素材，并对相应的数据进行数字化处理。对于图像，要注意其大小、类型、色彩等信息，以便能得到更好的显示效果。对于声音，要选择合适的声音类型并做必要的编辑处理，如回声、放大、混声等，其他的媒体准备也十分类似。最后，这些媒体都必须转换为系统开发环境下要求的存储和表现形式。

（5）制作生成多媒体应用系统（编码与集成）

在完全确定产品的内容、功能、设计标准和用户使用要求后，要选择适宜的创作工具和方法进行制作，将各种多媒体数据根据脚本设计进行编程连接，或选用创作工具实现集成、连接、编排与组合，从而构造出由多媒体计算机所控制的应用系统。在生成应用系统时，如果采用程序编码设计，首先要选择功能强、可灵活进行多媒体应用设计的编程语言和编程环境，如 VB，VC++和 Java 等。由于进行多媒体应用系统制作时要很好地解决多媒体压缩、集成、交互以及同步等问题，编程设计不仅复杂而且工作量大，因此多采用多媒体创作工具完成。具体的多媒体应用系统制作任务可分为素材制作和集成制作两个方面。

（6）系统的测试与应用

测试编写好的系统，交给用户使用，用户使用后逐一确认每个功能。软件测试有很多种：按照测试执行方，可以分为内部测试和外部测试；按照测试范围，可以分为模块测试和整体联调；按照测试条件，可以分为正常操作情况测试和异常情况测试；按照测试的输入范围，可以分为全覆盖测试和抽样测试。软件发布后，测试还应继续进行，这些测试应包括可靠性、可维护性、可修改性、效率及可用性等。在测试证明软件达到要求后，软件开发者应向用户提交开发的目标安装程序、数据库的数据字典、《用户安装手册》、《用户使用指南》、需求报告、设计报告、测试报告等双方合同约定的文件或代码。

6.2.2　多媒体软件的界面设计

界面是用户与计算机系统的接口，多媒体软件界面是多媒体软件的视觉表现形式，是软件背景、人机交互、图文声像等各视觉要素的组合，是软件最终的呈现模式和效果。

1. 界面设计的一般过程

在人机界面设计中，首先要进行界面设计分析，即收集到有关用户及其应用环境信息之后，进行用户特性分析和用户任务分析等。任务分析中对界面设计要有界面规范说明，选择界面设计类型并确定设计的主要组成部分。由于人机界面是为适合人的需要而建立的，所以要清楚使用该界面的用户类型，要了解用户使用系统的频率、用途，并对用户的综合知识和智力进行测试。这些均是用户分析中的内容，在此基础上产生任务规范说明，进行任务设计。

任务设计后，要决定界面类型，如问答式、菜单按钮式、图标式等。大多数界面使用一种以上的设计类型。对使用的标准主要考虑使用的难易程度、学习的难易程度以及操作的速度、复杂程度、控制能力以及开发的难易程度等。

2. 人机界面设计原则

根据用户心理学和现阶段计算机的特点，人机交互界面的设计应具备以下原则。

（1）面向用户的原则

反馈信息和屏幕输出应面向、指导用户以满足用户使用需求为目标。在满足用户需要的情况下，首先应使显示的信息量减到最小，绝不显示与用户需要无关的信息，以免增加用户的记忆负担。其次，反馈信息应能被用户正确阅读理解和使用。第三，应使用用户所熟悉的术语来解释程序，帮助用户尽快适应和熟悉系统的环境。第四，系统内部在处理工作时要有提示信息，尽量把主动权让给用户。

（2）一致性原则

该原则是指从任务、信息的表达、界面的控制操作等方面与用户理解熟悉的模式尽量保持一致。如显示相同类型信息时，在系统运行的不同阶段保持一致的相似方式显示，包括显示风格、布局、位置、所用颜色等。一个界面与用户预想的表现、操作方式越一致，学习和记忆起来就越轻松。若原来没有模型，就应给出一个新系统的清晰结构，并尽可能使用户容易适应。

（3）简洁性原则

界面的信息内容应该准确简洁，并能给出强调的信息显示。准确说就是要求表达的意思明确，所用的词汇是用户熟悉的，需要强调的信息以突出的方式显示出来。

（4）适应性原则

屏幕显示和布局应美观清楚合理，改善反馈信息的可阅读性、可理解性，并使用户能快速查找到有用的信息。系统的现实逻辑顺序应合理；显示内容应恰当、不应过多过快或使屏幕过分拥挤；提供必要的空白，这样可以使用户将注意力集中在有用的信息上。一般使用小写或混合大小写的形式现实文本，避免用纯大写方式，因为纯小写方式容易阅读。

（5）顺序性原则

合理安排信息在屏幕上显示顺序，一般可以按照使用顺序显示信息；按照习惯用法顺序；按照信息重要性顺序；按照信息的使用频度；按照信息的一般性和专用性；按照字母顺序或时间顺序显示等。

（6）结构性原则

界面设计应该是结构化的，以减少复杂度，结构化应与用户知识结构相兼容。

3. 界面结构的设计与实现

界面的结构设计包括界面对话设计、数据输入界面设计以及屏幕设计和控制界面设计等。

（1）界面对话设计

人机对话是以任务顺序为基础的，一般要有输入数据的合法性校验要有反馈信息；应能够告诉用户正处于系统的什么位置；系统应有一些默认值；尽可能简化步序；遇到错误应求助信息；在用户操作出错时应可返回并重新开始。

（2）数据输入界面设计

数据输入界面设计的目标是简化用户的工作，降低输入出错率，还要容忍用户的错误。一般可以采用多种方法，如采用列表选择；使界面具有预见性和一致性；防止用户出错；使用户能看到自己已输入的内容，并提示有效的输入回答或数据范围；按用户速度输入和自动格式化。

（3）屏幕显示设计

计算机屏幕显示的空间有限，如何设计使其发挥最大效用又使用户感到赏心悦目可以使用下面的方法：

① 布局。屏幕布局要遵循平衡原则，包括：预期原则，即屏幕上所有对象处理应一致化，使对象的动作可预期；经济原则，指尽量用最少的数据显示最多的信息；顺序原则，指对象显示的顺序应依据需要排列，以及规则化原则。

② 文字与用语。文字不易太多，关键内容应该醒目；用语要简洁，在按钮、功能键标示中应使用描述操作的动词避免使用名词。

③ 颜色的使用。限制同时显示的颜色数，一般同一画面不宜超过四到五种颜色，可以使用不同层次以及形状来配合颜色，增加变化。动画中活动的对象颜色应鲜明，非活动对象应暗淡，各个对象的颜色应尽量不同。尽量用常规准则所用的颜色来表示对象的属性，如红色表示警告信息等。

4. 控制界面设计

人机交互控制界面遵循的原则是：为用户提供尽可能大的控制权，使其易于访问系统的设备，易于进行人机对话。控制界面设计的主要任务如下：

① 控制会话设计。每次只有一个提问，以免使用户短期负担增加，在需要几个相关联的回答时，应重新显示前一个回答以免短期记忆带来错误操作，同时还要注意保持提问序列的一致性。

② 菜单界面设计。各级菜单中的选项应既可用字母键应答还可用鼠标键定位选择，在各级菜单结构中除将功能项与可选项正确分组外，还要对用户导航做出安排。对菜单的深度（多少级菜单）和宽度（每级菜单有多少选择项）设置方面要进行权衡。

③ 图标设计。图标被用来表示对象和命令其优点是逼真，但随着概念的抽象，图标表达能力减弱，并有含义不明确的问题。

④ 窗口设计。窗口有不重叠和重叠两类，可动态地创建和删除。窗口有多种用途，在会话中间可根据需要动态呈现需要的窗口，并可在不同窗口中运行多个程序。这种多窗口、多任务为用户提供许多方便，用户利用窗口可自由地进行任务切换。但窗口不易开的太多，以免使屏幕杂乱无章分散用户注意力。

⑤ 直接操作界面。直接操作界面设计的主要思想是用户能看到并直接操作对象的代表，并

通过在屏幕上绘制逼真的"虚拟世界"来支持用户的任务。这种界面的优点是使计算机系统能比其他形式的界面更直接地模拟日常操作。永和只需点击操作对象，其动作结果就能立即在显示器屏幕上明显可见，用户不必记住格式控制命令。

⑥ 命令语言界面设计。这是最强有力的控制界面，是最终的人机会话方式，尚处于试验和研究之中。

习题 6

一、简答题

1. 简述多媒体软件的开发过程。
2. 简述多媒体软件的界面设计原则。

参 考 文 献

[1] 雷运发. 多媒体技术基础与应用教程. 北京：清华大学出版社出版. 2008
[2] 林福宗. 多媒体技术教程. 北京：清华大学出版社出版, 2000
[3] 吴玲达, 老松杨, 巍迎梅. 多媒体技术. 北京：电子工业出版社出版, 2003
[4] 郑阿奇. 多媒体实用教程. 北京：电子工业出版社出版, 2007
[5] 钟玉琢. 多媒体计算机技术基础及应用. 北京：高等教育出版社出版, 2000
[6] 刘立新, 刘真, 郭建璞, 多媒体技术基础及应用. 北京：电子工业出版社, 2011
[7] 林福增. 多媒体技术基础（第3版）. 北京：清华大学出版社, 2012
[8] 王志强, 傅向华, 杜文峰等. 多媒体应用基础. 北京：高等教育出版社, 2012
[9] 赵子江. 多媒体技术应用教程（第7版）. 北京：机械工业出版社, 2013
[10] 李金明, 李金荣. Photoshop CS6 完全自学教程. 北京：人民邮电出版社, 2012
[11] 柏松. Photoshop CS6 照片处理技法大揭秘. 北京：清华大学出版社, 2012
[12] 数字艺术教育研究室. 中文版 Photoshop CS6 基础培训教程. 北京：人民邮电出版社, 2012
[13] 石雪飞, 郭宇刚. 数字音频编辑 Adobe Audition CS6 实例教程. 北京：电子工业出版社, 2013
[14] ACAA 专家委员会 DDC 传媒. Adobe Premiere Pro CS6 标准培训教材. 北京：人民邮电出版
     社，2013
[15] 孟春难. 中文版 Premiere Pro CS6 基础培训教程. 北京：人民邮电出版社, 2012
[16] 数字艺术教育研究室. 中文版 Flash CS6 基础培训教程. 北京：人民邮电出版社, 2012
[17] 王洪江. 中文版 Flash CS6 技术大全. 北京：人民邮电出版社, 2013
[18] 冯萍. 软件开发技术. 北京：电子工业出版社, 2011
[19] 赵英良. 软件开发技术基础. 北京：机械工业出版社, 2009